PROTOCOLO MODERNO
Y ÉXITO SOCIAL

CARMEN LOSADA

PROTOCOLO MODERNO Y ÉXITO SOCIAL

El arte de saber estar

ALIANZA EDITORIAL

Fotografía: Carmelo Rubio (láminas en color)

Calle Juan Ignacio Luca de Tena, 15; 28027 Madrid; teléf. 91 393 88 88
www.alianzaeditorial.es
ISBN: 978-84-206-8733-9
Depósito legal: M. 47.653-2007
Impreso en Fernández Ciudad, S. L.
Printed in Spain

Para quien lo es todo para mí,
y sin cuya ayuda jamás habría nacido este libro:
mi marido.

Índice

La autora con su esposo, cuando eran embajadores en Atenas.

Prólogo

Desde hace más de cuarenta años, he tenido la suerte de venir participando en lo que se conoce como «una activa vida social». Me ha cabido esa fortuna y, en determinadas circunstancias, también esa responsabilidad. Primero, como esposa de un diplomático que, al comienzo de su carrera, desempeñó diversos puestos en ciudades donde esa vida social era, y sigue siendo, muy intensa. Es el caso de Madrid, Londres o Nueva York. Luego, al ser nombrado mi marido Embajador, tuve que hacerme cargo de la organización de las Residencias en que desarrollamos las actividades protocolarias –desayunos de trabajo, almuerzos oficiales, cócteles, cenas formales, recepciones–, a lo largo de veinte años, esforzándome por desempeñar mi cometido con la altura que exige la representación de un país tan importante como España.

Al llegar a Nueva York, después de un cierto tiempo de vida diplomática en Madrid, tuvimos la suerte de cara.

Gracias a la ayuda impagable de nuestros Embajadores, que formaban parte de la alta sociedad –tan alegre, culta y divertida– de aquella ciudad prodigiosa, se nos abrieron muchas puertas desde el momento mismo en que llegamos, a comienzos de 1969. Allí permanecimos cinco años. Esa larga estancia me permitió familiarizarme con los usos y costumbres de unas gentes distinguidas que mezclaban, en muy bien equilibradas proporciones, la naturalidad con el refinamiento, y el estricto protocolo de las Embajadas con la más abierta y espontánea manera de tratar al invitado, tan frecuente en las familias americanas de la buena sociedad.

En Londres, donde también permanecimos cinco años, viví una experiencia diferente. Nos incorporamos en momentos muy difíciles, en vísperas de la Navidad de 1973, cuando Inglaterra contemplaba el final del gobierno conservador, padecía la huelga de los mineros del carbón y era presa de la peor crisis de energía hasta entonces conocida, que surgió a raíz y como consecuencia de la guerra del Yom Kipour. Una crisis que, al elevar en flecha los precios del petróleo, dejó a Londres tiritando y a oscuras, con un alumbrado público reducido a la mínima expresión (sólo una farola encendida en cada esquina, sin luces intermedias), una industria renqueante, un consumo estancado y unas viviendas familiares en que se recomendaba no hacer uso de los ascensores, apagar todas las luces que no fueran estrictamente imprescindibles y poner calefacción –estábamos a comienzos del invierno– sólo en las piezas más vividas de la casa.

Residencia del Embajador de España en Londres.

Los ingleses, con ese espíritu de lucha y resistencia con que saben enfrentarse a la más dura adversidad, superaron la prueba, se impusieron a las incomodidades con notable espíritu cívico y afrontaron los malos tiempos que corrían con la pugnacidad, paciencia y sentido del humor que

Residencia del Embajador de Espana en Ottawa.

siempre les ha caracterizado. Al llegar las grandes manifestaciones festivas del mes de junio (el torneo de Wimbledon y las carreras de Ascot) ya Londres, con un nuevo gobierno y el cinturón más apretado, había recobrado la normalidad, la vida social británica lucía con su esplendor acostumbrado y las tradiciones de siempre volvieron por sus fueros.

Aquellos años en Inglaterra y los Estados Unidos significaron mucho para mí. A pesar de tratarse de dos países vinculados tan estrechamente –sólo separados por el idioma, como bromeó Oscar Wilde–, comprobé que sus hábitos eran, en realidad, bien diferentes. Y en ellos pude ver, quizá como en ningún otro destino a los que luego fuimos enviados, que la vida de sociedad –formal o distendida– en ambos casos se ajustaba a unos códigos no escritos que era preciso respetar.

Ese respeto es condición indispensable si quieres conseguir algo a lo que todos, y a todos los niveles, aspiramos: el éxito social.

Cuando mi esposo fue nombrado Embajador, en marzo de 1983, se abrió una nueva etapa en nuestras vidas. Al comienzo, me abrumó la responsabilidad: era muy consciente de que debería atender la Residencia y los múltiples compromisos de una Embajada prestigiosa, como son siempre las de España. Lo hice encantada. Y fui ejerciendo esta tarea, con el mismo entusiasmo y dedicación, en Representaciones como las de Bulgaria, Unión Soviética (después sería en la Federación de Rusia, a partir de finales de 1991), Grecia y Canadá, de comienzos de 1983 hasta el verano del 2003.

En todas esas Misiones diplomáticas, mis quehaceres resultaron igualmente apasionantes. Y no porque lo fueran las capitales en que me tocó vivir, tan distintas entre sí, sino porque en todas ellas nos cabía cumplir una misma función: representar a nuestro país y corresponder al altísimo honor que se nos encomendaba.

Sin embargo, a pesar de esas semejanzas, existen destinos en los que tal acción requiere, y ha requerido siempre, mucho esfuerzo, tacto y diligencia. Sobre los Embajadores de España –con independencia de la persona– recaen en determinados puestos obligaciones especiales, derivadas de vínculos dinásticos, vecindad, volumen de intereses o coyunturas que hacen particularmente honrosa –y delicada– su función.

Un buen ejemplo es el de Atenas. Allí fuimos acogidos con extraordinario afecto por una sociedad rica, abierta y refinada, muy unida a la tradición monárquica, donde brillaba la alta burguesía de los negocios junto a la vieja aristocracia de los grandes armadores. Y por un grupo selecto de artistas y de intelectuales, orgullosos de sus hondas raíces clásicas, unidos a nosotros por muy antiguos vínculos y unos valores culturales compartidos, a uno y otro extremo del Mediterráneo. Los griegos nos trataron como amigos, concedieron a mi esposo las más altas distinciones –incluyendo el título de Ciudadano de Atenas y la Medalla de Oro de la ciudad– y nos dieron una despedida bien llorada. Nunca olvidaré esa etapa de mi vida.

Lo mismo sucedió en Moscú. Allí llegamos en enero de 1987, cuando la estrella de Mihail Gorbachov brillaba en todo su esplendor. Fue una gran oportunidad. Durante los cinco últimos años finales de su mandato, decisivos para la historia de Europa y del mundo –colapso del sistema soviético, caída del Muro de Berlín, final de la llamada «guerra fría»–, por la Embajada desfilaron los más altos representantes de todas las instancias institucionales y políticas, además de un flujo permanente de periodistas, intelectuales, artistas, empresarios y gentes de la más variada condición, a los que nos correspondió cumplimentar como

Su Majestad la Reina con la autora de este libro, en el Parque Ismailovo de Moscú.

anfitriones. No agradeceré bastante el enriquecimiento afectivo y cultural que supuso para mí la relación con tan diversas personalidades, a las que tuve la suerte de conocer; la práctica adquirida –en 1991 recibimos a 1600 invitados, desde el Presidente del Gobierno a los «Niños de la Guerra»– en la organización de los múltiples actos que tuvieron lugar en la Residencia; así como el honor de haber establecido lazos personales de los que me siento muy orgullosa. Y de haber conocido a Su Majestad la Reina y a Su Alteza Real la Princesa Irene, que visitaron Moscú durante toda una semana, en febrero de 1990, cuando ya empezaban a despuntar, en el horizonte soviético, las luces de la libertad.

Hoy, creo estar en condiciones de compartir con mis lectoras –y lectores– los conocimientos que he ido adqui-

Su Majestad la Reina a Su llegada a Moscú, con Raisa M. Gorbachova.

riendo, en circunstancias tan distintas y en puestos tan dispares, por donde han pasado numerosos españoles, del más elevado rango a la más humilde condición, a los que una Embajada tiene siempre que ofrecer el apoyo y la ayuda que precisen –a los que tienen derecho–, además del calor y el afecto que merecen. Ese servicio permanente supu-

El mayordomo y las doncellas que atendieron nuestra Embajada en Moscú.

so para mí un placer y un incesante aprendizaje. Y, en el fondo, la aplicación constante de una asignatura que tiene más relevancia cada día: el difícil arte de atender a los demás.

Debo añadir que, durante esos años, tanto en el extranjero como en España, nunca estuve sola. He tenido junto a mí personas fieles, competentes, discretas y experimentadas, que me ayudaron a cumplir esas tareas. Tal es el caso de Pilar: una excelente cocinera, graduada por la Escuela Nacional de Hostelería, que dio prestigio a nuestra mesa en Grecia y Canadá. Y el de Maruja, especialista –sus galianos no tienen rival– en los platos robustos de la cocina serrana, que atiende a nuestros invitados en la casa que tenemos en la Sierra de Segura.

Con otras personas de servicio me cupo menos suerte. Así me sucedió al comienzo de la estancia en Moscú. El UPDK nos mandaba, a todas las Embajadas, el equipo necesario, aunque no siempre acertaba. Recuerdo que, nada mas llegar, ese organismo nos envió un muchacho recién casado, sonriente y educado, pero sin formación ni autoridad para desempeñar un puesto tan serio como el de mayordomo. El «menordomo» le llamaba Antonio Gala, que vino en febrero de 1987 a participar en el «Foro de Moscú», invitado, junto a otros intelectuales y artistas españoles, por Mihail Gorbachov. Al final, mi paciencia y mis esfuerzos dieron fruto, y acabé consiguiendo un equipo de excelentes servidores –Olga, Ludmila, Tatiana, Victor, Serguei– que atendieron, con profesionalidad y eficacia, a las innumerables personas que, por unas razones u otras, visitaron nuestra casa.

Estas son las experiencias que voy a poner al servicio del bien hacer y del saber estar. Porque eso es lo que deseamos: dominar, sin echar mano de argumentos manidos, recomendaciones cargantes y razones poco consistentes, la técnica de lo que llamamos el «protocolo social». Un quehacer que huye de alambicados planteamiento, frecuentemente ridículos, y que no consiste más que en comportarse correctamente, con naturalidad y elegancia, en las relaciones cotidianas.

Ese libro aspira a conseguir fines muy concretos y realistas. No se trata de aportar recetas mágicas, del tipo «cómo aprender un idioma en quince días» o cómo enriquecerse en menos tiempo del que se tarda en desgastar unos zapatos. Mi intención no será otra que brindar una serie de enseñanzas y consejos provechosos, necesarios para moverse con soltura en el mundo moderno, donde proliferan los compromisos sociales a todos los niveles. Y hacerlo con un enfoque práctico, apoyado en una larga experiencia.

Una obra sencilla y manejable, que huye de enrevesados planteamientos y quiere ser útil al lector: eso es lo que he pretendido publicar. En apoyo de este proyecto, ofrezco un material gráfico original, y de primera mano, porque creo que puede arrojar luz sobre las ideas aportadas. Su misión no es otra que contribuir al fin que me propongo: ayudar al éxito social. Si consigo ese objetivo, me daré por muy contenta y satisfecha. Y si, además, logro hacerlo de manera divertida, tanto mejor.

I

El protocolo y su importancia

«Sin embargo, lo que más le impresionó fue que ella y su marido formaban una pareja admirable, y ambos manejaban el mundo con tanta fluidez que parecían flotar por encima de los escollos de la realidad.»

(García Márquez)

Contamos ya con Universidades y escuelas especializadas que incluyen el Protocolo como una asignatura más, lo que nos habla de la necesidad, trascendencia y oportunidad de esta nueva disciplina. Hace sólo veinte años, un hecho semejante habría sido impensable; pero, como se dice en «La Verbena de la Paloma», hoy las ciencias adelantan que es una barbaridad. Y las difíciles y sutiles ciencias del Protocolo no se han quedado atrás. Al contrario: se han ido convirtiendo, por exigencias de la modernidad, en materia imprescindible para la adecuada convivencia.

(Foto J. F. Reportajes)

El libro que presento trata de una de las ramas de esta ciencia: el Protocolo Social. A mi juicio, es la más importante, novedosa y extendida, por una simple razón: porque nos afecta a todos, en el diario acontecer de nuestras vidas. Sólo unos pocos tienen la fortuna –y la responsabilidad– de participar en grandes y solemnes ocasiones; pero todos nos tenemos que desenvolver en un mundo social-

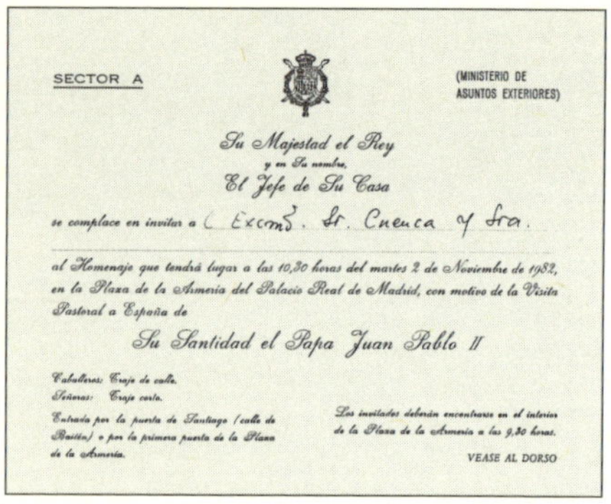

SECTOR A

(MINISTERIO DE ASUNTOS EXTERIORES)

Su Majestad el Rey
y en Su nombre,
El Jefe de Su Casa

se complace en invitar a Excmo. Sr. Cuenca y Sra.

al Homenaje que tendrá lugar a las 10,30 horas del martes 2 de Noviembre de 1982, en la Plaza de la Armería del Palacio Real de Madrid, con motivo de la Visita Pastoral a España de

Su Santidad el Papa Juan Pablo II

Caballeros: Traje de calle.
Señoras: Traje corto.

Entrada por la puerta de Santiago (calle de Bailén) o por la primera puerta de la Plaza de la Armería.

Los invitados deberán encontrarse en el interior de la Plaza de la Armería a las 9,30 horas.

VEASE AL DORSO

mente muy activo, donde necesitaremos una guía para actuar con corrección. Porque estamos ante un asunto relevante y delicado, en el que los errores se pagan caros.

Sí, los errores en el protocolo se pagan siempre caros. La cena más selecta y más costosa, para cuya preparación no hemos escatimado medios, poniendo a su servicio esfuerzo y diligencia –y el ornato, la cocina y la bodega–, puede terminar como el rosario de la aurora si no se planifica y desarrolla como es debido. En ese caso, conseguiremos un efecto contrario al que pretendíamos. Tal sucede cuando los invitados no están inteligentemente elegidos, los menús no fueron bien seleccionados –como luego veremos, hay platos que jamás deben ofrecerse– o los comensales no han sido bien servidos, estuvieron mal colocados, o fueron atendidos de forma desmañada por los anfitriones.

La Iglesia Católica, en sus actos y ceremonias, sigue un protocolo estricto y milenario.

El protocolo social es la preocupación central del libro. Sin embargo, estimo que no está de más el mencionar, aunque sea brevemente y de pasada, lo que es el ceremonial público; hacer una somera referencia a las precedencias y normas que las regulan; y citar en qué consisten los «honores y distinciones» a los que se refiere nuestra Constitución. Y es que el buen uso de las condecoraciones –miles de españoles están condecorados–, como vamos a ver, se enmarca en un determinado protocolo.

También pienso que es útil apuntar alguna breve pincelada concerniente a sus orígenes históricos, y a su larga evolución a través de los tiempos y culturas. Porque el protocolo ha existido desde antiguo, de modo más o menos solemne y regulado.

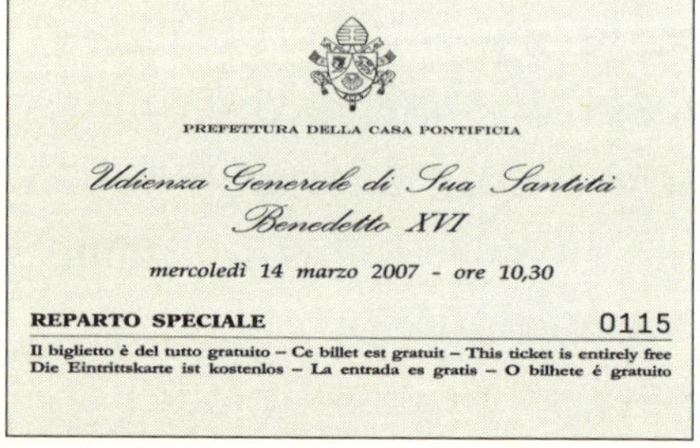

PREFETTURA DELLA CASA PONTIFICIA

Udienza Generale di Sua Santità
Benedetto XVI

mercoledì 14 marzo 2007 - ore 10,30

REPARTO SPECIALE 0115

Il biglietto è del tutto gratuito – Ce billet est gratuit – This ticket is entirely free
Die Eintrittskarte ist kostenlos – La entrada es gratis – O bilhete é gratuito

Los actos oficiales no admiten equivocaciones. Siempre es conveniente que intervengan en ellos personas relevantes que aporten brillantez; pero si se organiza mal el protocolo, tal presencia no sólo puede perder ese objetivo, sino convertirse en un auténtico nido de problemas. Porque es imprescindible que a cada cual se le asigne el lugar debido. Y ese lugar viene fijado en normas, reglamentos y costumbres que debemos conocer y respetar. De manera que, si no damos a esas personalidades el tratamiento al que son acreedores, se estaría cometiendo una falta grave que, en determinadas situaciones –dependiendo de la solemnidad, la presencia de medios de comunicación y otras circunstancias que pudieran airear tales desafueros–, podría llegar a tener muy desagradables consecuencias.

Cosa diferente es plegarse a los caprichos de esos pelmazos que, echando mano de pretendidos pergaminos, derechos inexistentes o méritos imaginarios, exigen recibir un trato de favor. Todos los jefes de protocolo saben muy bien hasta qué punto la huera vanidad de semejantes personajes de guardarropía, que pululan por doquier, les acarrea tantos y tan fuertes dolores de cabeza, a causa de un cargante sarpullido arraigado en ciertas gentes: el afán de figurar.

El protocolo público viene consagrado no sólo en leyes internas, sino en Tratados internacionales. Eso sucede con personas de especial representación, como es el caso de los Embajadores. En las celebraciones oficiales en los que toma parte el Cuerpo Diplomático, a cada cual se le tiene que asignar un sitio fijo, de acuerdo con la precedencia establecida. De no ser así, el responsable del protocolo estará cometiendo una descortesía no sólo con él, sino con el país que representa. Y, según la importancia de la ceremonia para la que se le convoca, el diplomático podrá simplemente hacer ver su descontento o, si se le ha discriminado de manera visible, incluso llegar a formular una protesta. Y eso, con independencia del mayor o menor peso de su país.

La precedencia de los Embajadores viene fijada –con

Invitación para un almuerzo ofrecido por su Alteza Real el Príncipe de Asturias y de Gerona.

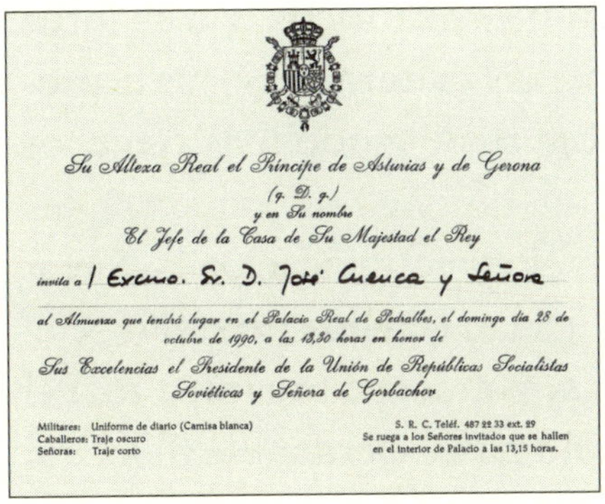

Su Alteza Real el Príncipe de Asturias y de Gerona
(q. D. g.)
y en Su nombre
El Jefe de la Casa de Su Majestad el Rey
invita a l Excmo. Sr. D. José Cuenca y Señora
al Almuerzo que tendrá lugar en el Palacio Real de Pedralbes, el domingo día 28 de octubre de 1990, a las 13,30 horas en honor de
Sus Excelencias el Presidente de la Unión de Repúblicas Socialistas Soviéticas y Señora de Gorbachov

Militares: Uniforme de diario (Camisa blanca)
Caballeros: Traje oscuro
Señoras: Traje corto

S. R. C. Teléf. 487 22 33 ext. 29
Se ruega a los Señores invitados que se hallen en el interior de Palacio a las 13,15 horas.

En otros países, como Canadá, las cartas credenciales se presentan de uniforme. En primer plano, un miembro de la policía montada, que da escolta a los embajadores.

la excepción del Nuncio de Su Santidad, a quien algunas cancillerías, como la nuestra, conceden la calidad de Decano– por la fecha en que presenten sus respectivas Cartas Credenciales. En los años que estuve en Canadá, el Decano del Cuerpo Diplomático fue el alto comisario de Camerún y, en cuanto tal, a él correspondió hacer de portavoz y ocupar el lugar de honor en la Fiesta Nacional y las invitaciones oficiales. En esa condición, siempre pasó por delante del resto de los Jefes de Misión, de acuerdo con las reglas internacionalmente aceptadas. Incluso con prioridad –por extraño que pueda parecer a los legos en la materia– sobre los representantes de Estados Unidos, Francia o Reino Unido, por citar sólo tres grandes naciones estrechamente

A Carlomagno se atribuye la ordenación del protocolo europeo.

Grabado que reproduce una cena en la Embajada de España en París, a comienzos del siglo XVIII.

vinculadas a Canadá, por tantos y tan fuertes lazos históricos, culturales o económicos.

Porque un Embajador está siempre investido, cualesquiera que sean sus cualidades personales, de la dignidad del país que lo envía: rico o pobre, minúsculo o extenso, débil o poderoso. Sobre uno de los muros de la Sede de Naciones Unidas, en Nueva York, leí hace ya tiempo una inscripción que lo expresaba claramente: «no sois iguales, pero estáis aquí como iguales». Entre el Embajador de una pequeña isla del Pacífico, con una población que cabe en un cine de barrio, y el de los Estados Unidos, con toda su fuerza y poderío, no hay ninguna diferencia, a efectos protocolarios. Ninguna. Los dos representan a Estados igualmente soberanos. Y en esa calidad, tienen derecho a ser tratados.

Lo mismo sucede en aquellas ceremonias en que participen miembros del Gobierno, Presidentes de las Comunidades Autónomas, Alcaldes o altos funcionarios de la administración. En este caso, existen disposiciones que, de forma precisa, establecen las precedencias. Y conforme a ellas deberán ser atendidos y colocados. Por no hablar de la Familia Real o de la Presidencia del Gobierno, cuyo protocolo viene fijado, con todo detalle, en leyes y decretos de obligado cumplimiento.

Dos anécdotas vendrán en nuestra ayuda, para aclarar el tema y ver hasta qué punto la violación de esos preceptos protocolarios no es cuestión banal. Porque puede agraviar a quien se siente depositario de títulos que merecen un trato acorde con su rango, la función que desempeña, los honores recibidos o la representación de que sea portador.

La primera se refiere al Duque de Osuna, que fue Embajador de Isabel II ante la Corte de los Zares, en San Petersburgo, a mediados del siglo XIX. Probablemente estamos ante una de las muchas ocurrencias inventadas que

Don Valeriano Weyler.

El Duque de Osuna.

aureolan la leyenda de este personaje de novela –que, por cierto, fue un buen Embajador–; pero con él nunca se sabe. Cuentan que en una ocasión muy señalada, se le intentó sentar en un lugar que, según el protocolo, no le correspondía. Osuna rechazó el sillón que le asignaban y se instaló cómodamente sobre el boruño de su capa, ornada de armiños y rica pedrería. A la hora de retirarse, se fue hacia su carruaje, mientras un criado le traía apresuradamente la prenda «olvidada», pensando que se trataba de un descuído. Pero no había tal olvido. El duque la rechazó con un gesto de la mano, añadiendo: «El Embajador de España no tiene por costumbre llevarse la silla a casa». Y allí se la dejó.

La segunda se atribuye a don Valeriano Weyler, a quien, por sus brillantes servicios a la Nación –Capitán General de Cuba, Ministro de la Guerra en varios gabinetes, Capitán General de Cataluña– se le había concedido el Toisón de Oro, la más alta distinción existente entonces y ahora. Un día, ya muy mayor, se le invitó a una cena en el Palacio Real. Don Valeriano acudió con su uniforme y condecoraciones. Todo marchó sin problemas hasta que, al ver el lugar que se le asignaba en la mesa, de acuerdo con su condición de militar ya retirado, lo aceptó. Pero, eso sí: se despojó ostensiblemente –menudo geniazo se gastaba– del Toisón y, guardándoselo en el bolsillo, exclamó malhumorado y en voz alta, para que se le oyera bien: «yo puedo sentarme en ese sitio, pero el Toisón no puede».

¿Reliquias del pasado? Desde luego que no. Porque aunque hay un protocolo rígido y apolillado, que desprende un cierto olor a rancio, también es muy verdad que existen otros que siguen vivos, y bien vivos: el de los actos oficiales y el de los comportamientos privados, con sus directrices necesarias para orientarnos con buen rumbo en el quehacer de cada día.

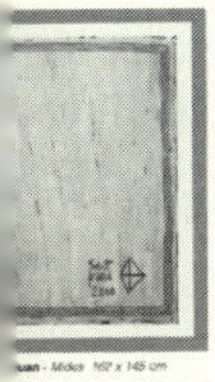

El president de la Generalitat de Catalunya

es complau a invitar-vos

al tradicional esmorzar que,
amb motiu de la Festivitat de Sant Jordi,
tindrà lloc al Palau de la Generalitat,
diumenge 23 d'abril,
a les deu del matí.

Excm. Sr. D. José Cuenca Anaya y acompañante

Barcelona, abril de 2000

Las Autonomías y Ayuntamientos tienen su propio protocolo.

RITA BARBERÁ NOLLA
Alcaldesa de Valencia

TIENE EL GUSTO DE INVITARLE A LA CENA QUE SE OFRECERÁ EN HONOR DE LOS HUÉSPEDES OFICIALES DE LA CIUDAD, EL PRÓXIMO DÍA 18, A LAS 22:30 HORAS, EN EL RESTAURANTE "ALAMEDA PALACE", C/. ARQUITECTO MORA, N.º 2 Y A PRESENCIAR DESDE SUS TERRAZAS LA "NIT DE FOC".

VALENCIA, MARZO 1997

Se ruega confirmación.

Programa

09.30 h
Benedicció de roses des de la Galeria Gòtica (Goigs de Sant Jordi i Virolai al Carilló del Palau)
Repic de festa de les campanes de Sant Jordi de la Torre del Rellotge

10.00 h
Esmorzar de Sant Jordi

11.00 h
Exposició de roses

12.00 h
Concert de Carilló

13.00 h
17è Premi "Serra i Moret"

18.00 h
Concert de Carilló

12.30 h
Ballada de sardanes a la Plaça Sant Jaume organitzada per la Colla Sardanista Sant Jordi i a càrrec de la Cobla La Principal de la Bisbal

Los tiempos han multiplicado los actos oficiales que requieren una precisa ordenación protocolaria, ante la proliferación sin precedentes de las instituciones públicas (el Estado, las Autonomías, las Provincias, los Ayuntamientos), a las que vienen a sumarse otras instancias muy tradicionales en España, como son la Iglesia católica y la Universidad, cuyas ceremonias han sido gobernadas por costumbres ancestrales y liturgias milenarias.

En consecuencia, el número de esas ocasiones que reclaman una correcta aplicación del protocolo ha experimentado un gran incremento.

Pero esa necesidad de conocer y manejar los formalismos es aún mayor en lo que se refiere a las prácticas sociales de la vida cotidiana. Ahí sí que estamos asistiendo a una verdadera revolución. Por eso cobra hoy tanta relevancia el protocolo moderno, que trata del buen hacer y de movernos con soltura en las distintas situaciones que se nos han de presentar –bodas, bautizos, fiestas familiares–, la minuciosa preparación de reuniones empresariales en las que vamos a participar, o el inteligente discurrir de actos sociales que nos conciernen. Y es en esos actos sociales, y en el quehacer de cada día –eso que llamamos el «saber estar»– donde, si deseamos quedar bien, brillar en nuestras relaciones públicas y no caer en la vulgaridad, deberemos conocer el terreno que pisamos.

Para eso se ha escrito este libro: para contribuir al mejor conocimiento del terreno que pisamos. Y para ayudar al manejo, con naturalidad, de tantos y tan diferentes elementos, a fin de que podamos tomar todas las medidas conducentes al fin que perseguimos.

Hemos de saber lo que hay que hacer, claro está; pero también lo que debemos soslayar. Es preciso huir de la ramplonería atosigante de un mundo globalizado y hortera, que trata de imponernos la basura en el comer, el gui-

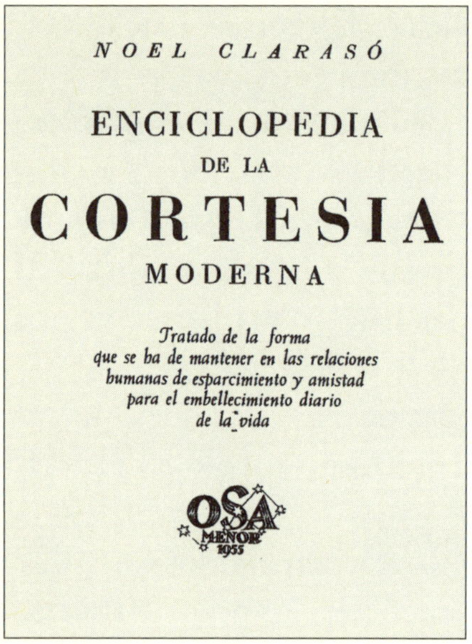
NOEL CLARASÓ

ENCICLOPEDIA
DE LA
CORTESIA
MODERNA

Tratado de la forma que se ha de mantener en las relaciones humanas de esparcimiento y amistad para el embellecimiento diario de la vida

OSA MENOR 1955

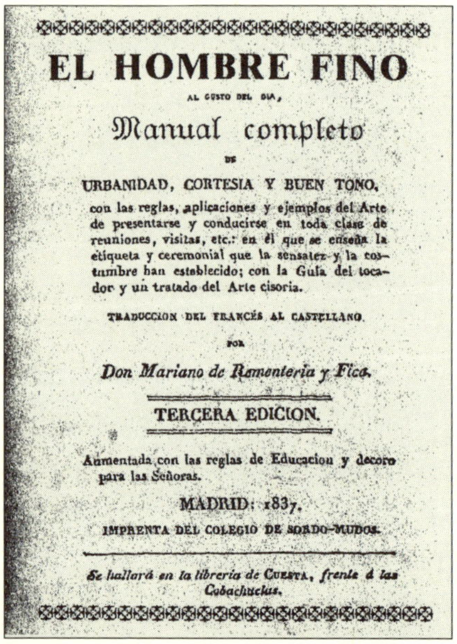
EL HOMBRE FINO

AL GUSTO DEL DIA,

Manual completo

DE

URBANIDAD, CORTESIA Y BUEN TONO,

con las reglas, aplicaciones y ejemplos del Arte de presentarse y conducirse en toda clase de reuniones, visitas, etc.: en él que se enseña la etiqueta y ceremonial que la sensatez y la costumbre han establecido; con la Guía del tocador y un tratado del Arte cisoria.

TRADUCCION DEL FRANCÉS AL CASTELLANO

POR

Don Mariano de Rementeria y Fica.

TERCERA EDICION.

Aumentada con las reglas de Educacion y decoro para las Señoras.

MADRID: 1837.

IMPRENTA DEL COLEGIO DE SORDO-MUDOS.

Se hallará en la librería de Cuesta, frente á las Cobachuelas.

Algunos tratados clásicos sobre normas de protocolo y cortesía.

ñapo en el vestir y unos modales desenvueltos y agresivos que se han de superar. Pero tienes que hacerlo sin caer en el polo opuesto: las cúrsiles recetas de un falso protocolo que comporta el uso de golpes efectictas, de dudoso gusto; la insoportable exhibición de adornos y oropeles, tan fatua y fastidiosa; el despliegue de esnobismos con que, a veces, nos abruman algunos anfitriones. Con tales alardes, dicho sea de paso, no consiguen engañar a nadie. Si caes en esas estridencias, estás perdido. Porque nos movemos entre personas educadas, que notarán la bisoñez –cuando no la impertinencia– de quien de ese modo actúa.

De ahí, una norma elemental que no me cansaré de repetir: evitemos todo lo que sea ficticio, pomposo o rebuscado. Hay que conseguir que el buen hacer sea sencillo y natural: algo así como la propia piel, que se lleva sin notarse, y no como ese traje vistoso que puedes adquirir en cualquier parte. Lo apropiado y lo prudente es proceder de manera correcta y eficaz, pero de forma discreta y sin que se note demasiado. Como dice un viejo adagio francés, «el encargado del protocolo debe ser como el Buen Dios: presente en todas partes, pero sin dejarse ver».

Debo advertir que no tengo la intención de redactar un manual sobre educación y buenas maneras, que se supone que ya hemos aprendido en el entorno familiar. Esos tratados, tan frecuentes en el siglo XIX, no sólo son perfectamente inútiles, sino que suelen mover a mucha risa. En mi biblioteca cuento con «El hombre fino», una obrita subtitulada «Manual completo de urbanidad, cortesía y buen tono», que no tiene desperdicio. Y con otra joya del género, «El Amigo de las Niñas», destinada a la buena crianza de las señoritas de la época mediante fábulas redactadas en verso, para su mayor impacto y más fácil comprensión. Como aquella en que se recomienda a las chicas, y a sus madres, atención y diligencia en la administración

Manual de cortesía para caballeros, en inglés.

de sus caudales, sin caer nunca en el desorden o el descuido, de tan perniciosas consecuencias.

Puntualmente transcribo, sin añadir nada de mi cosecha, la parte medular de esa conseja:

> Y a la ignorante niña
> un mayordomo,
> pillete redomado
> de tomo y lomo,
> fingió clemencia.
> Y le robó el tunante
> su gran herencia

No voy a caer en tales lecciones morales, tan improcedentes y fuera de lugar, porque quien empieza por adoptar esos aires doctorales suele acabar en el mayor de los ridículos. Pienso concentrarme en una tarea más modesta y, a mi juicio, provechosa: compartir con mis lectores un conjunto de consejos útiles y prácticos, que estimo imprescindibles para manejarnos en el entorno de hoy en día. Y hacerlo tomando en cuenta los diversos factores concurrentes –naturaleza e importancia del acontecimiento, rango de las personas que intervienen en él– que rigen las materias relativas a ese sencillo protocolo que gobierna el deseable buen hacer. Para que nuestra casa, nuestra ropa o nuestros actos, además de ser correctos, no caigan en lo cursi, petulante, ostentoso o relamido.

A tal fin, me permito señalar, desde este primer capítulo, dos reglas de oro:

La primera, actuar con naturalidad. Hay que apartar de nosotros todo lo que sea artificioso y rebuscado, siempre de mal gusto. Eso no quiere decir que no cuidemos, hasta el más mínimo detalle, los actos sociales de cuya organización somos responsables, sin dejar espacio alguno a

Cena formal en una corte del siglo XVIII (cuadro de la escuela veneciana).

la improvisación. Durante largos años, he seguido una advertencia que escuché en una ocasión a un Ministro de Asuntos Exteriores. Es ésta: cuando las cosas se preparan bien, pueden salir mal; pero cuando se preparan mal, siempre salen mal. No confiemos en la pretendida capacidad de los españoles para la improvisación, pensando que, en fin de cuentas, como somos tan listos y avispados, todo irá bien. Porque no suele ser así.

La segunda regla de oro es bien sencilla: tratar a los demás como nos gustaría ser tratados. Y hacerlo así por propia estimación, por cortesía hacia nuestros invitados y por respeto a lo que ellos representan. Es posible que, a pesar de esos esfuerzos, se critique la forma en que hemos actuado en una boda –donde siempre es muy difícil dar gusto a todos–, un cóctel o una cena. No debe importarnos. En un país en que la crítica está a la orden del día, quizá sea inevitable que un celoso murmure algún reparo. Pero lo que sí es evitable es que tal censura esté justificada. Y eso hay que prevenirlo, y depende solamente de nosotros.

Y vamos con esa breve pincelada, anteriormente prometida, sobre los orígenes del protocolo.

A lo largo de la historia, el ceremonial ha sido concebido como algo solemne, cerrado, incluso religioso. De ahí que los depositarios de esta ciencia, en el antiguo Egipto, fueran los sacerdotes, expertos en unas artes ocultas y enigmáticas que sólo ellos conocían. Más tarde, el protocolo se cargó de simbolismo, convirtiéndose en un quehacer esotérico, cuyos oficiantes fueron los llamados «maestros de ceremonia», que existieron ya desde la Edad Media, y administraron esas prácticas como forma de consolidar su preeminente posición. Por eso las rodeaban de liturgias y misterios: para asegurarse en exclusiva su control, fuera del alcance de los comunes mortales. En los usos palaciegos y en las cortes de los señores feudales –al-

El Presidente González a su llegada a Moscú, con la guardia de honor formada.

gunos, más ricos y poderosos que los reyes–, quien dirigía el ceremonial controlaba los accesos al poder. Ahí estaba su fuerza.

Con el Estado moderno, el protocolo se secularizó y, al mismo tiempo, pasó a convertirse en un elemento sustancial de la Función Pública. En ese punto aparecieron las primeras reglamentaciones sobre precedencias, honores, títulos y condecoraciones, algunas de las cuales perduran todavía.

Todos estos aspectos nos demuestran su antigüedad, su importancia y los difíciles equilibrios con que ha sido manejado. He querido mencionar esos extremos, pero no voy a entrar en ellos, porque son objeto de estudios y manuales donde se analizan los usos y costumbres, los decretos y las disposiciones legales a las que deben ajustarse los encargados de aplicarlas.

Pero más allá del protocolo entendido como símbolo y reflejo del poder –en una sociedad, la medieval, rígidamente estructurada– y como cauce por el que discurren los actos públicos bien organizados, este tema constituye en nuestros días, también y sobre todo, una conquista social.

Y éste es el aspecto del que me propongo ocuparme en los capítulos siguientes.

La sociedad actual ha ido adquiriendo, con el paso de los años, unos hábitos y reglas de comportamiento que hacen más sugerentes y atractivas las relaciones entre los componentes de sus diversos estamentos. Eso que llamamos «las buenas maneras» está en la base de toda convivencia, imprescindible en las comunidades bien organizadas. Pero no es bastante: el protocolo del que tratamos aquí, piedra angular del bien hacer, es algo más.

No busca solamente ayudarnos a mantener una conversación brillante, un trato agradable, unas formas de relacionarnos conforme a los principios de la buena educación. Pretende abarcar y comprender los varios elementos que componen una amplia y complicada disciplina, poco y mal conocida, pero indispensable para el éxito social. Es decir: estamos ante una técnica. Y, como toda técnica, exige de nosotros saberes y destrezas, al servicio de una finalidad: quedar bien en las más diversas circunstancias, y a todos los niveles.

Si ese nivel es alto, hemos de poner suma atención en lo que hacemos. Porque de poco nos servirá contar con un servicio de mesa de famosas porcelanas –las tan traídas y llevadas «soperas de la abuela»–, o una cristalería de reconocida calidad, si luego no sabemos colocar sus piezas como manda el protocolo. O ser invitados a fiestas codiciadas que, lejos de contribuir a que experimentemos una legítima satisfacción, van a redundar en deterioro de nuestro prestigio personal. La asistencia a esas brillantes ocasiones terminará en un auténtico desastre si no hemos sabido elegir el traje de etiqueta exigido para una ceremonia, el vestido apropiado para un cóctel o la ropa con la que debemos acudir a una cacería. Porque, cuando nos fijemos en el atuendo correcto que llevan los demás, vamos a sentirnos muy incómodos. Y nos va a parecer –probablemente, con razón– que todas las miradas se dirigen a nosotros y que, para eso, más valiera que no hubiésemos venido.

Si el nivel es más modesto, no por ello hay que descuidar los detalles. La decoración de la vivienda más humilde merece cuidado y atención. Las andaluzas saben bien que con loza, vidrio y flores de papel pueden adornarse, con elegancia y sencillez, honestas casas y cortijos que huelen a limpio y cal.

Lo mismo sucede con la ropa de diario, o con los diferentes celebraciones familiares –bodas, bautizos, comuniones, despedidas de soltero, fiestas infantiles– en las que, antes o después, intervendremos en calidad de protagonistas, anfitriones o invitados. Y ofreceremos o tomaremos parte en recepciones, cócteles, meriendas o comidas en las que es fácil distinguir si conoces o ignoras los requisitos de eso que he llamado, tantas veces, saber estar. Un saber estar que, como digo, no afecta solamente a la alta sociedad sino que nos incumbe a todos, y en los más variados aspectos del quehacer de cada día.

En cualquier caso, es imprescindible que sepamos desenvolvernos en este mundo dinámico, apasionante y complicado en que nos ha tocado vivir, donde tantas oportunidades se nos van a presentar. El protocolo del que trato en este libro es de hoy, y desea estar al día, teniendo en cuenta las obligaciones, compromisos y hasta diversiones –hablaremos del comportamiento en teatros y conciertos– en que vamos a participar.

Para empezar, se aplica a la comunicación con los demás, punto en el que siempre nos gusta quedar como señores. Al gesto, la palabra y la escritura –en cartas, tarjetones, telegramas–, que son los cauces tradicionales por los que discurría esa comunicación, han venido a sumarse, en este comienzo del sigo XXI, otros medios más versátiles,

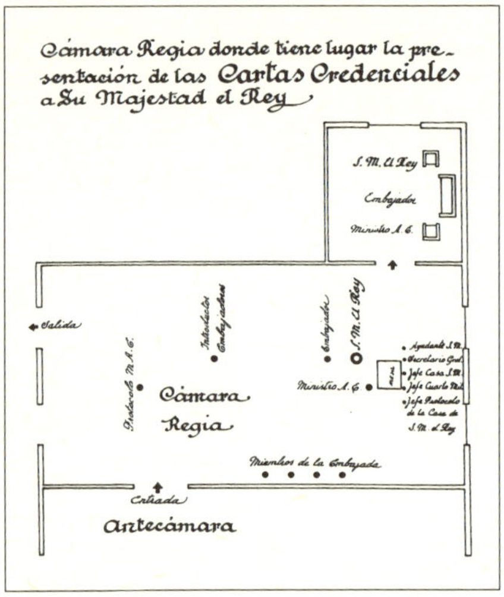

Lugar y ceremonia para la presentación de cartas credenciales en España.

puestos a nuestro servicio por los avances de las nuevas tecnologías. Porque no sólo un documento, una carta bien redactada o una conversación inteligente requieren ciertas formalidades, de las que trataremos más adelante: también los correos electrónicos, los mensajes acústicos o los teléfonos digitales, que avanzan sin cesar y nos sorprenden cada día, se ajustarán a unas pautas conformes con la buena educación.

Vendrá luego el bien vestir. Hablaremos de cómo, cuándo y en qué momento tienes que recurrir a los trajes de etiqueta, según las ocasiones; del empleo del uniforme, en los actos donde son obligatorios o están aconsejados; o del uso correcto de los distintivos y condecoraciones –en este ámbito, hay algún error bien conocido que jamás se ha perdonado–, en los casos solemnes y oficiales en que se usen. Ya que aquí, en este resbaladizo y complejo territorio, y a causa de su «visibilidad», se corre un alto riesgo de caer en el ridículo si no sabemos hacer las cosas bien.

Más adelante trataremos del vestido en el hombre y la mujer. Y me permitiré hacer algunas reflexiones sobre el uso de trajes, complementos, perfumes, adornos y tocados. Y de la forma de adecuar el atuendo con las modas y, muy especialmente, con nuestra personalidad.

Por otra parte, vivimos en un tiempo en que hay dos hechos relativamente nuevos que precisan de atención particular. Me refiero a los viajes y al deporte. Hace cuarenta años –sí, sólo cuarenta años–, en España salían al extranjero los diplomáticos, algunos hombres de negocios, unos cuantos artistas conocidos y pare usted de contar. Ni siquiera los políticos traspasaban las fronteras con frecuencia. Hoy, millones de españoles las cruzan anualmente, a veces con destino a los lugares más insospechados. Pues bien, ojo con los viajes. Porque, de no tomar ciertas precauciones, podemos encontrarnos con un incidente o un

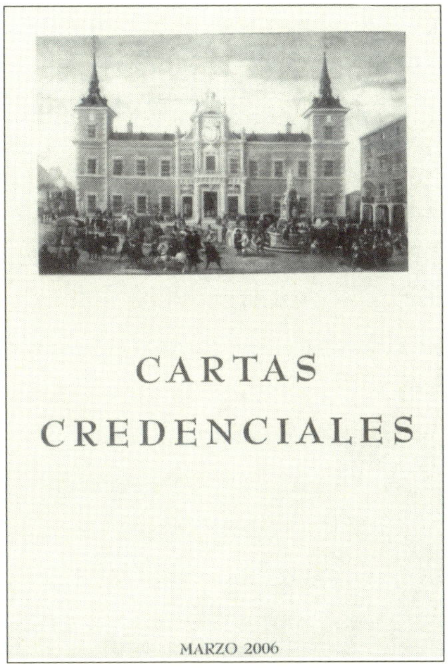

La presentación de credenciales puede hacerse de traje oscuro. Es la práctica en Grecia, con la guardia de gala.

problema, en lugar del descanso y el placer que pretendíamos. Preguntad a vuestros amigos, y veréis que no me falta la razón; y que más de una vez habrán sufrido un percance desdichado, que más vale olvidar.

El mundo del deporte, tan ampliamente generalizado, va a influir en nuestra ropa, nuestros hábitos y nuestra conducta en no pocas ocasiones. Hace esos cuarenta años a que antes me refería, en España había una docena de campos de golf. Ahora, como más tarde veremos, pasan de trescientos. Estamos, pues, ante una modalidad deportiva que ya no es practicada sólo por los estratos más altos de la sociedad, sino por cientos de miles de personas –españoles y extranjeros–, pertenecientes a todas las clases sociales. Y hemos de saber –como veremos, la anterior revolución fue la del tenis– cómo movernos, en calidad de observadores o participantes, en esos ámbitos.

En fin, vamos a tratar, con la extensión que merece, del arte de recibir en casa. Y de cómo organizar esas comi-

Chaplin en la famosa escena de la bota, en su obra maestra: «La Quimera del Oro».

das, de manera que resulten atractivas para los invitados. Y de las exigencias de la buena mesa –disponer el menú, elegir los vinos adecuados, desplegar los adornos, vajillas, copas y cubiertos–, tan importantes para nuestro prestigio de expertos anfitriones. Y de cómo, cuándo, por qué y a quién se envían las flores y regalos –atención a los «rebotes»–, un punto en que no siempre se acierta.

Voy a concluir este capítulo primero señalando que mi intención es ayudar, pero no me propongo dar lecciones. Charles Chaplin, autor de algunas de las obras más señeras de la historia del cine, rechazaba el título de maestro que le concedía la Academia de Hollywood, puntualizando que la vida es demasiado corta –lo decía cuando ya había rebasado, cumplidamente, la raya de los ochenta años– como para admitir que hemos llegado a dominar un arte. «Nunca he dejado de aprender»: así opinaba uno de los más grandes creadores del siglo XX, que conocía muy bien el inmenso valor de la humildad.

No, no soy maestra en nada. Sólo quiero aportar mi esfuerzo solidario y mi experiencia –hecha de errores y de aciertos–, con un solo propósito: servir a los demás. Y hacer que dispongamos de más información sobre temas curiosos y poco conocidos, y que estemos en condiciones de adquirir las técnicas y conocimientos necesarios para que las cosas salgan bien. Porque de eso se trata: de hacer las cosas bien.

II

El arte de recibir en casa

«El placer de los banquetes debe medirse no por la abundancia de los manjares, sino por la reunión de los amigos y por su conversación».

(Cicerón)

El primero de los puntos a considerar, dentro de ese mundo de relaciones a que me vengo refiriendo, es lo que he llamado «el arte de recibir en casa»: un tema clave y muy sensible, al que quiero consagrar varios apartados. Vaya por delante que, como se apunta en la cita que abre este capítulo, invitar es compartir; y buscar la presencia de amigos y personas por quienes, en momentos de alegría, queremos estar acompañados.

En la sociedad dinámica, moderna y permeable en la que nos ha tocado vivir, todos –sin excepción– tendremos que ser invitados y anfitriones. Unas veces, nos invitarán a una cena de gala; otras, a tomar en familia unos huevos fritos con pimientos y patatas a lo pobre. En ambos casos, hemos de saber qué hacer.

En estas páginas me voy a concentrar en nuestro papel como anfitriones, analizando los pasos a seguir para organizar una cena –o un almuerzo, o cualquier otro acto so-

Copas con motivos navideños.

cial– de forma correcta y placentera. Y dejar constancia detallada de las secuencias en que has de proceder, si quieres evitar sorpresas. Porque las puede haber, y muy desagradables. Para lograrlo, voy a sugerir un esquema concreto, en veinte pasos sucesivos, que marque cada una de las decisiones que debemos adoptar. Los veinte me parecen importantes, y han de ser seguidos por el orden que propongo. Abarcan desde el instante de elegir la ocasión más oportuna, hasta el de la despedida de los invitados.

1.– El primer paso será, como es lógico, elegir la ocasión. Estaremos ante una fiesta de Nochevieja, un cumpleaños, un almuerzo de trabajo, una comida de negocios o una cena. Estos eventos pueden tener un doble enfoque: el acto social en sí, o ese mismo hecho vinculado a una circunstancia particular. Podemos ofrecer una cena a un grupo de amigos por el placer de estar juntos –que será lo más frecuente–, o bien organizarla pensando en agasajar a alguien, o en ligar ese acontecimiento a una determinada fecha o celebración. En cualquier caso, esa decisión determinará quiénes van a ser los invitados, la mayor o menor solemnidad de la ceremonia o incluso la composición de los menús, como sucedería si contemplamos una cena de familia en Nochebuena o una fiesta de Fin de Año, fechas ambas en que no sólo las vituallas sino el ornato de la mesa y la elección de los comensales vienen marcados por tradiciones y costumbres que es preciso respetar.

2.– El siguiente paso es decidir el tipo de acto social que vamos a organizar, porque de ese extremo van a depender otras decisiones. Si se trata de una comida informal –o un bufet, o un refrigerio en el jardín– el número de invitados, la hora, la duración y la manera de vestirse no serán los mismos que para una cena más protocolaria. También la comida, la bebida y el ornato de la mesa varían en uno y otro caso. Por no hablar del servicio que se pueda necesitar. Por ejemplo: un cóctel en invierno precisa no sólo de un número de camareros en proporción con el de invitados, sino de alguien para ocuparse de los abrigos, y colgarlos en los percheros preparados al efecto. Y no digamos si, además, está lloviendo; porque entonces tienes que arbitrar las medidas para que los huéspedes puedan dejar en los lugares dispuestos de antemano, y sin causar demasiado trastorno, esa cosa horrenda que es un paraguas chorreando.

En el fondo, la planificación dependerá del fin propuesto, de nuestros medios económicos y del espacio de que dispongamos. Es obvio que un cóctel permitirá la asistencia de un gran número de personas, con las que podremos «quedar bien»; pero no todo el mundo dispone de una casa con espacio suficiente. Y que una cena sentada, para más de doce comensales, tiene una gran prestancia; pero son pocos los que cuentan con un comedor bien equipado de esas dimensiones. Finalmente, tenemos los bufés o las solemnidades en que se arreglan numerosas mesas, lo que exige un planteamiento diferente. Es el caso de las bodas y otras celebraciones, sobre las que hablaremos en páginas venideras.

3.– Ya hemos elegido la ocasión y el tipo de acto. El paso siguiente, vinculado estrechamente a estos dos asuntos, consiste en la selección de los invitados. Serán miembros de la familia –o personas muy allegadas–, en Nochebuena, Año Nuevo o en las fiestas familiares. Y colegas o socios en los almuerzos de trabajo. Y amigos y conocidos en los cócteles. Y personas más cercanas si estamos ante de una comida o una cena, donde los comensales han de ser, forzosamente, de un número más reducido que en otras reuniones más flexibles o informales.

1. Modelo de invitación donde se especifica la forma del vestido: esmoquin para caballeros y trajae largo para señoras.

2. Otro modelo de invitación en que se fija la manera de vestir. En este caso, traje oscuro para caballeros y traje largo para señoras.

3 y 4. Dos invitaciones del Presidente del Gobierno. En la primera, en la parte superior aparece el escudo en seco; en la segunda, en dorado.

5. Invitación para una cena en el Palacio Real. En ella figura la forma en que deben vestir los invitados.

6. Invitación para una cena en el Palacio Real. En ella no se indica la vestimenta protocolaria: uniforme de gran gala (militares), uniforme de gala o frac con condecoraciones (caballeros) y traje largo (señoras).

7. En esta invitación se especifica el motivo, que puede ser muy variado (recibir o despedir a una personalidad, marcar un evento, etc.). En este caso, se trata del Comité patrocinador que concedió a S. M. el Rey el Premio Carlomagno.

8. Los motivos para invitaciones oficiales pueden ser muy diversos. Aquí se trata de celebrar el Día Internacional de la Mujer.

9. Elegante invitación para un almuerzo de señoras. En el margen inferior izquierdo figura el «pro memoria» (pour memoir), porque la invitación ya había sido aceptada antes de enviar el tarjetón.

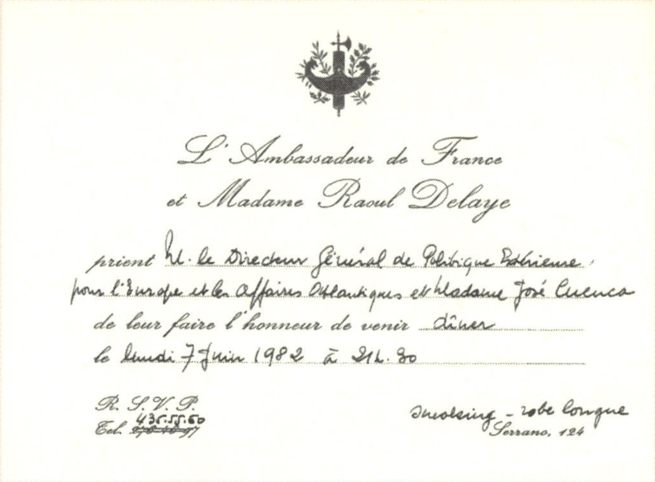

L'Ambassadeur de France
et Madame Raoul Delaye
prient M. le Directeur Général de Politique Extérieure pour l'Europe et les Affaires Atlantiques et Madame José Cuenca
de leur faire l'honneur de venir dîner
le lundi 7 Juin 1982 à 21h.30

R. S. V. P.
Tel. 435.55.60

Smoking - robe longue
Serrano, 124

1

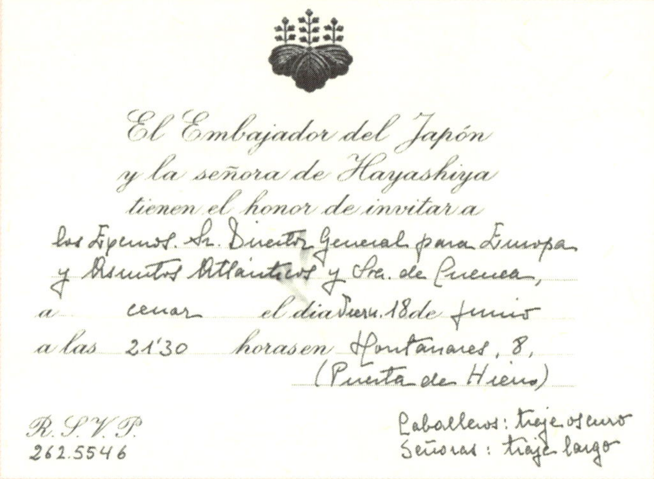

El Embajador del Japón
y la señora de Hayashiya
tienen el honor de invitar a
los Excmos. Sr. Director General para Europa y Asuntos Atlánticos y Sra. de Cuenca,
a cenar el día Vier. 18 de junio
a las 21'30 horas en Hontanares, 8, (Puerta de Hierro)

R. S. V. P.
262.5546

Caballeros: traje oscuro
Señoras: traje largo

2

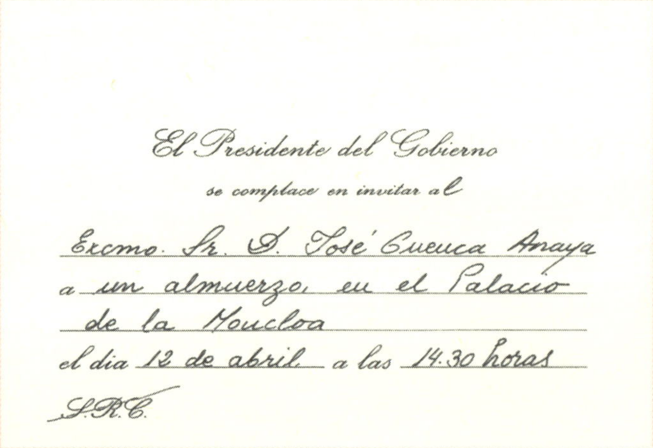

El Presidente del Gobierno
se complace en invitar al
Excmo. Sr. D. José Cuenca Anaya
a un almuerzo en el Palacio de la Moncloa
el día 12 de abril a las 14.30 horas
S.R.C.

3

El Presidente del Gobierno y Presidente del Consejo Europeo
se complace en invitar a

Excmo. Señor Embajador de España en Canadá

al almuerzo que, con ocasión de la
Cumbre Unión Europea - Canadá
tendrá lugar en el Hospital de Tavera de Toledo,
el miércoles, 8 de mayo de 2002, a las 14:00 horas

Con motivo de la visita en Madrid del Comité
Patrocinador del Premio Carlo Magno

El Embajador de la República Federal de Alemania
tiene el honor de invitar

al Excmo. Sr.
Don José Cuenca Anaya
a una recepción
el lunes, 3 de mayo *a las* 19.00

R.S.V.P. - Tel. 4199100
~~*en la tarjeta adjunta*~~

Paseo de la Castellana, 25

7

En ocasión del Día Internacional de la mujer.

La señora del Embajador de la República de Cuba en la URSS
GEORGINA LEYVA DE CAMACHO

Tiene el honor de invitar a la señora Mª del Carmen Lozoka
a una TAZA DE TE que tendrá lugar en la residencia el día
26 de febrero de 1988 a las 16.00 horas.

Dirección: A.Tolstova, 28

Su Majestad el Rey
(q. D. g.)
y en Su nombre
El Jefe de Su Casa
invita al Excmo. Señor Embajador de España en Moscú y
Señora de Cuenca,
a la Cena de Gala que ofrecerán Sus Majestades los Reyes, en el Palacio Real de Madrid, el viernes día 26 de Octubre de 1990, a las 20,30 horas en honor de
Sus Excelencias el Presidente de la Unión de Repúblicas Socialistas Soviéticas y la Señora de Gorbachov

Militares: Uniforme de Gran Etiqueta
Caballeros: Uniforme de Gala o Frac
Condecoraciones
Señoras: Traje largo

S. R. C. Teléf. 247 53 50 - Protocolo
Entrada por la plaza de la Armería
Se ruega a los Señores invitados que se hallen en el interior de Palacio a las 20,15 horas.

8

Su Majestad el Rey
(q. D. g.)
y en Su nombre
El Jefe de Su Casa
tiene el honor de invitar
los Excmos. Señor Embajador en Misión Especial para asuntos relacionados con Medio Ambiente y Señora de Cuenca Anaya
a la cena que ofrecerán Sus Majestades los Reyes en el Palacio Real,
el miércoles día 8 de febrero de 2006, a las 21.00 horas, en honor de
Sus Excelencias el Presidente de la Federación de Rusia
y Señora de Putin

Mrs. Christina Loeb
requests the pleasure of the company of

Mrs. Carmen Cuenca

at a farewell luncheon
in honour of Mrs. Lamia Lecheheb
at 111 Coltrin Road, Rockcliffe Park
on Thursday May 29th, 2003, at twelve noon

pour memoire

9

10. Invitación para el día de nuestra Fiesta Nacional.

11. Una buena caligrafía da un toque de elegancia a las invitaciones.

12. Una embajadora invita a un almuerzo de señoras. En este caso, en la Embajada de China.

Con ocasión de la Fiesta Nacional de España

El Embajador de España
y la Señora de Cuenca

tienen el honor de invitar a ....

....

a una recepción que tendrá lugar el miércoles
12 de octubre de 1994, a las 19.30 hs.

Herodou Atticou, 1 — S. R. C. 72 14 885 - 72 24 242

10

Президент СССР
Президиум Верховного Совета СССР
Совет Министров СССР
Просят Е.П. г. Хосе Куэнка
с супругой
пожаловать на прием по случаю 73-й годовщины Великой Октябрьской социалистической революции 7 ноября 1990 года в 16 часов.
Кремлевский Дворец съездов

11

Mrs. Lin Sha
requests the pleasure of the company of
Mrs. Maria del Carmen Losada Fernandez
at a lunch
at 12:00 on Tuesday, October 29, 2002
at Chinese Ambassador's Residence

455 Cloverdale Road
Rockcliffe Park

To Remind
Tel: 789-0058

12

Dinner in your honour

The Ambassador of Italy
and Mrs. Marco Colombo
request the honour of the company of
H.E. and Mrs José Cuenca
at a Dinner
on Tuesday June 17, 2003 at 8 p.m.

Aylmer Road
Aylmer, Quebec

Business Attire

Es muy conveniente adjuntar un plano detallado para encontrar las residencias a las que hemos sido invitados.

4.– En este último supuesto, que es el que ahora atrae nuestra atención, comenzaremos por hacer una lista de invitados (a la que añadiremos otra de «suplentes», por las razones que más adelante veremos). Y aquí nos topamos con un tema sustancial, porque elegir a quienes vamos a sentar a nuestra mesa es un complejo y delicado menester, del que dependerá, en gran medida, el que las cosas salgan bien.

Sugiero tomar en cuenta ciertas precauciones sobre escollos que debemos soslayar, y alguna iniciativa relacionada con las metas que tratamos de conseguir:

- Evitar personas que tengan problemas entre ellos. Por ejemplo: parejas separadas, graves desavenencias políticas o serias rivalidades profesionales.
- Cuando los invitados no sean amigos entre sí, procuraremos reunir comensales que tengan intereses comunes, similares aficiones o gustos compartidos.
- Es conveniente hacer una mezcla para que no todos pertenezcan a una misma profesión, salvo –como es lógico– en las cenas de empresa o las comidas y desayunos de trabajo.
- Cuidado con las vampiresas impenitentes, los donjuanes profesionales y los conocidos amantes del alcohol. Te pueden dar la noche.

No olvidemos nunca que, en esas cenas, a nuestros amigos les gustará conocer gentes interesantes, cultas y divertidas. Y que si sabemos combinar inteligentemente los comensales –por ejemplo, artistas, empresarios, profesionales, políticos y diplomáticos– tendremos buena parte del camino recorrido, para que el evento resulte plenamente logrado.

5.– Decididos así los comensales, se procede a llamarlos por teléfono con un mes de antelación, comenzando por

En verano son muy agradables las cenas en el patio.

el invitado de honor –si lo hubiera–, para cerrar las asistencias. Ello nos permite disponer, en caso de rechazo (por compromisos previos o cualquier otra razón) de la oportunidad de poder invitar, con la debida antelación, a los «suplentes», y hacerlo con tiempo suficiente, para evitar suspicacias. Aquí tenemos que ser muy precavidos, porque a nadie le gusta aparecer como «plato de segunda mesa», según la acertada expresión popular. Las invitaciones repentinas del tipo «mira, estoy organizando una cena para pasado mañana, y nos encantaría...» más vale no hacerlas, porque hasta el menos avisado entenderá que está siendo llamado a rellenar un hueco de última hora. Y no te lo perdonará.

En circunstancias muy concretas, sin embargo, podremos echar mano de unos amigos para cubrir esos huecos. Con dos condiciones: que sean muy, muy amigos; y que se les diga la verdad. Recuerdo una noche en que dimos, en Londres, una cena en honor de nuestro Embajador. Dos días antes, nos llamó uno de los invitados: su esposa estaba enferma y no podían venir. La mesa me quedaba muy descabalada –no eran muchos los comensales– y, para impedirlo, llamé a una amiga muy querida. Le dije claramente lo que sucedía, y le pedí que me ayudase. No sólo vino con su esposo, sino que me agradecieron vivamente aquel gesto de confianza, enviando por delante un gran ramo de flores, que perfumaron la casa con el más puro de los aromas: el de la auténtica amistad.

6.–Confirmadas las asistencias, se envían los tarjetones. En ellos deben figurar, claramente, estos extremos:

- Nombre de los anfitriones (o del anfitrión o anfitriona, si se trata de una comida sólo para hombres o para señoras).
- Lugar de la comida o cena. Normalmente será la propia casa, pero también puede ser un restaurante o un centro público, en comidas oficiales.
- Un apartado, al pie del tarjetón, en el que se consigne la inscripción s.r.c. (se ruega contestación), además del número de teléfono al que hay que comunicar la aceptación (o el rechazo). Si ya hemos cerrado la asistencia, ese apartado se cruza con una rayita y se pone al margen: p.c.(para confirmar) o p.r.(para recordar) En el caso de extranjeros, la fórmula habitual es p.m. (pro memoria).
- Si la cena se ofrece en honor de un huésped señalado, al tarjetón se le grapa una tira de papel donde se anota: en honor de… o para dar la bienvenida a… o cualquier otra inscripción similar.
- En la tarjeta se consigna, si la ocasión es muy solemne o en invitaciones oficiales, el vestido adecuado. Por ejemplo: esmoquin y traje largo.

7.– Las invitaciones, ya cerradas por teléfono, se ponen en correo con la antelación suficiente –no menos de 15 días, para evitar esas suspicacias antedichas; ni más de un mes, si estamos ante personas con una activa vida social– y, por

Noel Clarasó interpretó de forma divertida el arte de besar la mano a las señoras.

mites de la cortesía en el gesto de besar la mano.

Mesa preparada con las sillas en posición oblícua, para no dar el respaldo a Sus Majestades, al entrar en el Comedor del Palacio Real.

parte de los invitados, se confirman o «reconfirman» cuanto antes. Es la manera de que los dueños de la casa se sientan seguros y empiecen a tomar medidas con vistas al éxito del acto programado. Para ello, aconsejo una última llamada por teléfono un par de días antes, a fin de tener la absoluta certeza de que las asistencias están más que aseguradas. Si en lo concerniente a la organización de las cenas hubiese una regla muy a tener en cuenta, sería ésta: evitar las sorpresas.

Porque se trata, en efecto, de evitar las sorpresas de última hora. Cuando ya lo tienes todo organizado, compuesto el plano, desplegadas las tarjetas y ordenada la mesa conforme a unas precedencias, nada hay tan perturbador como recibir, un cuarto de hora antes, la llamada que te anuncia que un comensal no puede venir. Bueno, sí existe algo más perturbador: un maleducado que aparece sonriente y te presenta a «un amigo que tengo unos días en casa, al que estoy seguro te encantará conocer». Tu inapelable decisión –no volver a invitar a semejante hortera nunca más– quizá te sirva de consuelo, pero no va a solucionarte el problema de esa noche. Sobre todo si habías preparado un menú de viandas emplatadas, ya dispuestas de antemano.

8.– De acuerdo con mi intención de abordar los temas desde un enfoque práctico, voy a comentar de forma concreta y breve cada unos de los siguientes puntos: el lugar, la hora y el vestido.

El lugar, si estamos en casa, dependerá del acto y de las disponibilidades de espacio que tengamos. Suele ser el comedor, que para eso está. Pero también se organizan en la terraza o el jardín. Son esas veladas veraniegas, tan sugerentes, que sólo requieren una condición: asegurarse de que no hay mosquitos. Recuerdo una cena de jardín, en Canadá, en la que todos aguantamos estoicamente, hasta

Mesa colocada «en peine» para gran número de comensales.

Mesa en la terraza, con ornato vegetal.

las diez de la noche. De pronto, como si nos hubiésemos puesto de acuerdo, se produjo una desbandada general, un «sálvese quien pueda», cuando ya no cabía soportar el asalto de aquellas bestias feroces que, en Ottawa, para más inri, te pican hasta por encima de la ropa.

La hora debe fijarse con claridad, y está siempre en función del evento programado. En los cócteles, y aunque en España no siempre se hace (por no «echar fuera» al invitado), lo prudente es precisar en la tarjeta el momento del comienzo y el final. Por ejemplo: de 12 a 2, o de 6 a 8 de la tarde. En los almuerzos o cenas en casa, las 2 de la tarde (para el almuerzo) y las 9 de la noche (para la cena) es lo más normal, aunque la cena se retrasa en los veranos, particularmente si se ofrece al aire libre, para sentarse a la mesa con las últimas luces del atardecer. Al misterio del crepúsculo viene aquí a sumarse la magia de las velas, creando un ambiente de elegancia y distinción. Pero ni en los almuerzos ni en las cenas se señala una hora para terminarlos. Sólo en los cócteles. No tengo que advertir que estos horarios se refieren a España, y no a países extranjeros, donde todas las comidas se tienen a horas más tempranas.

La forma de vestirse está en función de la importancia del encuentro al que asistimos. En las cenas de gran boato –por ejemplo, en el Palacio Real– se exige el frac o el uniforme de gala para los caballeros, uniforme de Gran Etiqueta para los militares –todos ellos con condecoraciones–, y traje largo en las señoras. En las demás, lo correcto es traje oscuro en los caballeros, salvo que se pida, por la especial relevancia del caso, el esmoquin (en otros países, como Estados Unidos, es de uso muy frecuente). Para las señoras, hay que distinguir entre almuerzos y cenas. En los almuerzos, trajes de chaqueta o vestidos, pero sin demasiada formalidad. Si los caballeros usan esmoquin –así como cuando vayan de gala–, las damas vestirán de traje largo.

Comedor del Palacio Real.

Y en las cenas en que los hombres van de traje oscuro, las señoras llevarán uno corto pero más elaborado (de «más vestir»), según pautas que ya marcaremos, y en detalle, a la hora de tratar del vestido en la mujer.

Como hemos dicho, cuando deba usarse el frac, los uniformes o el esmoquin, o se pida traje largo a las señoras, ha-

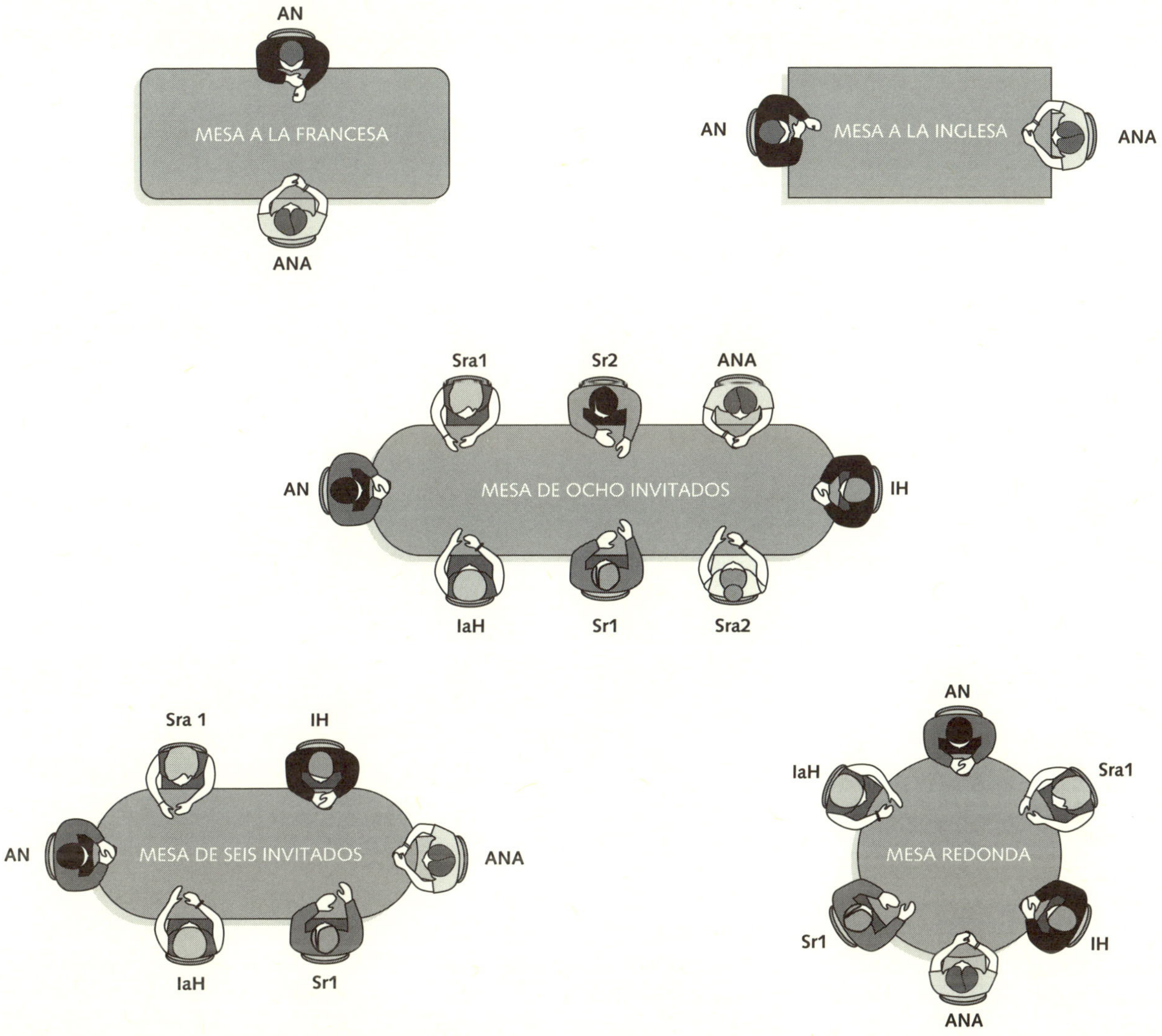

AN Anfitrión	**IH** Invitado de honor	**Sr1** Señor 1	**Sr2** Señor 2
ANA Anfitrióna	**IaH** Invitada de honor	**Sra1** Señora 1	**Sra2** Señora 2

Distintas formas de organizar las mesas, «a la inglesa» o a «la francesa». En las mesas con ocho comensales, o con múltiplos de cuatro (por ejemplo, doce) presiden dos señores, o dos señoras, pero no el señor con la señora de la casa.

brá que especificarlo claramente en la tarjeta de invitación, para evitar que cada cual se presente vestido a su manera.

9.– Cumplidos estos requisitos, comienza la hora de la verdad: la llegada y colocación de los invitados. En esa llega-

Distintas tarjetitas de mesa con el nombre de la autora. Como puede verse, cada Embajada escribe el nombre de una forma diferente, desde «Carmen», sin más, a «Excelentísima señora de Cuenca Anaya».

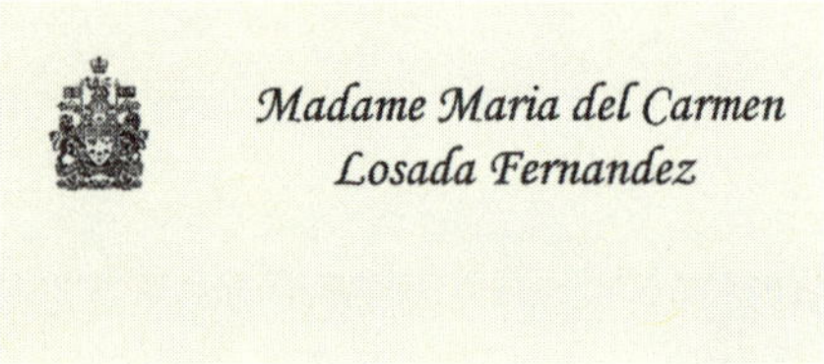

da se observará la necesaria puntualidad –la cortesía de los Reyes, que se ha dicho siempre–, si no queremos quedar mal. Quince minutos es un retraso tolerable. Pasar de media hora cae dentro de la mala educación. Ese «no conviene llegar los primeros», tan usado, es una bobada que no tiene justificación porque, si todos pensaran lo mismo, se produciría un desastre fácil de imaginar. Respecto al rango de los comensales, un conocido autor francés dice que «cabe perdonar la llegada con retraso de un subordinado; la de un jefe, jamás». Máxime, añado yo, en el caso del invitado de honor, cuya puntualidad se presupone. Además, ese invitado de honor está obligado no sólo a ser puntual, sino a traer algún regalo o enviar antes un ramo de flores, para obsequiar a la dueña de la casa.

Pero si aparecer tarde es imperdonable –siempre que rebases los límites tolerados–, lo es mucho más hacerlo antes de la hora. Puede suceder que la mesa o el comedor no estén completamente preparados –en el capítulo siguiente, aconsejaré que todo esté dispuesto con suficiente antelación– o que quienes invitan no se encuentren aún listos para el acto, con lo que no estarán en condiciones de recibir a nadie todavía. En todo caso, esa llegada inoportuna es un desafortunado contratiempo, exclusivamente imputable a los «madrugadores», sin que podamos excusarnos con el socorrido pretexto de echar la culpa al tráfico.

Quizá sea bueno anotar otra recomendación: los anfitriones estarán vestidos media hora antes del comienzo de la cena. Y no porque exista el peligro de los madrugadores ya citados –no suele suceder, al menos más allá de diez minutos– sino porque nosotros o los comensales podemos habernos confundido de hora al enviar los tarjetones –caso raro– o al apuntar el compromiso en la agenda, o retenerlo –caso no tan raro– en la memoria. A causa de ese descuido, cabe que alguien se plante en casa incluso antes que los camareros, creando una situación embarazosa no difícil de imaginar. Alguna vez me ha sucedido, y no se lo deseo a nadie.

Todavía un punto más. Si vives en un piso, pídele al portero que se quede hasta que terminen de llegar los invitados. Si no fuera posible, coloca un camarero en la entrada del edificio, pare recibirlos y acompañarlos hasta el ascensor.

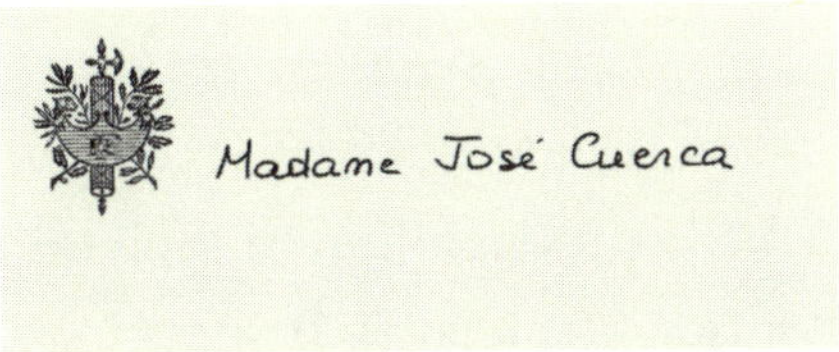

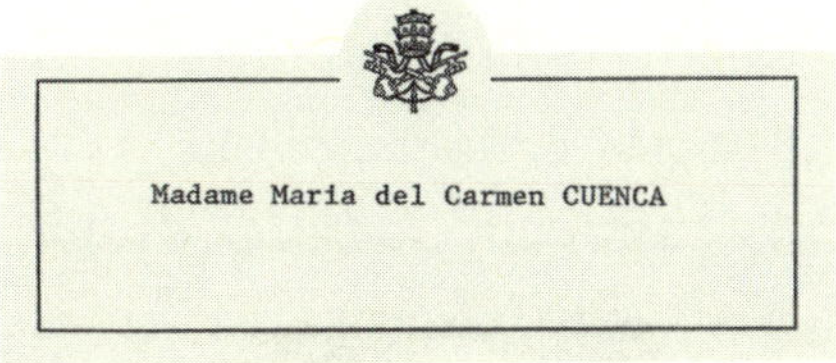

10.– A la llegada de los invitados, se les acoge en la puerta –que debe estar abierta– por el servicio o por nosotros. Entonces esperamos a que se despojen de sus prendas de abrigo (si llueve o hace frío) y se les acompaña para hacer las presentaciones. Si hay un invitado de honor, se le van presentando los demás, salvo que sean amigos entre sí, en cuyo caso ambos procederán a saludarse de manera espontánea y con toda naturalidad, sin necesidad de nuestra intervención.

Pero hay que observar varias reglas: el hombre se presenta a la mujer, el joven al de mayor edad y la persona de menor rango a la de rango superior, y no al contrario. No vayamos a cometer la pifia clamorosa que nos cuenta un clásico entre los autores de protocolo. Según dice, Napoleón III se detuvo en un pueblo francés, tras anunciar su llegada. El Alcalde lo saludó en nombre de la Municipalidad y, durante la charla distendida que siguió a la ceremonia, se dirigió a un primo suyo diciéndole: «Bernard, aquí te presento al señor Emperador».

La forma de efectuar ese primer saludo tiene su importancia. Sobre todo en este país, en que se ha generalizado el beso en la mejilla como forma más usual, incluso entre quienes se acaban de conocer. Besar la mano a las señoras ha sido una cortesía muy española, que suele encantar a las damas extranjeras, que ven en ese gesto un recuerdo de pasa-

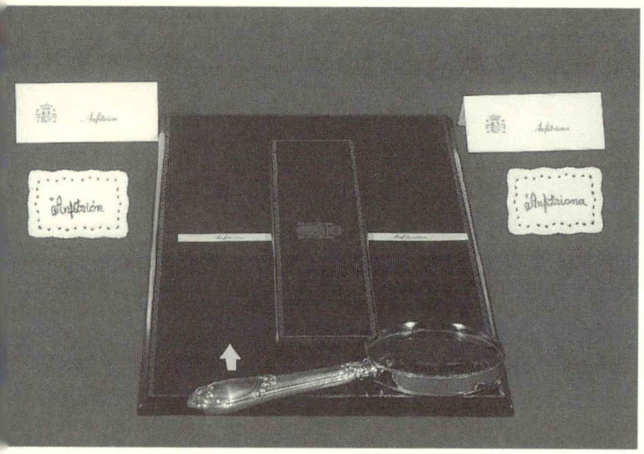

Plano de mesa con dos tipos de tarjetas, en cartulina y porcelana. (VER LÁMINA 17).

Plano de mesa, a la entrada de la residencia de los anfitriones.

das hidalguías castellanas. Pero el beso en la mejilla ya es otro cantar. Hoy se va imponiendo cada vez más, y pienso que no hay nada malo en ello; pero puede resultar chocante al saludar a una desconocida por primera vez. En un punto intermedio está la solución, si se trata de personas entre las que no existe una relación de amistad. En tal caso, se procede a un saludo a la llegada, dejando el gesto de besar para la despedida, cuando se supone que esa relación personal está ya algo más establecida. Baste añadir que este beso se adapta a diversas tradiciones: uno solo en América Latina, dos en Europa y tres en los países árabes. Lo más usual es chocar suavemente las mejillas, sin apoyar los labios en la cara.

11.– En esas cenas, es muy útil colocar, a la entrada, un plano de mesa, donde figurarán las tarjetitas con el nombre de los invitados, en el orden protocolario que ocuparán una vez sentados. Así podrán saber el lugar que les va a corresponder, y quiénes han de ocupar los puestos adyacentes. Yo tengo por costumbre –y me ha dado buenos resultados– poner sobre el plano una lupa, para que los comensales puedan identificarse con facilidad, ya que resultará incómodo o imposible recurrir a unas gafas de leer de las que, especialmente las señoras, es probable que no dispongan en ese momento. En cuanto a la atribución de los sitios, se hará de acuerdo con las precedencias establecidas, caso de que vengan formalmente fijadas; o como aconseje el buen sentido, procurando darle gusto a todos y no crear roces y «piques» que puedan molestar.

Sobre el plano de mesa –llamado también «mesero», un nombre equívoco que no me gusta emplear– se coloca una flechita de papel adhesivo, para indicar el sentido de la entrada al comedor. Es la forma de que los invitados encuentren, a uno u otro lado de la mesa, el lugar en el que van a estar sentados.

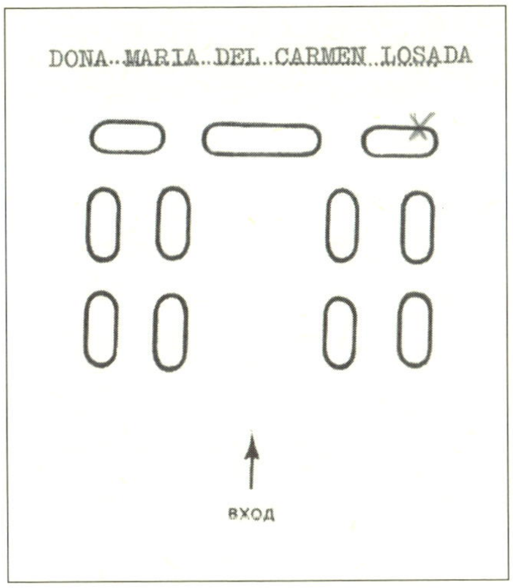

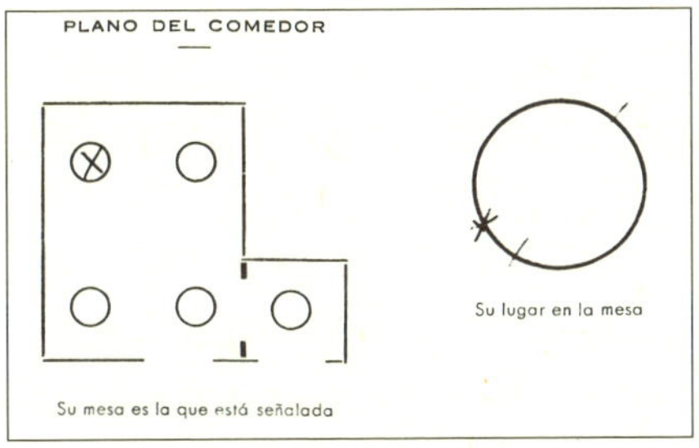

Hay distintas formas de indicar el lugar que corresponde al invitado, cuando son varias las mesas desplegadas, o muy numerosos los comensales en una sola mesa.

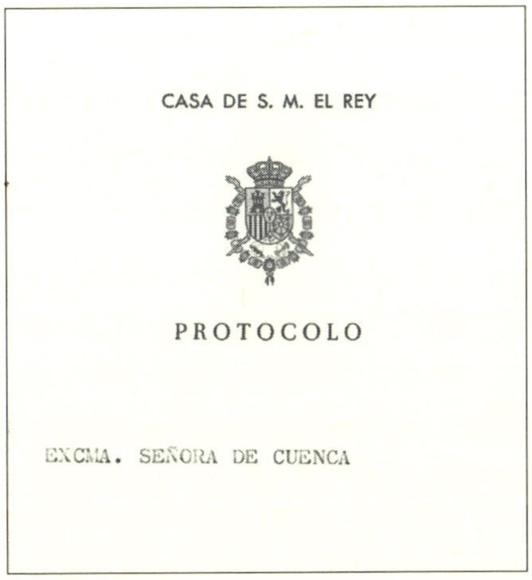

Tres son, a mi juicio, los criterios a seguir en esta delicada operación:

- Si tienes un invitado de honor, a él y a su esposa les corresponde ese lugar, a la derecha de de los anfitriones, tanto si la mesa se organiza «a la francesa» –ya veremos más adelante en qué consiste ese sistema– como si lo hacemos «a la inglesa».
- Cuando existen dos comensales de igual rango –por ejemplo, dos Embajadores–, la norma a seguir viene marcada por reglas ya determinadas. Por ejemplo: en el caso de los Embajadores decidirá la antigüedad que, como ya hemos dicho, está fijada por la fecha de la presentación de sus Cartas Credenciales.
- Para el resto de los invitados, buscaremos criterios objetivos (entre dos catedráticos tendrá preferencia el más antiguo, aunque no sea el más brillante). Y entre personas de rango similar, daremos prioridad al que sea menos amigo. Y un apunte más: nunca el dinero debe añadir o restar preferencia alguna.

12.–Los esquemas tradicionales de organizar la presidencia de las mesas son dos: «a la francesa», cuando quienes presiden se sitúan en el centro, y «a la inglesa», en que las presidencias ocupan las cabeceras. En ambos países, Francia y el Reino Unido, lo he visto aplicar con una cierta rigidez. En tal caso, la invitada de honor se sienta a la derecha del anfitrión, el invitado de honor a la derecha de la anfitriona y el resto de los comensales en la forma indicada en los diagramas que se adjuntan.

En mi casa, utilizo uno u otro procedimiento en función de diversas consideraciones. Si quienes asisten son de alto y similar rango, me inclino por el sistema inglés: presidencia en los extremos de la mesa. Por una simple razón:

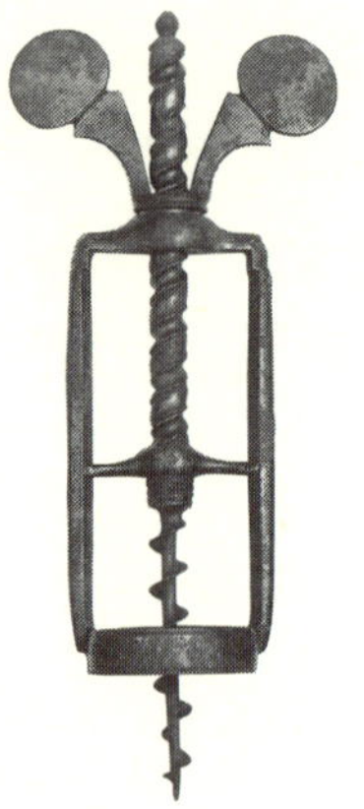

Sacacorchos inglés de viaje.

Sacacorchos inglés fabricado por James Heeley en 1880.

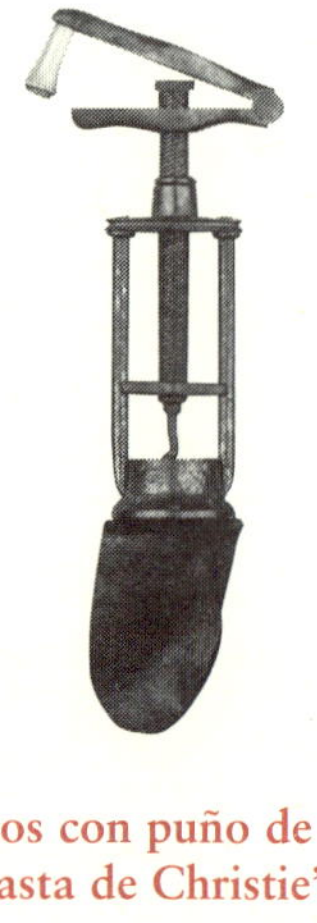

Sacacorchos con puño de cuero, vendido en subasta de Christie's por 10.164 dólares.

porque si la presidencia está en el centro, a la francesa, los que vayan a los extremos, si hay muchos comensales, pueden sentirse discriminados –«ninguneados», se dice en el lenguaje popular–, lejos de los dueños de la casa y los invitados principales. Sin embargo, si interesa mantener un contacto más próximo y directo con el invitado de honor, me decido por el modelo francés: presidencia en el centro. Es la manera de tener a ese comensal junto a nosotros, separado de mi esposo sólo por la anchura de la mesa, lo que permitirá una conversación más fácil y directa.

Con mesas redondas no existe ese problema. Pero si se trata de dos mesas, y sólo dos (las celebraciones con numerosos invitados, como son las bodas, serán tratadas a su debido tiempo), el anfitrión y la anfitriona se situarán cada cual en una de ellas, y no los dos en la misma. En ese caso, a la derecha de la anfitriona se sentará el invitado de honor, pasando su esposa a la derecha del anfitrión, en la otra.

13.– Sobre el mantel se colocarán dos tipos de tarjetas: la que identifica a los comensales, y otra de mayor tamaño que contiene los menús. Este último tarjetón no sólo dará mayor prestancia al acto, sino que, al describir los platos que van a ser servidos, alertará a los comensales sobre posibles incompatibilidades, prescripciones facultativas o alergias a determinados alimentos. Algo que –ya lo veremos al tratar de los menús y la manera de elegirlos y equilibrarlos– la señora de la casa ha de prever.

14.– Con los invitados ya en casa, pasamos a desarrollar las secuencias en que se articula nuestro papel de anfitriones, agrupadas en tres momentos sucesivos: el aperitivo, la comida propiamente dicha y la sobremesa.

El aperitivo cumple dos funciones. Desde el punto de vista gastronómico, nos prepara para una comida de ma-

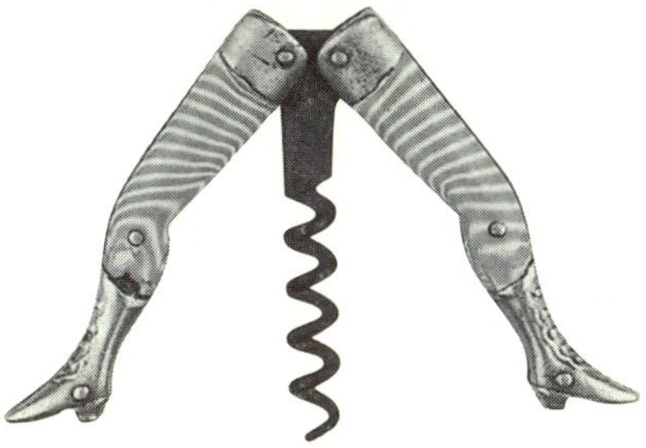

Sacacorchos alemán de 1905.

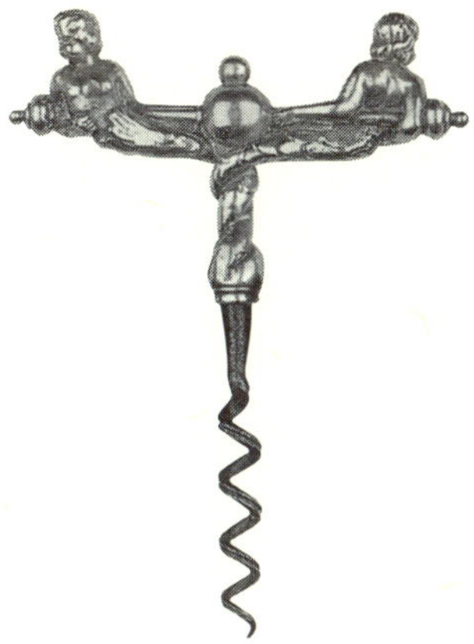

Sacacorchos de bronce francés.

Sacacorchos de bolsillo francés.

yor sustancia y fundamento. Además, permite ir haciendo tiempo para la llegada de los invitados, las presentaciones y los primeros intercambios, creando una atmósfera agradable que contribuye al éxito que nos proponemos conseguir. La duración será de una media hora, y las viandas y bebidas que se sirvan han de ser apetitosas y ligeras. Es muy elegante servir cava o champán, aunque lo más frecuente es que los camareros atiendan las peticiones según las preferencias de cada cual, que suelen ser muy variadas. En verano, dispondremos de bebidas refrescantes. Y, como los vinos de mesa que vayamos a servir ya estarán abiertos, hay que tenerlos listos porque son cada vez más los que los piden –y no sólo jereces y otros vinos generosos– como aperitivo. En tal caso, se sirve el mismo vino que después ofreceremos en la cena. Para la apertura de las botellas, conviene tener sacacorchos de calidad, que no dejen restos del tapón. Los hay de muchos materiales y diseños. Lo importante es que desempeñen puntualmente su misión, sin necesidad de convertirse en objetos de alto valor decorativo, como son los que se exhiben (algunos, auténticas obras de arte que se remontan al siglo XVIII) en la información gráfica adjunta.

Se pasarán al menos dos aperitivos, antes de la comida o de la cena. En mi opinión, tienes que evitar los canapés –imprescindibles en los cócteles– y los pinchos de tortilla, a pesar de tratarse de un manjar suculento y muy nuestro, con el que algunos restaurantes hacen obras de arte. Y un detalle más: si los aperitivos llevan palillos o elementos desechables –por ejemplo, los restos del marisco, las brochetas de tomate y queso y las colas de las gambas rebozadas–, el camarero dispondrá de un platito auxiliar para dejarlos. Es una recomendable precaución para que no se dejen caer disimuladamente al suelo, lo que acarrearía que las alfombras de la casa pagasen las consecuencias.

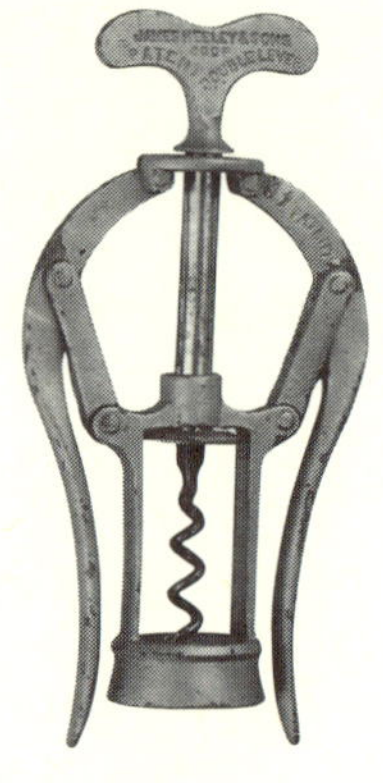

Sacacorchos inglés del siglo XIX fabricado por James Heeley. Este modelo se hizo muy popular.

Modelo Holbon patentado en 1885 por Good Hall.

Sacacorchos de La Casa Real Inglesa.

Tras el aperitivo, y una vez todo dispuesto, el mayordomo o el camarero comunican a la anfitriona que «la cena está servida». A continuación, se colocan a la entrada del comedor con el plano de mesa bien visible, para que al pasar los invitados vuelvan a identificar con precisión el lugar que se les asigna. De otra forma, se produciría un incómodo remolineo buscando cada cual su puesto o, lo que es peor, podría alguien sentarse en el sitio equivocado. Inútil decir que se habrá comprobado previamente que las tarjetas de mesa coinciden con el orden que hemos dispuesto sobre el plano. De no ser así, la confusión y el alboroto estarían asegurados

15.– En el comedor se desarrolla la parte central del evento, por lo que le dedicaremos la atención que merece en los capítulos venideros. Si existe un invitado de honor, el anfitrión se dirigirá a la señora, conduciéndola hasta su puesto (que estará a su derecha). En los demás casos, la anfitriona será la primera en pasar hacia su sitio (orientado hacia la entrada de cocina, para controlar al servicio), seguida por los demás, que habrán comprobado en el plano de mesa, como ya se ha señalado, el lugar que les corresponde. El anfitrión será el último en sentarse. Al contrario sucede si la comida tiene lugar en un restaurante. En ese caso, el anfitrión entrará en primer lugar, para preguntar al maitre por el emplazamiento de la mesa reservada. Y a ella se dirigirá, junto con los comensales que le acompañen.

16.– Al final de la cena, si la hemos ofrecido en honor de una persona –para celebrar el éxito de un profesional, la distinción a un artista, el triunfo de un político– es muy apropiado pronunciar un breve brindis. En la mayoría de los países se hace al comienzo. En otros, suele hacerse al final. En los países del norte de Europa, se brinda al comien-

Distintos tapones para usar en las botellas abiertas.

Tomar café se puso de moda en los salones europeos del siglo XVIII (cuadro de Bautista Rossi).

zo y se devuelve el brindis al final. En todo caso, ten presente que:

- Ese brindis, que siempre ha de ser breve, lo propone el anfitrión.
- La contestación corresponde al homenajeado, que ajustará su intervención al tono y duración de las palabras que acaba de escuchar.
- Nadie más debe intervenir. Es improcedente, en caso de que alguien se dé por aludido, abrir un interminable torneo de intervenciones. Porque no tardaríamos en ver cómo los comensales se remueven en la silla.

17.– El café, o sobremesa, constituye el punto final de la velada, previo a la despedida. En Inglaterra existe la costumbre de separar, en dos grupos, a hombres y mujeres. En España, a pesar de que tales hábitos no están formalmente consagrados, en muchos casos también suele hacerse así, si tenemos dos salones o varios espacios marcados por el mobiliario de un mismo salón. ¿Razones?, quizá porque los temas prioritarios de conversación –en particular, cuando los caballeros comparten unas mismas aficiones– puedan ser diferentes. No está ni bien ni mal. Simplemente, deja que los grupos se formen con naturalidad, sin imponer unas normas rígidas. Y los anfitriones se encargarán de mantener un ambiente acogedor y distendido, que sea el mejor colofón para culminar la sobremesa.

Hoy, no son pocos –en particular entre señoras– quienes prefieren tomar una infusión o un descafeinado. Por tanto, habrá que tenerlos a mano. Algunas casas disponen de sus propias mezclas –pienso en el té, del que hablaremos más adelante–, lo que añade un toque de clase y distinción. En otras, tanto en la ciudad como en el campo, se ofrecen hierbas naturales –la serenadora manzanilla, el

Un muy original y moderno juego de café.

Grados de tueste en el café.

poleo y la mejorana– solas o mezcladas, en bien equilibradas proporciones. Si sabemos darles el punto justo, no tienen rival. Es muy acertado servirlas en tazas especiales, que llevan el colador incorporado, según podemos ver en la fotografía que se adjunta.

Y ahora, permítanme una brevísima nota sobre la «cultura del café». Procedente, hoy en sus tres cuartas partes, de América Latina, con Brasil y Colombia como grandes productores, el café constituye una bebida enormemente popular. Los desayunos y sobremesas, en el mundo europeo y americano, no se conciben sin una taza de café, solo o con leche. Una vez recogidas, secas, tostadas y molidas, las rojas bolitas del cafeto adoptan una serie de presentaciones que varían por su forma de prepararlo o servirlo. En Italia, España y Europa central –me agrada sobremanera cómo lo tratan los vieneses–, esa «cultura del café» se fue implantando entre nosotros. Los establecimientos en que se degustaba esta bebida, «los Cafés», desbordaron su función primera para convertirse en locales de negocios y tertulias, y en centro de la vida literaria y periodística, a finales del siglo XIX. Al comienzo, encontró –como el tabaco, el té, el chocolate y otros productos foráneos– determinadas resistencias, hasta el punto de que hizo falta que Juan Sebastián Bach compusiera su famosa y bellísima «Cantata del Café» para venir en su ayuda. Luego le llegó la popularidad, y lo que comenzó siendo solamente una moda excitante y divertida, ha llegado a convertirse en un componente irremplazable de la vida cotidiana.

Volviendo a las sobremesas, en las que el café ocupa la parte final de una velada, sugiero unas observaciones sobre la forma de tomarlo por los invitados, y ofrecerlo por la señora de la casa:

Una variedad de tazas de moca de elegante diseño

- El camarero pasa una gran bandeja de plata con la cafetera, las tazas de moca y unas pequeñas cucharillas, con el azucarero y una jarrita para leche. A la hora de servirlo, preguntará si se desea con o sin azúcar, y con qué cantidad de leche.
- Es muy conveniente que haya más de un tipo de azúcar. Contamos, además, con unos palitos edulcorantes muy agradables de tomar. Y, como es natural, se incluirá la sacarina.
- La taza del café (las buenas vajillas llevan la tacita para el moca) se toma por el asa, y sin levantar el dedo meñique. Hacerlo por el borde de arriba, o como si fuera un vaso, hace muy «de tipo duro», de vaquero del Oeste americano; pero no es lo correcto.
- Jamás se bebe de una taza con la cucharilla dentro. Tras disolver el azúcar, la cucharilla debe ser retirada.
- Con el café se sirven chocolates de menta (los «after eight» son mundialmente conocidos), así como lo que los franceses llaman «mignardises»: menudos dulcecitos en los que está presente el chocolate.
- En los restaurantes, es muy frecuente que añadan a esos pequeños chocolates las tejas de almendra tostada, que los comensales parten con la mano. Las hay realmente suculentas.

Palitos edulcorantes para el café.

18.– El tiempo del café es también el de los licores. El whisky está imponiendo su ley en todas partes, pero hay

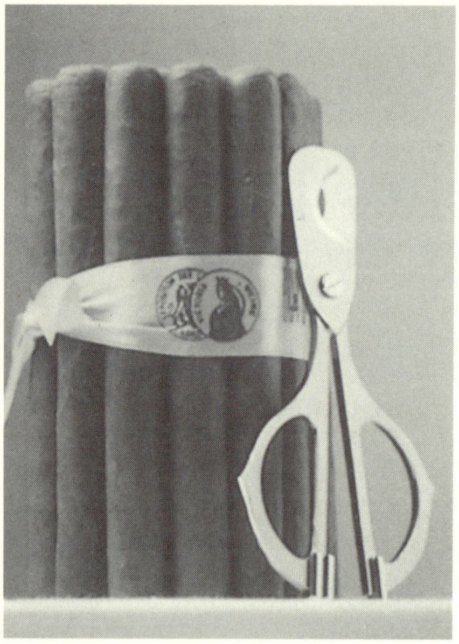

Un buen puro fue, en otro tiempo, el complemento inprescindible tras una buena comida. Hoy, lo es menos.

que pasar una bandeja con brandy, coñac y licores, que sean conocidos y de solvencia contrastada. En las embajadas es usual servir, además de los clásicos y reputados, algún licor de su país, de palma, piña, rosas, maiz o similares. Así sucede también en no pocas casas particulares donde, a causa del auge de los localismos, se nos suelen presentar diversos aguardientes regionales, de muy recia bravura.

19.– Este momento es, igualmente, la hora del tabaco. Y aquí sí que se impone la prudencia, porque el tabaco molesta a mucha gente; de ahí que exista una clara tendencia a no ofrecer cigarros, antaño remate imprescindibles de una copiosa comida. En mi infancia, conocí a Davidoff y con mi padre visité la muy cuidada tienda que tenía en Ginebra. En ella se vendían los tabacos más selectos, junto a mil otros artículos relacionados con el arte de fumar. Más tarde, el modesto y refinado tabaquero levantó un imperio comercial, que abarcaba no sólo los habanos de lujo sino exclusivos y apreciados productos del mundo de la moda. Hoy, ese arte de fumar, que Davidoff analiza como un rito religioso en su bien conocido libro, traducido a todos los idiomas, ha entrado en crisis. Incluso hay países en los que fumar un puro en presencia de otras personas, en un restaurante, no sólo es de mal gusto, sino que está prohibido por la ley.

Faja que adornaba el famoso libro de Davidoff.

En lo que a la pipa o al cigarrillo se refiere, existe –por ahora– una mayor tolerancia, por lo que se deben desplegar, en los lugares apropiados, los necesarios ceniceros. Igualmente sucede con los posavasos, que han de ser abundantes y estar bien colocados. Tus muebles te lo agradecerán.

Tras el café, y después de los licores, el camarero ha de pasar una bandeja grande con vasos de agua y naranjada, que serán muy bien recibidos por los comensales.

20.– Ha llegado, en fin, la despedida. Una vez transcurrido un tiempo prudencial, los comensales comprenden que es hora de dar fin a la velada. Si tenemos un invitado de honor, los demás aguardarán a que éste se retire, para iniciar ellos su salida. Esto es así no sólo en una cena, sino en los actos oficiales. A continuación, todos irán dejando la casa gradualmente, sin producir ninguna sensación de apresuramiento o desorden.

En lo tocante a los anfitriones, dos normas a seguir. La primera, no dar muestras de impaciencia si, por cualquier razón, los comensales alargan la velada. Tal hecho es un indicio de que lo están pasando bien, lo que debería ser recibido como prueba de éxito. La segunda norma es no retener a «los íntimos» para que se queden «un ratito más». Es una práctica reprobable, ya que daríamos la impresión de discriminar a nuestros invitados. Algo que los «no tan íntimos» no nos van a perdonar.

Sillón de fumador, donde los caballeros se sentaban al revés: con los brazos sobre el respaldo y de cara a la chimenea.

Fiel a mi propósito de hacer un libro que ayude y oriente a quien lo lea, me van a permitir que sintetice en diez puntos las medidas a observar en la supervisión de los preparativos, para evitar sobresaltos de última hora. Son los siguientes:

A Ver si el servicio conoce perfectamente el cometido, cada cual el suyo. Y mostrarles, sobre todo si no están familiarizados con la casa, los cubiertos de servir, para que los vayan usando en su momento.

B Repasar las viandas, vinos y bebidas, vigilando que las botellas estén abiertas en su tiempo y a la temperatura correcta. El vino tinto se abrirá unas dos horas antes, a temperatura ambiente. El blanco se sirve frío. En ningún caso se debe exagerar, porque en nuestro país existe una tendencia a tomar el tinto demasiado ca-

Radiador para mantener caliente las toallas.

Dos «guest towels».

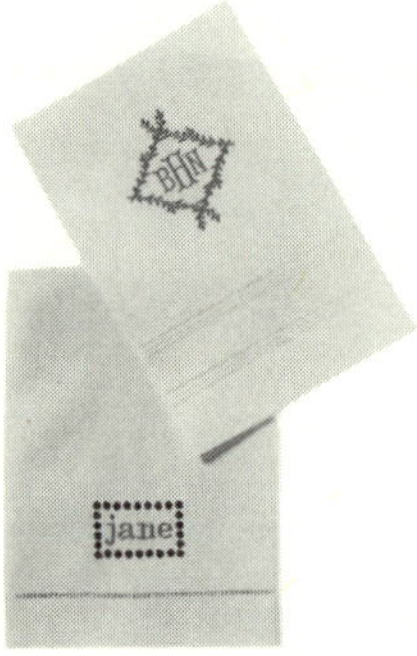

Cuarto de aseo para invitados.

liente y el blanco muy frío, con lo que pierden sus aromas naturales.

C Comprobar, como acabo de decir, si el plano de mesa sigue el orden ajustado al protocolo, y si las tarjetas, que estarán ya colocadas, concuerdan con el plano.

D Preparar las bandejas con los licores y tener listo el servicio de café, con todos sus componentes, incluyendo dos clases de azúcar y el edulcorante.

E Disponer las servilletitas –de tela o de papel, según los casos– para los cócteles o los aperitivos.

F Tener listo y equipado un cuarto de aseo para los invitados. En las cenas normales, se ponen unas toallas rectangulares de lino (no mayores de 35 por 45), que los americanos llaman «guest towels», y unos jaboncitos perfumados. En los cócteles, se colocarán más abundantes, y de papel, para desecharlas.

G Encender todas las luces, aunque luego se apaguen algunas, para comprobar que no saltan los fusibles y nos quedemos a oscuras. Y colocar las velas en su sitio: son el complemento del ornato de una mesa, según luego veremos.

H Instalar perchas suficientes para colgar abrigos y gabardinas, así como paragüeros para el caso de que llueva.

I Llenar de agua algún jarrón, por si nos regalan flores. Anque, como ya veremos, deben enviarse por delante.

J Tener dispuesto el dinero cambiado para, una vez terminado el acto, pagar a los camareros. A ellos les gusta llevárselo a casa, después de su trabajo.

Permítanme un breve apunte: mi predilección por esas cenas reducidas, entre amigos muy cercanos. No se trata de una ocasión formal –aunque conviene cumplir todas y cada una de las exigencias que impone el protocolo–, sino de un encuentro entre pocos invitados, donde todos participan en una misma conversación. Los clásicos decían que, para que esas cenas tengan éxito, los comensales debían ser menos que las Musas (nueve) y más que las Gracias (tres). Para mí, el número ideal es el de ocho, que te permite convocar unos amigos y hacerlo de manera que, en la mesa, no se vean distantes, sino próximos los unos de los otros. Porque, en las cenas, la regla de oro es ésta: crear un ambiente distendido, en que los invitados se encuentren a gusto. Si es así –además de cuidar los preparativos en la forma que se dijo–, habremos conseguido el éxito social que pretendíamos.

A propósito del número de ocho, quiero recalcar que cualquiera que sea el modelo adoptado –a la francesa o a la inglesa–, las mesas de ocho, y aquellas en que los invitados sean múltiplo de cuatro, estarán presididas por el anfitrión y el huésped de honor. Así se produce esa deseable alternancia –hombre, mujer– en el despliegue de los comensales, que agrada a los unos y a las otras. En las ilustraciones que se adjuntan, aparece con suficiente claridad.

Una última nota: en este apartado se pone de manifiesto mi convencimiento de que es muy oportuno aportar la pertinente información gráfica, por dos razones. De una parte, para mejor asimilar lo que acabo de exponer. De otra, para poder consultar con rapidez y facilidad, sobre la base de esas fotografías y diseños, el modo conveniente de actuar. Por eso este capítulo (lo mismo sucederá en los relativos a «la buena mesa» y otros temas) se completa con la presentación de diferentes modelos de tarjetones, planos, tarjetas y esquemas sobre cómo sentar los comensales. Todo ello, en función de las cenas y comidas formales a las que nos estamos refiriendo.

Aquí, y en el resto de este libro, lo que ofrezco a mis lectores es, como ya señalé en el prólogo, un conjunto de fotos propias y material exclusivo y de primera mano. Espero que sea de utilidad. Porque eso es lo que busco: ayudar a los demás.

En esa sucesión de momentos, de la selección de invitados a la despedida, es fundamental el buen hacer de los anfitriones. Porque de ellos, como comprobaremos en los dos apartados siguientes, dependerá el resultado que nosotros perseguimos y todos agradecen.

Y una observación adicional. No se puede invitar para cumplir, para salir del paso y quitarte de enmedio un enojoso compromiso. Además del buen hacer que acabo de citar, es imprescindible poner de nuestra parte un elemento más: el entusiasmo, la alegría. En ello radica la más clara garantía de que daremos en la diana. Organizar una cena requiere gasto, esfuerzo y un sinfín de consideraciones. Pero todo merece la pena, con tal de compartir con los amigos un encuentro festivo y deleitoso. Se trata de la satisfacción de recibir, de un gozoso sentimiento que debe acompañarnos desde que aparecen los primeros invitados por la puerta hasta que los despedimos y se marchan los camareros. Es «el placer de los banquetes» de que habla Cicerón, en la cita que abre este capítulo; y el último consejo con el que yo deseo terminarlo.

III

La buena mesa

«Sé templado en el beber, considerando que el vino demasiado ni guarda secreto ni cumple palabra.»

(De los consejos de Don Quijote a Sancho)

Ya estamos en el comedor. Es hora de que hablemos de tres grandes apartados: el equipamiento de una mesa (vajillas, cubiertos, cristalería, manteles, servilletas), el ornato complementario (candelabros, velas, centros, saleros), con la correspondiente disposición de esos objetos y, finalmente, cómo debe combinarse, según las ocasiones, un menú correcto, apetitoso y bien equilibrado. Con especial atención al tema de los vinos.

Todo lo vamos a describir con el mayor detalle. Dar cenas y comidas constituye uno de los más agradables, frecuentes e importantes actos sociales en la vida de relación. El saldo será siempre positivo, a condición de hacer las cosas bien. De ahí que tengamos que poner diligencia, cuidados y conocimientos para alcanzar lo que nos proponemos.

Una cena que no esté bien organizada, con los comensales mal distribuidos, el menú disparatado o la conversa-

Hoy se llevan mucho los platos rectangulares y cuadrados, debido a la influencia oriental.

Servicio de gala de Alfonso XIII. Cristalería de Baccarat y vajilla de porcelana de Sèvres.

El caviar debe servirse frío.

ción equivocada, supondrá que hemos malgastado el esfuerzo y el dinero. Y algo peor: habremos conseguido el resultado contrario al que deseábamos, empañando nuestra imagen de anfitriones.

El equipamiento de la mesa cuenta con cuatro apartados esenciales: la vajilla, la cristalería, los cubiertos y la mantelería, a los que habremos de añadir otros necesarios elementos que completan su ornato y decoración.

1.– La vajilla es el principal y más visible de estos componentes. Desde siempre, formaba parte del ajuar de las recién casadas, se transmitía de madres a hijas y era considerada como algo muy cálido y cercano. Además de ello, constituían –sólo hay que mirar las milenarias piezas chinas, en azul cobalto, o los espléndidos platos y soperas de porcelana de Indias– una nota de belleza y distinción, que daba un particular empaque a las mesas más ilustres y refinadas.

Tan esto es así que, durante siglos, esas ricas porcelanas alcanzaron precios equiparables a los metales preciosos. Hasta el extremo de que las casas reales europeas guardaban, como secreto de Estado, las fórmulas complejas de las llamadas pastas duras: una cerámica vitrificada, fina, impermeable y traslúcida. Madrid y Nápoles, Viena y Budapest, Berlín, París y San Petersburgo son algunas de esas capitales donde, a partir del siglo XVIII, se rivalizaba en obtener los más finos caolines, las formas más artísticas, los dibujos más perfectos.

Heredera directa de la cerámica, creada por el hombre en los albores de la civilización, la porcelana fue inventada por los chinos, y llegó a Europa –como tantas otras cosas– tras los viajes de Marco Polo, que le dio nombre. El viejo continente trató de conseguir, sin éxito, el secreto de estas pastas duras orientales. Al fin, Johann Friedrich Böttger logró una porcelana similar –aunque fuese sólo «pasta

Sopera de plata de Ernert W. Regester 1899.

Maestro dorador decorando una pieza de Limoges.

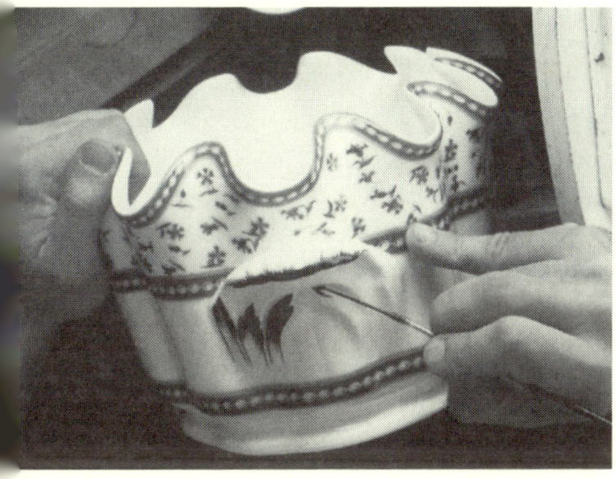

Cuatro bajo platos diferentes, con un mantelito individual de plata. (VER LÁMINA I).

endurecida»–, a comienzos del siglo XVIII, y Sajonia se convirtió en la patria –un honor que le disputan las ciudades italianas– de esas nuevas artes decorativas, que luego se extendieron por los salones del Siglo de las Luces. De allí nacerían las piezas de Meissen y Herend, seguidas por las factorías establecidas en Nápoles, Madrid y otras cortes europeas. Ahí están los espléndidos trabajos de Capodimonte y el Buen Retiro, Sèvres (con su escuela de famosos doradores) y Limoges, Berlín y la Rusia de los zares. Sin olvidar la Bone China inglesa, y tantas otras que, en nuestros días, alcanzan muy altas cotizaciones, a causa de su belleza, rareza y elegancia.

Me van a permitir una palabra sobre El Buen Retiro, la gran porcelana española. Tan pronto como Carlos III llegó a España, para acceder al trono, a mediados del siglo XVIII, comenzó a planificar una fábrica similar a su bienamada Capodimonte, creada por él en su reino de Nápoles. De allí trajo no sólo la primera pasta (casi cuatro toneladas), sino el director y sus más expertos artesanos. Aunque las grandes piezas se encuentran en Madrid, he podido ver, en el Victoria and Albert Museum de Londres, gráciles figurillas y una tetera decorada con frutas y flores: motivos que, sobre fondo blanco, junto con pájaros y mariposas, adornaron las vajillas que se hicieron para el Palacio Real.

Todavía siguen extiendo en el mercado vajillas portentosas, herederas de las viejas tradiciones europeas. E incluso pueden hacerse de encargo y, alcanzar dimensiones faraónicas. En Grecia he asistido, durante los años en que estuvimos en Atenas, a una de esas bodas que sólo son capaces de organizar los griegos. Pues bien, para tan feliz acontecimiento se encargó a Limoges una vajilla completa para dos mil personas –si, dos mil personas–, con las iniciales de los novios –A y G– enlazadas sobre unas piezas

1. Servilleta
2. Tenedor de pescado
3. Tenedor de Carne
4. Bajo plato
5. Plato
6. Cuchillo de carne
7. Pala de pescado
8. Cuchara de consomé
9. Platito del pan
10. Tarjeta personal
11. Cuchara de postre
12. Tenedor de postre
13. Menú
14. Copa de agua
15. Copa de vino tinto
16. Copa de vino blanco
17. Copa de champán o cava

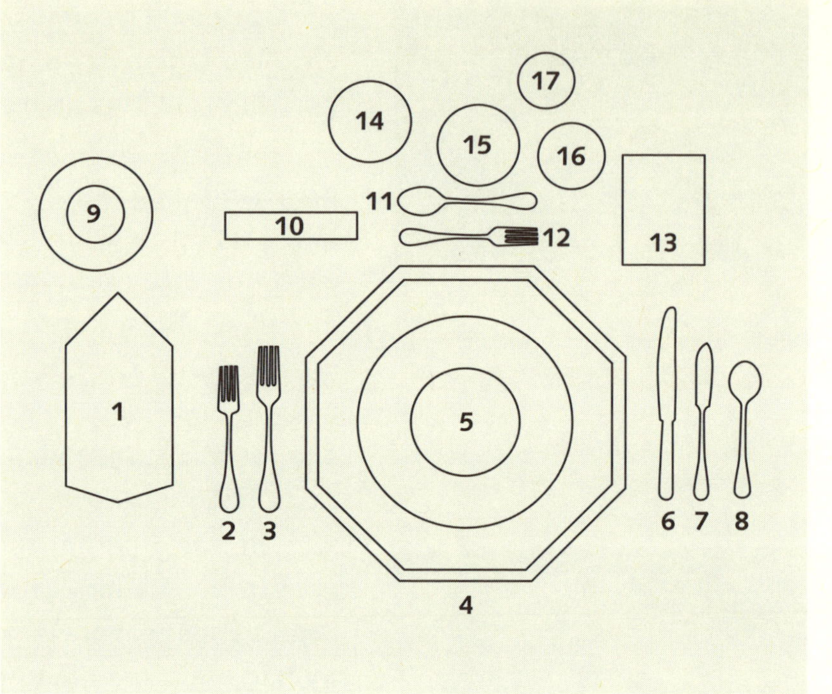

que, si no recuerdo mal, eran de un suave y distinguido verde claro.

Se cuentan con los dedos de la mano las casas que disponen de un servicio completo de estas suntuosas porcelanas antiguas, aunque sea más frecuente encontrar piezas sueltas –soperas, tazas, adornos, figuritas– que contribuyan al ornato de la mesa. Porque la porcelana es frágil. De ahí que se hayan buscado soluciones alternativas, con materiales que soportan lavaplatos, hornos y microondas. Como ejemplo de este esfuerzo, podemos citar varias marcas españolas y la de Villeroy & Bosh, que empezó a fabricar, hace unos años, vajillas de gran calidad y variado diseño. Unas y otras son capaces de aguantar las máquinas modernas y lucir en las mesas más sofisticadas.

Pero si escasean las familias que tienen la suerte de poseer un juego completo de porcelana antigua, son muchas las que cuentan con buenas «vajillas de la abuela», que nor-

Suntuosa vajilla pintada sobre porcelana por Marie-Victoire Jacotot, regalo de Napoleón a su hermana Paulina.

Servicio de mesa.

Servicio de mesa americano, con cuchara para salsa y cuchillo de mantequilla.

malmente se guardan para las grandes ocasiones. Y aquí surge ya mi primera advertencia: ojo con las discriminaciones, que echarían por tierra todos vuestros esfuerzos. No podemos seguir la pésima costumbre de dividir a nuestros invitados en dos categorías: los que merecen «la vajilla buena» y aquellos que puedan despacharse con la «de diario». Porque, como se dieran cuenta, lo pagarías muy caro.

La porcelana, de tanta nobleza y distinción, no puede hacernos olvidar las magníficas lozas y cerámicas inglesas y francesas, y muy especialmente españolas. En España aún pervive la vieja tradición del alfarero, agrupada en escuelas diferentes (hispano–árabe, castellano–medieval o gótica), donde se hacen vajillas de la llamada «pasta blanda», o «pasta tierna» que, además de su belleza y calidad, tienen la ventaja de ser más resistentes que las de porcelana. Hay ciertas carnes –la caza–, que adquieren un hondo sabor sobre estas honestas lozas fabricadas en España. Suelen encargarse para las casas de campo, con las iniciales, o con dibujos alusivos a cualquier circunstancia personal. Si es así, es muy recomendable pedir un surtido abundante, para tener recambio en el futuro. De otra forma no podrías reponer las piezas rotas, aunque te las hiciera el mismo artesano, porque ni la pasta ni el color serán exactamente iguales.

En los servicios de mesa se han experimentado grandes cambios, consecuencia de las necesidades funcionales y de las imposiciones de las modas. Afectan a los bajo platos, a los diseños tradicionales de las piezas y a los materiales utilizados.

A Los bajo platos, tradicionalmente de plata o metal noble, abren hoy un abanico de grandes posibilidades, que es preciso saber combinar con la vajilla. El resultado puede ser muy elegante.

Distintos saleros para una mesa elegante.

B Por lo que respecta a los diseños, cada vez se usan más los platos cuadrados, quizá como consecuencia de las influencias orientales, tan de moda en la moderna decoración. Aunque tanto ellos como los exagonales, que hoy ves por todas partes, existen desde antiguo. Poseo una vajilla de pasta tierna que tiene alrededor de cien años. Y los platos son cuadrados.

C En cuanto a los nuevos materiales, en estos ajetreados tiempos se busca un enfoque funcional: que las piezas puedan ponerse en el lavaplatos. Hay que simplificar la tarea del ama de casa y del servicio, porque limpiar a mano una vajilla de ese rango es misión larga, difícil y azarosa, que requiere esfuerzo y maña.

El champán y el cava deben servirse fríos.

Todas estas piezas se colocan del modo siguiente. Sobre el mantel, o mantelito individual, va el bajo plato. Sobre éste se instala un pañito de hilo, discretamente bordado, y encima se pone el plato llano, que soportará el sopero o el platito sobre el que va la taza de consomé o sopa fría. Retirados los servicios iniciales (el llano, el hondo o el de consomé), se van poniendo los platos de pescado y carne, siempre llanos, directamente sobre el bajo plato. Pero nunca se colocan dos platos llanos uno sobre otro. Al final, le toca el turno al plato de postre, que podrían ser dos diferentes, colocados de manera sucesiva, en caso de que se sirviera también queso.

Mención aparte necesita el platito del pan, que se emplaza a la izquierda de los comensales. Las grandes vajillas lo incluían. Ahora son de plata –es un buen regalo para unos recién casados– o alpaca. En muchos países se sirve sobre ellos una porción de mantequilla, junto al cuchillo especial (pequeño, ancho y sin filo) con el que se la extiende sobre el pan. Por cierto, el pan se retira antes de pasar

De izquierda a derecha: copas de vino y agua, con catavinos para jerez. Tulipas para vino y copas de coñac, Martini y licor. Copas de champán y cava. (VER LÁMINA 21).

los postres, y no se recogen las migas del mantel, como sucede en los restaurantes.

Por mi parte, me gusta ofrecer tres clases de pan, para que cada cual elija el que sea más de su agrado, o los vaya alternando según los alimentos presentados. Son éstos: pan blanco –los nobles panes de Castilla–, unos palitos ligeros y crujientes, y una rebanada integral, muy del gusto de los extranjeros. Si llegaran a agotarse –no suele suceder, porque los invitados cada vez lo toman menos–, el servicio estará atento para reponerlos, sirviéndolos con pinzas, pero no con la mano.

Los saleros tampoco constituyen un componente de la vajilla original. Los más usuales son de plata, o de plata y vidrio azul, en forma de cestita. La sal se sirve con una pequeña cucharita de plata, nunca con los dedos ni con el extremo del cuchillo.

2.– La cristalería es otro elemento indispensable en toda buena mesa. Además de cumplir una función elemental –la de permitirnos beber–, sus piezas, convenientemente desplegadas, contribuyen a la decoración del conjunto, al que aportan la suave transparencia del cristal.

Copa Veneciana de finales del siglo XVI.

Quizá no esté de más un breve apunte histórico sobre los orígenes del vidrio y las sucesivas técnicas que lo fueron perfeccionando, hasta llegar a los hermosos cristales de Venecia, San Ildefonso, Bruselas, París o Bohemia, que han destacado por la belleza y calidad de sus trabajos, y siguen adornando las grandes mesas.

Conocido en Mesopotamia, tres mil años antes de Cristo, el vidrio (una mezcla de sílice, óxido de calcio y carbonatos de sodio y de potasio) era ya trabajado en el antiguo Egipto, donde se usaba para frascos de perfume y tarros de ungüento. Más tarde, fue perfeccionado por los sirios, que descubrieron la técnica del soplado, dos siglos

Jarra para vino. Cristal de La Granja, soplado y decorado.

antes de Cristo; y ampliamente usado, en sus mesas y mansiones, por griegos y romanos. En siglos posteriores, se inventaron nuevas fórmulas químicas para hacer la pasta más fina y resistente, lo que permitió una gran variedad de formas y texturas, tallas y colores. Cuatro etapas voy a mencionar, siquiera sea brevemente, en esta evolución: Venecia (con Murano), Inglaterra, Bohemia y La Granja.

- Venecia tuvo siempre grandes maestros en las delicadas artes del vidrio. Pero fue en el siglo XV cuando apareció en Murano –pequeña ciudad sobre una isla de la laguna veneciana–, un personaje singular, Angelo Barovier, que limpió la pasta de impurezas, eliminando las cenizas de la soda. Así se creó el vidrio transparente, llamado «cristallo». Las formas se hicieron más elegantes y sofisticadas, con nuevos diseños y colores. Desde entonces, y durante todo el siglo XVI, los cristales soplados en Murano invadieron los mercados europeos, y aún nos siguen asombrando por su belleza y colorido.
- Más tarde, en Inglaterra aparecieron dos revolucionarias invenciones: el horno de carbón, de Sir Robert Mansell, que permitía alcanzar temperaturas más elevadas que el de leña, y la técnica del plomo, ideada por George Ravencroft, que le atribuyó mayor solidez, transparencia y sonoridad. Tuvo gran influencia en Francia, donde ese «cristal de plomo» sería fabricado por casas tan famosas como St Louis y Baccarat.
- Siguiendo a los maestros ingleses y venecianos, los vidrieros de Bohemia consiguieron un cristal aún más sólido y transparente que el inglés. Además –y esa fue su gran aportación–, admitía ser trabajado con mayor facilidad. Las soberbias piezas de ese «cristal tallado» de Bohemia no tardaron en ponerse de moda en todas las mansiones europeas.

Se va imponiendo la moda de los decantadores.

Decantador con soporte para secar.

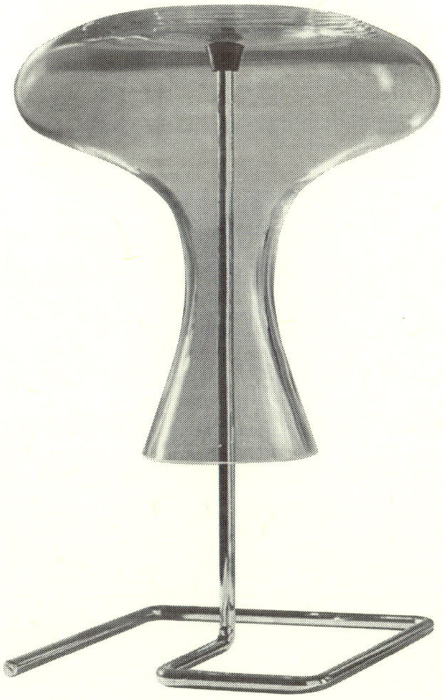

- En España, y por iniciativa de Felipe V y de Isabel de Farnesio, se establece en La Granja una gran factoría de cristal. En ella, combinando las técnicas inglesa y de Bohemia, se moldean bellísimas piezas: transparentes, duraderas y con capacidad de ser talladas. El gusto francés, aportado por la casa de Borbón, impuso espejos, lámparas y adornos con destino a los palacios reales, y para las mansiones de las grandes familias. Eso explica la rápida expansión de los bellos cristales planos de La Granja, base de sus magníficos espejos.

Nuestra preferencia por los cristales limpios y perfectos no debe dar de lado la presencia de más modestos vidrios en las mesas familiares, porque también con ellos se consiguen –y se han conseguido siempre, sobre todo en los trabajos decorados– conjuntos funcionales, resistentes y elegantes.

Complemento de las cristalerías son las jarras y los decantadores, para servir a los comensales, respectivamente, agua y vino. En el caso de las jarras, me inclino por las de plata. En cuanto a los decantadores, han de ser de cristal y su uso es más de restaurantes que de cenas con invitados. Yo sugiero servir los vinos directamente de la botella. Por descontado que no será preciso, como sucede en algún país europeo, que el camarero, al llenar tu copa, te susurre al oído la marca y la añada que te dispones a tomar. Lo considero de mal gusto y, además, es innecesario. Para informar al comensal están los tarjetones del menú, donde figuran los vinos, sus categorías, su crianza y sus añadas. Por cierto: ni las jarras para el agua, ni las botellas ni los decantadores se colocan sobre la mesa principal, sino en mesitas auxiliares.

¿Cómo se han de sostener las copas, en el momento de beber? Porque no es indiferente hacerlo de una forma u

Copas de champán y cava.

otra. Las de cava, champán y vino blanco –tres bebidas que se deben servir frías– se sostienen por el tallo, para no calentarlas con la mano. Por esa misma razón, los jereces y vinos generosos se toman sosteniendo el catavinos por la base o por el tallo. La del tinto, se toma con tres dedos, por abajo, pero no empuñándola como si fuera la mano del almirez. La de brandy, se sostiene por la parte baja del bombo, calentándola con la mano. Las de licor, se toman con los dedos, pero sin levantar el meñique.

Las copas se limpian previamente con un paño de hilo –el cristal tiene que estar impoluto– y se disponen delante de los platos, en una línea ligeramente oblicua, que sigue este orden: agua, vino tinto, vino blanco y cava. Esta línea se remata con la copita de licor, en aquellas casas –especialmente en las de cultura anglosajona– en las que se mantiene la tradición del oporto. O en países como Canadá, donde es costumbre ofrecer, a los postres, una copa de «ice wine»: un magnífico vino hecho con uvas heladas, que ellos consideran su bebida nacional.

Los licores –ya lo hemos visto–, no se sirven habitualmente en la mesa principal, sino en una pieza separada, y a la hora del café. En Inglaterra existe la vieja tradición del oporto, que se hace circular en torno a la mesa, en el sentido de las agujas del reloj y en elegantes botellas de cristal, para que los señores lo vayan degustando conforme avanzan en su conversación. Es una costumbre que rara vez se ve en las mesas de otros países.

Quisiera añadir una reflexión. Hoy en día, estamos asistiendo a un cambio de gustos sobre vajillas y cristalerías. Y es éste: cada vez se hacen más mezclas, de estilos y de formas, a la hora de colocarlas en la mesa. En las vajillas, además, se introducen elementos auxiliares de otros materiales. Por ejemplo: los platos de ensalada ya son de cristal. Y novedosas combinaciones que hacen más atractivos

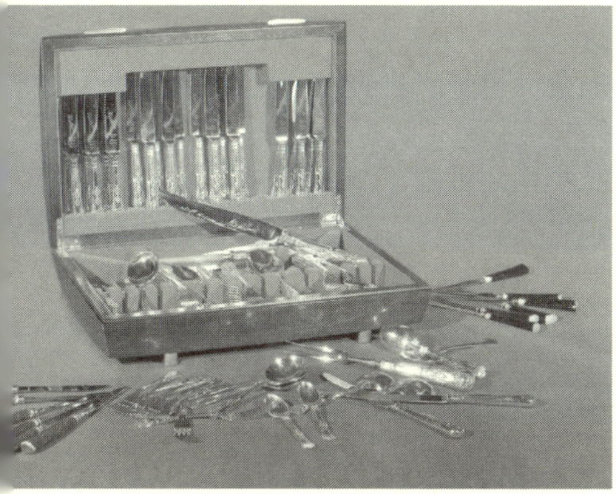

Cubertería de plata y cuchillos para carnes y caza. (VER LÁMINA 22).

Cubertería de plata maciza y bañada en oro para un menú de máximo protocolo en el Palacio Real.

Cubertería moderna, en acero inoxidable, de Christofle.

los conjuntos. Así sucede con las soperas, o con las tazas de consomé –o de gazpacho, o de una sopa fría–, que serán homogéneas entre sí, pero de un juego diferente al que hemos desplegado en nuestra mesa. Si las combinamos bien, lograremos sorprendentes resultados.

Igual sucede con las cristalerías. Frente a la costumbre tradicional de poner copas de un mismo servicio –«a juego», decían las anfitrionas–, hoy se suelen elegir tulipas para el tinto, flautas para el cava o copitas de licor de otros conjuntos diferentes. Es una moda que se inició en los restaurantes, y ha terminado por entrar en las casas.

Y un refinamiento adicional: para el vino tinto, empiezan a emplearse servicios que varían según la uva y el orígen. Aunque se trata de un hecho poco generalizado, lo cierto es que ya cabe seleccionar, para el Burdeos, el Borgoña, el Rioja o el Ribera de Duero, copas y tulipas que cambian sus diseños y volúmenes; como puedes hacerlo según el tipo de uva: tempranillo, garnacha o caverné–souvignon, por sólo citar tres. El blanco y el tinto se servían en copas diferentes, por sus formas, tamaños y colores. Ahora, y de acuerdo con la moda que hemos reseñado, esas diferencias se presentan también para el tinto. Hasta el punto que varían visiblemente –más abiertas o cerradas, mayores o menores–, según el vino que sirvamos. Las casas Riedel y Lalique han puesto en el mercado una amplia variedad de esos cristales, que incluyen los decantadores.

3.– La cubertería es otro de los componentes insustituibles de la buena mesa, porque hoy –con alguna excepción, que luego marcaremos– los alimentos no se toman con la mano, sino con ayuda de un sinnúmero de piezas que se deben alinear correctamente y, luego, saberlas manejar. En la información gráfica se incluye un conjunto completo de esas piezas, todas ellas diferentes. Cada una está destinada

Todos los cubiertos en uso, según modelos proporcionados por Christofle.

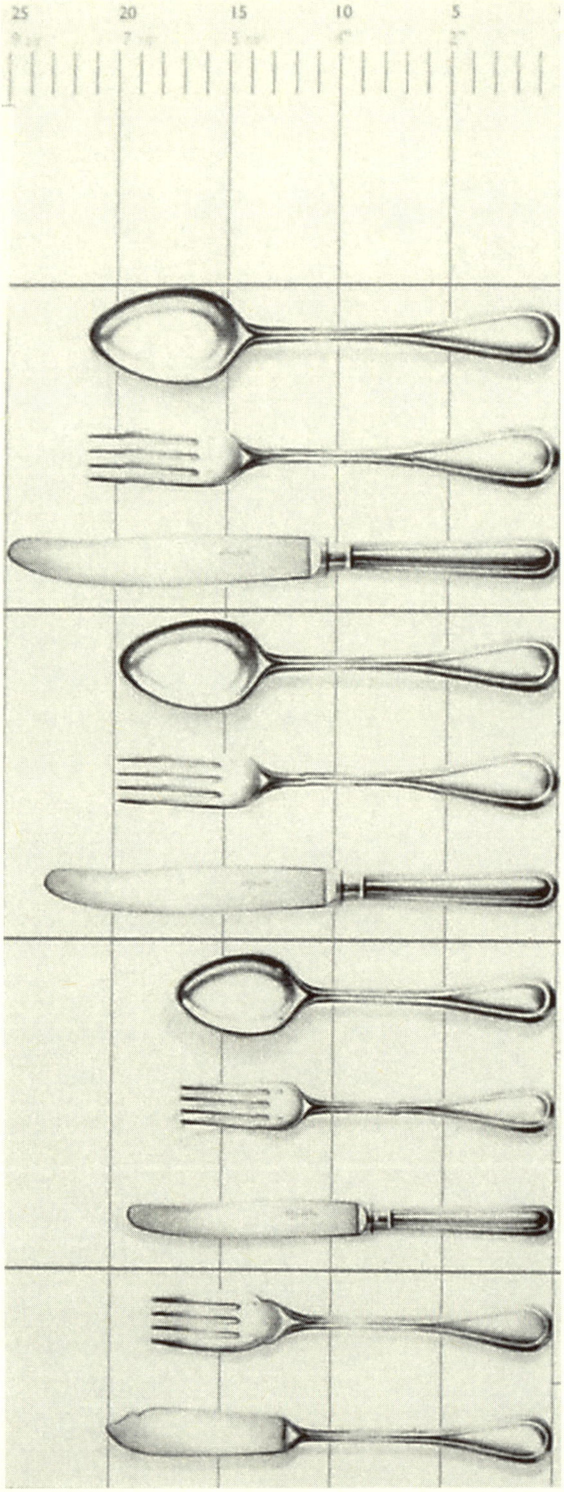

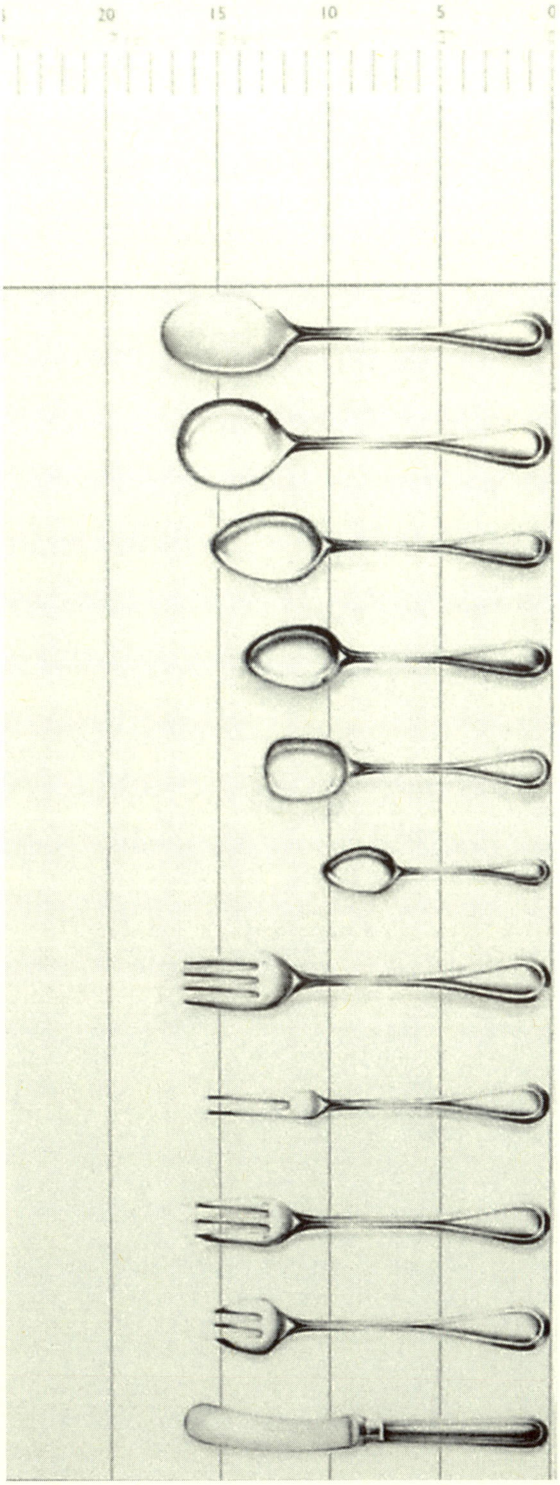

cm
pulgadas

Cazo de salsa individual

Cuchara de consomé

Cuchara de té

Cuchara de café

Cuchara de helado

Cuchara de moca

Tenedor para langosta

Tenedor 2 puas (mariscos, caracoles y entremeses)

Tenedor de pasteles

Tenedor para ostras

Cuchillo de mantequilla

Cubiertos de servir.

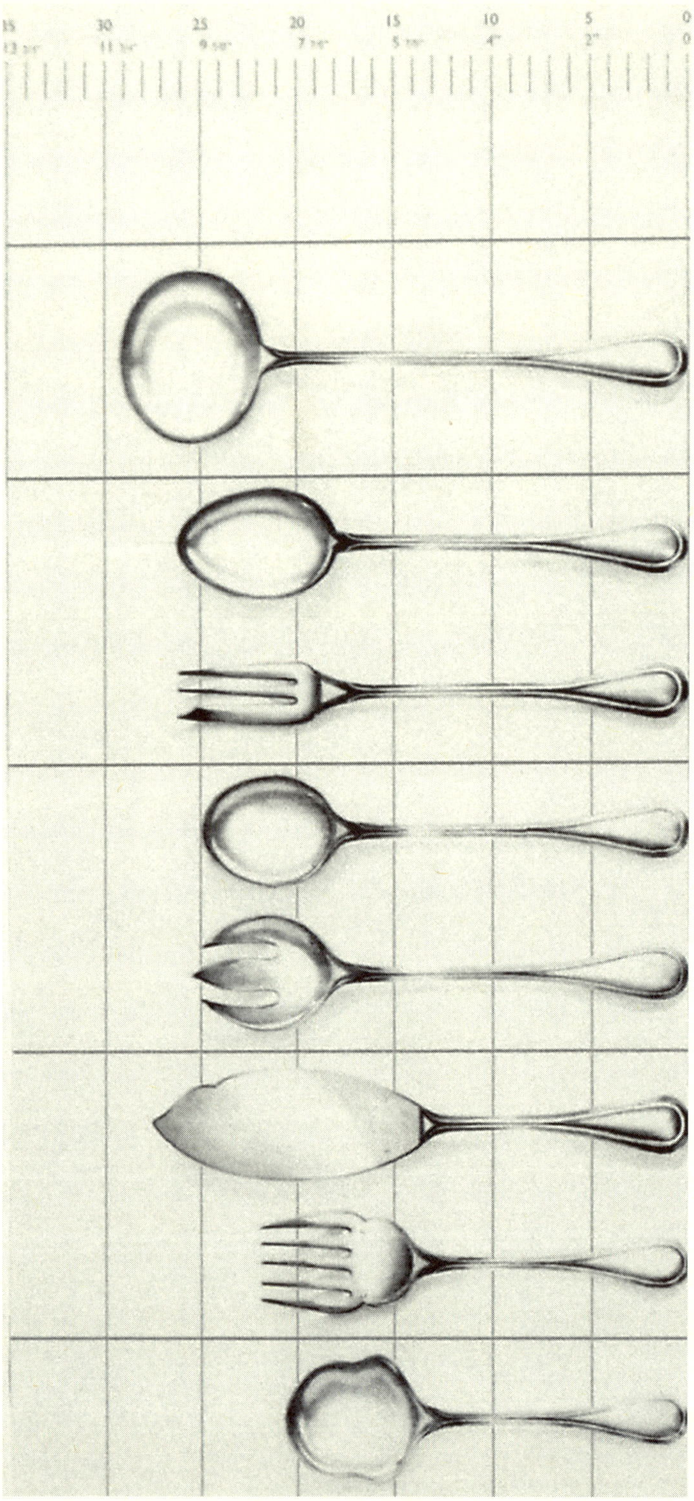

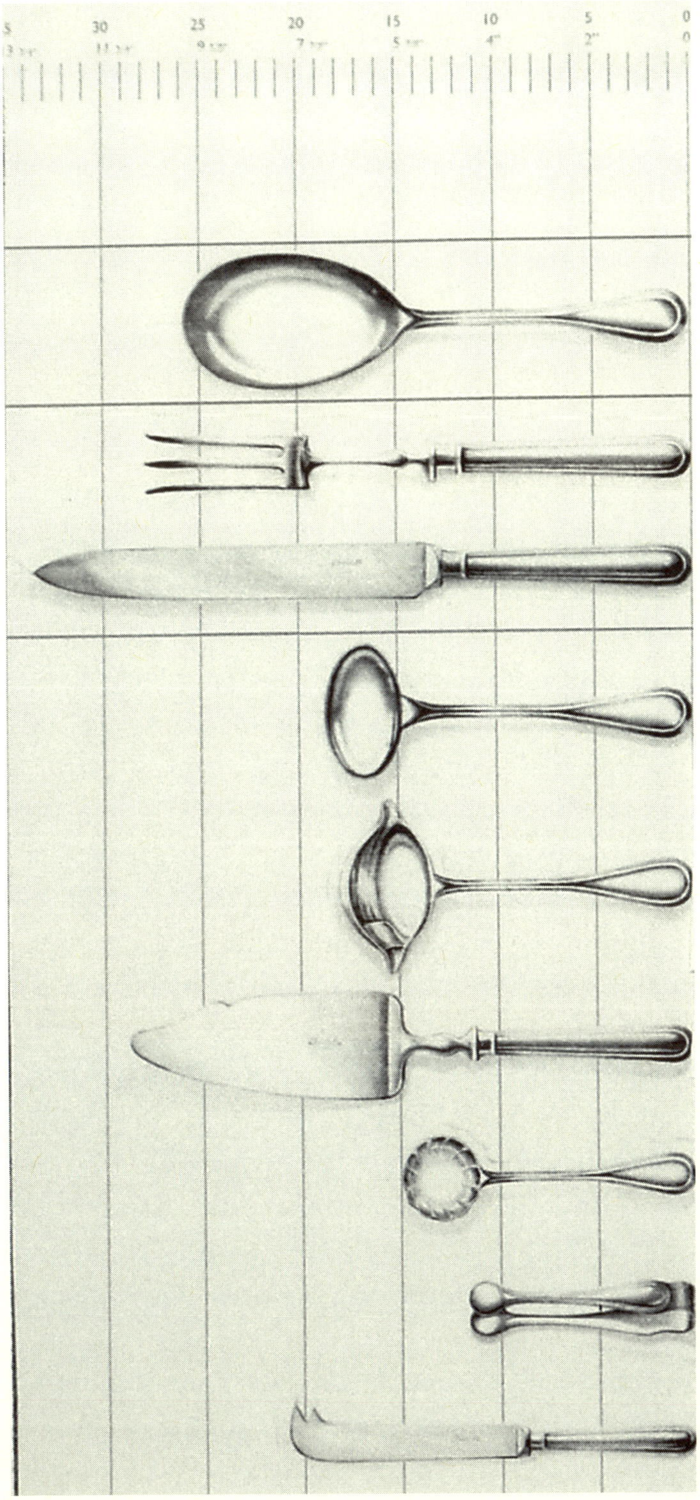

PALA DE ARROZ

TENEDOR DE TRINCHAR

CUCHILLO DE TRINCHAR

CAZO DE SALSAS

SEPARADOR DE SALSAS

PALA CORTANTE DE PASTELES O HELADO

CACILLO DE AZÚCAR

PINZAS DE AZÚCAR

CUCHILLO DE QUESO

para un uso concreto, y nada más. Estamos ya lejos de la cuidada compostura de Dame Eglantine que, según cuenta Chaucer en sus «Cuentos de Canterbury», era de maneras tan pulidas que, tras haber tomado los trozos de pollo con la mano, no metía los dedos en la salsa para chupárselos después, como era práctica habitual en todas las restantes damas de palacio. Algo que Cunqueiro, con su fino humor gallego, pone como ejemplo de «conducta refinada».

También tenemos dos tipos de cubiertos: «de diario» y los usados en ocasiones más formales. Éstos últimos son de plata, y darán prestancia a nuestra mesa. Pero incluso en esas cenas –no en las oficiales, claro está–, el cuchillo de carne es sustituido por uno con empuñadura de hueso y hoja de acero, más cortante y afilada. Es el modo de ayudar al comensal a partir la pieza con mayor facilidad. Su colocación se dispondrá según el orden de los platos a servir, con los tenedores a la izquierda (colocados con las púas hacia arriba) y los cuchillos y palas de pescado a la derecha. Las cucharas –de sopa o consomé–, se sitúan a la derecha, y serán las primeras en usarse. Los cubiertos de postre son más pequeños –según figura claramente en el gráfico que adjunto–, y se disponen delante de los platos, con las púas del tenedor hacia la derecha y la cuchara en sentido contrario.

Para las otras piezas de plata –centros, candelabros, bandejas, adornos– hay una regla de obligado cumplimiento: han de estar perfectamente limpias. Para ello, se les debe pasar un paño una vez a la semana, dejando la limpieza a fondo para realizarla una vez al año. Yo utilizo los pañitos de la casa Godard's, de Londres, con excelentes resultados.

Y ahora, me voy a permitir aconsejar unas cuantas normas sobre el uso de estas piezas, aunque estoy segura de que las conocerán la inmensa mayoría de mis lectores.

Mesa ornada con motivos del Camino de Santiago. En los fruteros, mazorcas y frutos de la huerta.

Servilleta con cordón, doblada sobre el plato.

Pueden resumirse así:

- La sopa, o la crema, se toma moviendo la cuchara hacia el borde del plato o de la taza más alejado del comensal, y no atrayéndola hacia nosotros. Jamás se inclina el plato, para apurar bien su contenido.
- Para los pescados no se usa el cuchillo de la carne, sino la pala. Ahí está su única función
- La tortilla española, si se sirve, no se corta con el cuchillo, sino que se parte con el tenedor.
- Con el queso no utilices cuchillo y tenedor. Se toma una porción y se pone directamente sobre el pan o las galletas saladas, que tendremos en el platito, o nos habrán ofrecido separadamente.
- El postre se toma con la cucharita y el tenedor, que se colocan frente a nosotros, y detrás del plato. Una tarta no se parte jamás con el cuchillo, sino con palas especiales.
- Los alimentos se llevan a la boca con el tenedor, no con el cuchillo. Ni tampoco con la pala de pescado, algo que, desgraciadamente, se ve con cierta frecuencia.

Mesa para la cena en honor de la Gobernadora General de Canadá. Bajo el platito, la hoja de arce, símbolo nacional de ese país. Las tarjetas con el menú van dentro de postales antiguas y sujetas con una cinta con la bandera de España.

Servilletero de cordón.

Modernas alternativas al mantel: los caminos de mesa.

4.– La mantelería consta de los manteles propiamente dichos y las servilletas. Éstas, a su vez, adoptan diversas formas y tamaños, según los usos a que estén destinadas. Hoy vivimos cambios en las mantelerías tradicionales. Las de antes eran de tejidos ricos y costosos (moiré, brocado de oro viejo, lino) y se guardaban con el mimo de una herencia familiar. Yo sigo prefiriendo las de hilo –blanco, crema o crudo–, que se colocan sobre un muletón, para proteger la mesa. Estos manteles tienen que ir cuidadosamente planchados. Las arrugas son imperdonables, y los de hilo son particularmente propensos a ellas. Por lo que respecta a la caída, frecuentemente se sitúa entre los 30 y los 45 centímetros, por ambos lados.

Estas grandes mantelerías siguen siendo las más elegantes. Sin embargo, han aparecido otras variantes, también muy atrayentes, que debemos mencionar, porque son cada vez más utilizadas:

- De un lado, los mantelitos individuales. Los hay de plata, alpaca, diferentes materiales (los he visto de nácar, en ciudades marineras) y las telas más variadas. Las monjas de Sofia me regalaron unos de tejido de hilo crudo, primorosamente bordados con motivos inspirados en antiguas tradiciones, que conservo como oro en paño.

- De otro, los caminos de mesa, que están muy de moda en las cenas de terrazas y jardines. Se trata de unas tiras de tela, de múltiples anchuras y colores, que se sitúan transversalmente. Aquí, la caída será algo más cumplida.

Servilletas de almuerzo y desayuno (bordada en color), tres modelos para aperitivo, un pañito para el bajo plato y otro para el platito del pan. (VER LÁMINA 18).

Originales modelos de servilleteros de plata.

Mesa preparada para un almuerzo con mantelitos individuales.

Las servilletas suelen hacer juego con el mantel. Las más lucidas son de hilo, con las iniciales de los dueños de la casa bordadas en el mismo color que la tela. Van huecas y dobladas sobre el plato, terminadas en un triángulo; nunca en cuadro, como si fueran un pañuelo, ni aplastadas por la plancha. Tampoco son aconsejables los alambicados pliegues que se eligen, a veces, hasta darles un cierto toque de prestidigitación. Ese «más difícil todavía», poco usual en España, no conduce a nada.

Para sus tamaños y presentación, conviene retener estas puntualizaciones:

- La servilleta de cenas y comidas es cuadrada, de unos 45 centímetros. Antiguamente eran mayores, para que los caballeros se cubrieran con ellas toda la parte delantera. Son las «servilletas de pecho». Todavía las he visto en los anticuarios de Nueva York con ojal en un extremo, para prenderlas en el botón superior de la camisa.
- Las de aperitivo son de hilo, rectangulares y con unas dimensiones de 18 por 10,5 centímetros. Se presentan dobladas –un solo doblez– y planchadas. También las hay cuadradas y, en ese caso, se muestran formando una tablita en el centro. Hace muy elegante.
- Las de desayuno o merienda son cuadradas, de 30 por 30, de hilo fino, y se ofrecen de un modo similar al anterior.

* En los cócteles informales, en las barbacoas y en las fiestas infantiles, ya dijimos que se usan servilletas de papel, frecuentemente de colores.

Y, ahora, una observación. Puede suceder que, distraídamente, los invitados –en especial los hombres– pongan en su bolsillo una servilleta de aperitivo. Si es muy amigo, te llamará para devolverla. Si no lo es tanto, preferirá que su descuido pase inadvertido. Por consiguiente, debes disponer de un buen número de ellas, para que no se descabalen los juegos.

En esta cena, que conmemoraba el IV Centenario del Quijote, el menú va escrito sobre cartulinas con reproducciones de grabados y ediciones de ese libro.

5.– El resto del ornato de la mesa admite la inclusión de incontables elementos, según la imaginación y gusto de los anfitriones. Pero existen varias piezas que considero imprescindibles y que, de hecho, con mayor o menor lujo, se encuentran en todas las mesas bien aderezadas.

El centro de mesa es esencial. Probablemente no estará a nuestro alcance desplegar un Capodimonte, quizá el más bonito del mundo. Solamente he tenido uno en mis manos, que fue subastado en cien millones de pesetas. Pero todos podremos disponer de un centro de plata, o unas flores, o una combinación de ambos. Como complemento, cabe colocar, a uno y otro lado, dos soperas de calidad; o unos candelabros; o unas piezas que ornaremos con frutas pequeñas –cerezas, fresas– o bombones. En fin, no hay que olvidar las flores y las frutas combinadas; pero vigilando que no estén ajadas o marchitas, y tomando muy en cuenta que los centros voluminosos, o los mal colocados, llegan a impedirte la visión de las personas sentadas frente a ti. La información gráfica aporta unas ideas, que se expresan en conjuntos preparados por mí para los más variados actos, en función de quiénes eran nuestros invitados.

Indispensables son los candelabros. Los hay de muy

Candelabros Imperio obra de Gallé.

Derecha. Mesa para un almuerzo ligero, de verano y de sólo cuatro personas. El ornato del centro es de flores y cerezas.

Ultramodernos candelabros de metal.

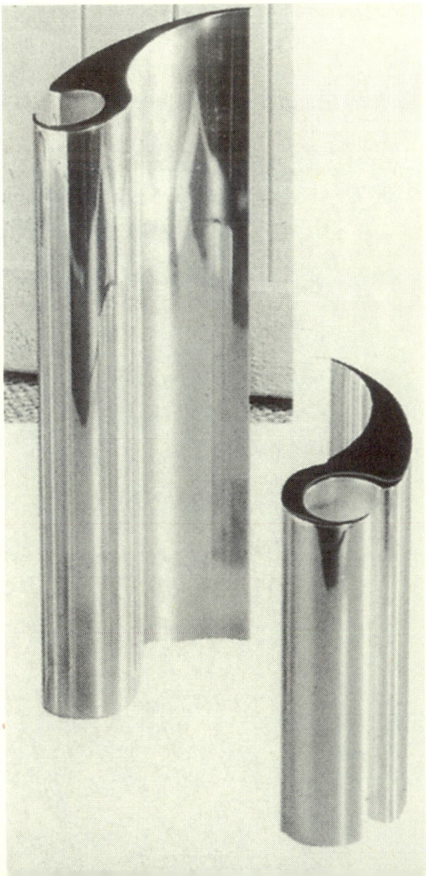

distintas formas, con uno o varios brazos, y han de disponerse a uno y otro lado del centro de mesa. Si no contamos con ese par de candelabros vistosos, se pueden alinear cuatro o seis de un solo brazo, a lo largo de la mesa. Van con velas o sin ellas. A mí me gustan las velas, que crean una agradable sensación de intimidad, y aportan en la noche el misterio de su llama.

Y aquí, me inclino por hacer unas recomendaciones:

- Las velas han de estar bien dispuestas. Una bujía torcida, aparte de poder causar un accidente, si se cae, creará un mal efecto y nos manchará el mantel de cera.
- Siempre tienen que encenderse. Un candelabro podría estar sin ellas, pero no tenerlas apagadas.
- No se ponen a medio consumir, sino nuevas. Ni se utilizan en los almuerzos. Son para la noche.
- En los Estados Unidos he visto en la mesa velas perfumadas. No lo hagas tú. Porque si el aroma fuera, por ejemplo, de tarta de manzana (a mí me ha sucedido) a eso te sabrán la carne y el pescado.
- Hoy tenemos velas que, al consumirse, no gotean. Son

Servicio de mesa y café con motivos navideños.

Cuando se sirven comidas orientales, pueden colocarse junto a los cubiertos unos palillos.

las mejores, y los manteles agradecerán que las utilicemos. Para el resto, se añaden en su base unos círculos de cristal, de dos centímetros de vuelo, que evitarán los goteos.

- Las velas se presentan en distintos colores. Usa unas que se adapten a los restantes elementos decorativos de la mesa. En caso de duda, nos decidiremos por las de cera natural.

Hay un extremo que no podemos pasar por alto: el de la decoración para las ocasiones especiales. Tal sucede en las cenas de Navidad y Fin de Año, en que todas las señoras saben de memoria que, además de un buen menú tradicional –aunque el pavo o el besugo no sean nuestros manjares preferidos–, deben utilizar colores rojos y verdes, amén de servilletas y manteles decorados con motivos navideños. Esto está al alcance de todos los bolsillos, y es practicado en España, donde ambas fiestas gozan de gran popularidad, por millones de personas cada año.

En las comidas de empresa, en las cenas entre compañeros de curso o de oficina, o en otros momentos agradables bien elegidos –cumpleaños, aniversarios o celebraciones familiares–, es muy corriente utilizar en la decoración algo que contribuya a recordar la razón de esas reuniones. Como sucedería si una peña deportiva se reuniera para celebrar el éxito de su equipo. Lo lógico sería adornar la mesa, e incluso el comedor, con algo relacionado con el acto al que asistimos.

Pero no me refiero solamente a estos casos conocidos, sino a otros en que, por la particularidad del evento, o por la importancia del invitado de honor, ofrecen a la imaginación una oportunidad de oro para quedar muy bien. Dos voy a citar:

Comida en honor de
S.E. el Presidente de la República Francesa

Crema de Puerros y Blanco de Ave
perfumada al Curry

Colas de Cigalas estofadas en
Hojas de Col

Cuna de Ternera de Avila Jockey
Guisantes dulces

Turbante de Helado de Miel
con Cerezas
Delicadezas

Jerez Fino La Ina
Viña Sole Franco Españolas
Marqués de Riscal Reserva
Gran Codorniu Reserva Especial
Terry 1º 1883

Palacio Real, 22 Junio 1982

Comida en honor de
SS.EE. el Presidente de la Unión de Repúblicas
Socialistas Soviéticas y la Sra. de Gorbachov

Sopa de alcachofas

Supremas de lenguado Cortés

Pato de corral a la miel y al pomelo
Maíz a la mantequilla

Crepes soufflés de frambuesa
Salsa Aranjuez
Delicadezas

Fino San Patricio
Marqués de Riscal Souvignón
Pesquera
Gran Claustro de Perelada

Palacio Real, 26 Octubre 1990

Dos cenas ofrecidas en el Palacio Real.

- Al final de nuestra estancia en Canadá, invitamos a la Gobernadora General –que representa a la Reina de Inglaterra y es la Jefa del Estado– a una cena en la Residencia. Tuvimos el honor de que la invitación fuese aceptada. Para esa noche, la mesa se adornó con hojas de arce, ya rojas, que yo había recogido el otoño anterior. Hay que decir que la hoja de arce es el símbolo nacional de Canadá.
- Otra noche, la cena se sirvió para una relevante personalidad gallega, durante el año Xacobeo. La mesa, en este caso, estuvo adornada con guijarros que marcaban el Camino de Santiago, y los comensales sentados frente a vieiras ordenadas según las distintas estaciones del Camino, de Puente la Reina al Monte del Gozo. El centro y los fruteros se pusieron con mazorcas y verduras, tan comunes en Galicia.

En el material gráfico figuran fotografías de las dos mesas, tal como quedaron. Se trataba, simplemente, de hacer un pequeño esfuerzo y añadir algo de fantasía. Puedo asegurarles que, en ambas casos, ese esfuerzo fue vivamente agradecido. Y lo sería también aunque se tratase de huéspedes menos importantes, porque estos detalles están al alcance de cualquiera, y los invitados de honor sabrán que lo hemos hecho para complacerlos.

Lo que cuenta, creo yo, es usar de la imaginación con propiedad y buen gusto. Porque he visto casos en que el exceso de creatividad cayó en la más completa extravagancia. Así me sucedió en Moscú, en una gran Embajada, donde se dio una fiesta patrocinada por una prestigiosa casa de modas. A los postres, la mesa se convirtió en un alarde pirotécnico, y empezaron a brotar de todas partes cohetes de colores. Fue algo espectacular y ciertamente original, pero algunas de las señoras presentes se llevaron el susto de su vida.

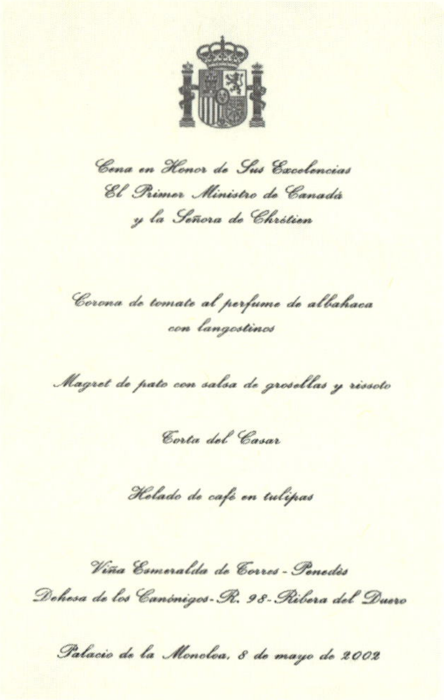

Cena en Honor de Sus Excelencias
El Primer Ministro de Canadá
y la Señora de Chrétien

Corona de tomate al perfume de albahaca
con langostinos

Magret de pato con salsa de grosellas y rissoto

Torta del Casar

Helado de café en tulipas

Viña Esmeralda de Torres - Penedès
Dehesa de los Canónigos - R. 98 - Ribera del Duero

Palacio de la Moncloa, 8 de mayo de 2002

Dos cenas ofrecidas en el Palacio de la Moncloa.

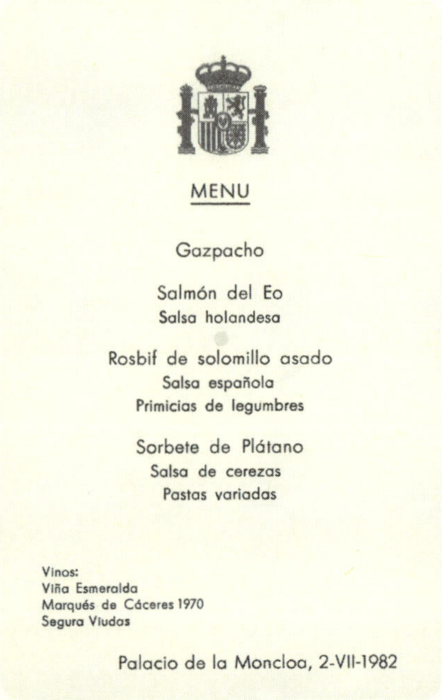

MENU

Gazpacho

Salmón del Eo
Salsa holandesa

Rosbif de solomillo asado
Salsa española
Primicias de legumbres

Sorbete de Plátano
Salsa de cerezas
Pastas variadas

Vinos:
Viña Esmeralda
Marqués de Cáceres 1970
Segura Viudas

Palacio de la Moncloa, 2-VII-1982

Ha llegado la hora de hablar del menú. Porque las reflexiones que anteceden no dejan de ser importantes; pero los invitados han venido a cenar con nosotros. Y a todos nos gusta comer bien.

En este comer bien, por lo que respecta a los restaurantes, contamos con una biblia orientadora: la «Guía Michelin», que pone y quita estrellas según la calidad de las viandas y vinos que se brindan en la casa. La guía fue creada, a comienzos del siglo XX, por Curnosky, elegido como Príncipe de los Gastrónomos por tres mil profesionales: una dignidad que no tenía precedentes ni tuvo continuación. Considerado un auténtico mito en Francia, a él se debe la creación de la Academia de Gastronomía, fundada en 1927, que llegó a gozar del más alto prestigio en las sutiles y refinadas artes del bien comer.

Nuestra preocupación, sin embargo, es ahora no elegir un buen restaurante, sino preparar la cena en casa. Y aquí hemos de esmerarnos para que, además de agradable, divertida y «bien conversada», sea atractiva y tenga calidad. No nos vaya a suceder lo que al Mariscal Montgomery, que tenía fama de ofrecer, incluso en su mansión familiar –no en campaña–, una especie de austero rancho incomestible. Todavía se cuenta que sus oficiales preferían verse sometidos a un día de arresto domiciliario, antes que ser invitados a la mesa del Vizconde de El Alamein.

En fechas señaladas, el problema está casi resuelto. Tal sucede con las cenas de Navidad, en las que es costumbre seguir unas pautas tradicionales, tanto en la comida (el pavo, el besugo, el salmón) como en la bebida (el cava y el champán) y en los postres (dulces navideños y turrones). Y con algo parecido nos encontramos en otras celebraciones, en las que procuramos agasajar a una persona –por ejemplo, en un cumpleaños– con sus platos favoritos, a los que añadimos una tarta de postre, con o sin velitas.

Centro de mesa francés, llamado *surtout.* Llevaba incorporados saleros, vinagreras y platitos para dulces y *mignardises.*

Centro de mesa Art Nouveau.

Centro de mesa en plata, victoriano.

En los restantes casos, que son los más frecuentes, corresponde a los anfitriones –especialmente a la anfitriona– elegir el menú, tomando en cuenta las circunstancias que vamos a exponer a continuación.

Ante todo, hay que pensar en una distribución de los platos inteligente y equilibrada. Se trata de elegir las viandas, y de presentarlas siguiendo un orden. El tríptico clásico –sopa (crema o concomé), pescado, carne–, para los platos de sustancia, sigue siendo el sota, caballo y rey de las mayoría de las comidas, aconsejado tanto por la gradual modulación del paladar como para facilitar la digestión de unos alimentos, que nunca han de ser pesados. A ello habrá que añadir un postre, del que luego hablaremos. Este «orden natural» puede alterarse de dos formas:

- Añadiendo una tabla de quesos, antes del dulce o de la fruta que, en la mayoría de los casos, constituirán la materia principal del postre.
- Dividiendo los dos platos fuertes –es decir, el de pescado y el de carne– con un sorbete ligero, que siempre es bien recibido.

Al pensar en el menú, hay que estar atentos a las creencias religiosas, que plantean incompatibilidades. Hay religiones que prohíben ciertos platos (los de cerdo, para judíos y musulmanes), determinados alimentos (la carne, la leche, los pescados sin escamas) o el consumo del alcohol. Sin olvidar que, aunque no se deba a estas razones, existen cada vez más vegetarianos. Si las viandas se sirven emplatadas a quienes no pueden tomarlas, lo más probable es que no hagan comentarios y procedan, sin más, a darles de lado –particularmente las bebidas– de manera discreta y disimulada; o incluso que las tomen moderadamente, sin mayores problemas. Pero en cenas solemnes y formales a

Centro de mesa francés de comienzos del siglo xix. Va dividido en cuerpos para adaptarlo al tamaño de la mesa.

Degustar los caracoles requiere platos, pinzas y tenedores especiales. Y buena maña en su manejo.

Degustador de ostras.

las que puedan asistir varios miembros de una de estas comunidades y grupos mencionados, máxime si son portadores de una representación oficial, tal error podría crearnos dificultades. Lo mejor es prevenir. Y en ningún caso marcar diferencias, con un menú para unos invitados y otro diferente para el resto de los comensales. No le agradaría ni a los unos ni a los otros.

Con independencia de las razones antedichas, que a veces nos plantean situaciones delicadas, hay otros motivos que conviene considerar: por ejemplo, la presencia de extranjeros. España tiene la mejor y más variada cocina del mundo, que alterna viandas muy sutiles con los platos más robustos. Pero no son pocos los que necesitan paladares habituados. Tal es el caso de la caza, sobre todo las perdices –el manjar favorito de Carlos V– y otras aves menores, tan apreciadas por nosotros, que encuentran menos entusiasmo en los nacionales de otros países. Y algo parecido sucede con el pescado, aunque aquí los europeos se van acercando a nuestros gustos. En Bulgaria tuvimos una cocinera que lloriqueba cada vez que, al hacer la compra, le ordenaba traer pescado. «Pescado no, señora Embajadora, que eso no es comida de señores», me decía. Sin caer en la exageración de nuestra querida Velishka, lo cierto es que, en general, el extranjero es más proclive a la carne que al pescado.

Hay personas que tienen alergias a ciertos alimentos. Naturalmente, salvo que se trate de amigos muy próximos, los que invitan no lo saben. Sin embargo, existe un hecho que no quiero silenciar: la preocupación por ese tema en los almuerzos y cenas oficiales. Actualmente, al pensar en los viajes de Ministros y Jefes de Estado o de Gobierno al extranjero, los encargados de organizar estas visitas, a la hora de preparar los menús, preguntan si ellos o los miembros de su séquito padecen algún tipo de alergia. Y lo toman muy en serio. Por mi parte, pienso que el tarje-

La corbella es una de las piezas más espectaculares que decoran la mesa de Palacio. Es de metal plaqué en estilo barroco y está decorada con figuras de ninfas y sátiros, con el escudo del rey don Alfonso XII.

Copas para los distintos caldos.

tón del menú que se coloca sobre la mesa –ya lo hemos señalado–, cumple una doble función: describir los vinos y alimentos y, además, alertar indirectamente a los comensales, por si alguien no pudiera tomar alguno de ellos.

Las viandas difíciles de manejar no deben ofrecerse, para no crear dificultades a los anfitriones. Un buen ejemplo son los caracoles, de cuyos guisos tanto saben catalanes y valencianos. Aparte de requerir soportes, pinzas y tenedores adecuados, algo de lo que no se suele disponer, tomar un caracol implica riesgos. En los restaurantes, donde sí se sirven, hemos visto más de una vez un «caracol volante» que va hasta la mesa vecina, escapado de la pinza que no lo sujetaba bien. O nos hemos topado con un sufrido cliente que, cansado de intentar el sistema correcto, acaba por tomar la concha con los dedos y aplicarle un delicioso y sonoro sorbitón. Y lo mismo sucede con los percebes, ancas de rana y otras exquisiteces que jamás se sirven en una comida formal, sino sólo para tapas y entre amigos.

Una brillante excepción está en las ostras. Consideradas un manjar exquisito desde la antigüedad –los romanos las apreciaban grandemente–, siguen ocu-

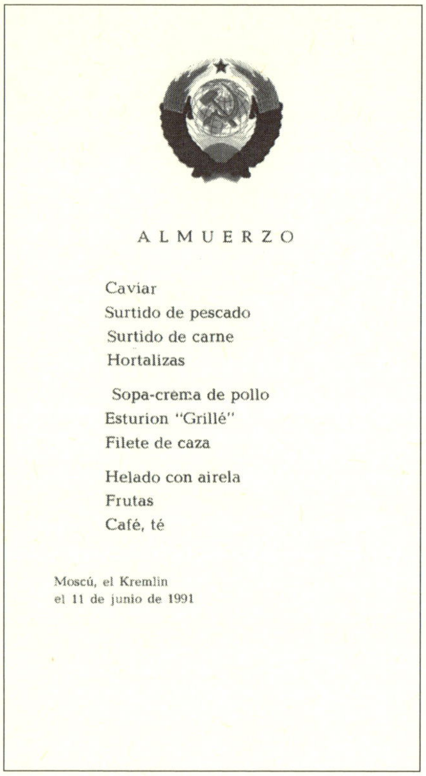

ALMUERZO

Caviar
Surtido de pescado
Surtido de carne
Hortalizas

Sopa-crema de pollo
Esturion "Grillé"
Filete de caza

Helado con airela
Frutas
Café, té

Moscú, el Kremlin
el 11 de junio de 1991

1

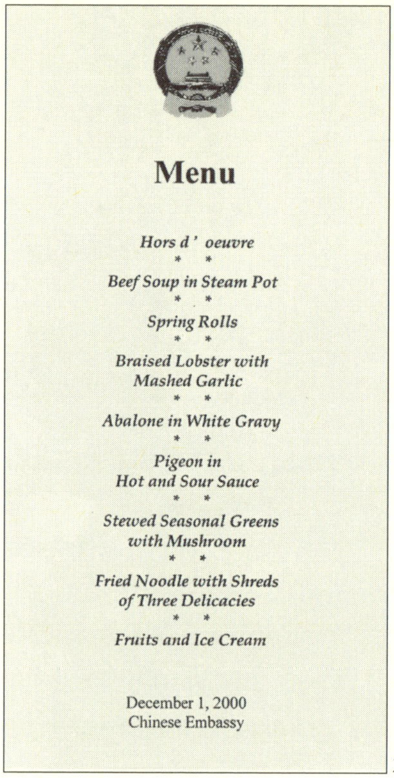

Menu

Hors d' oeuvre
* *
Beef Soup in Steam Pot
* *
Spring Rolls
* *
Braised Lobster with Mashed Garlic
* *
Abalone in White Gravy
* *
Pigeon in Hot and Sour Sauce
* *
Stewed Seasonal Greens with Mushroom
* *
Fried Noodle with Shreds of Three Delicacies
* *
Fruits and Ice Cream

December 1, 2000
Chinese Embassy

2

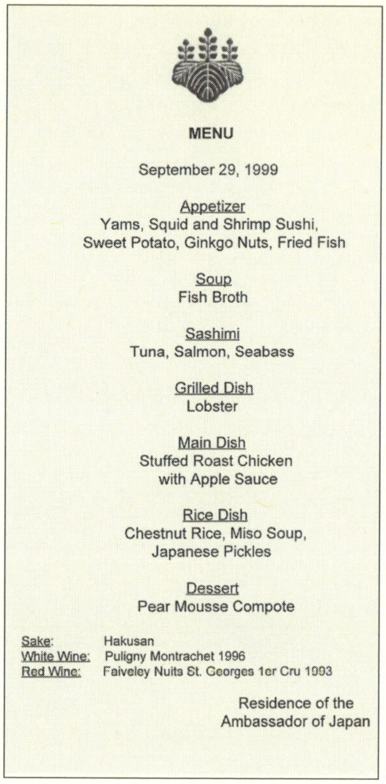

MENU

September 29, 1999

Appetizer
Yams, Squid and Shrimp Sushi, Sweet Potato, Ginkgo Nuts, Fried Fish

Soup
Fish Broth

Sashimi
Tuna, Salmon, Seabass

Grilled Dish
Lobster

Main Dish
Stuffed Roast Chicken with Apple Sauce

Rice Dish
Chestnut Rice, Miso Soup, Japanese Pickles

Dessert
Pear Mousse Compote

Sake: Hakusan
White Wine: Puligny Montrachet 1996
Red Wine: Faiveley Nuits St. Georges 1er Cru 1993

Residence of the Ambassador of Japan

3

1. Almuerzo en el Kremlin. Predominan, junto al caviar, los pescados rusos, en especial el esturión.

2. 3. Los países orientales guardan la tradición de ofrecer un menú con muchos platos (un mínimo de media docena).
2. Almuerzo en la Embajada China.
3. Cena en la Embajada del Japón.

pando hoy un lugar destacado en la gastronomía, y deben consumirse principalmente, según la tradición inaugurada por los franceses, durante los meses que no tienen «r». Se sirven en medias docenas o en «medias docenas de nueve» –incluso en docenas, dependiendo del tamaño–, abiertas y despegadas de la concha, sobre hielo picado, aderezadas con limón, alguna salsa fuerte o, como las tomaba un gran «gourmet» amigo mío, al natural. Aunque existan tenedores especiales, como los que figuran en la información gráfica adjunta, para ser utilizados con las ostras, en los restaurantes pueden tomarse directamente de la concha, como muestra el dibujo antiguo que ilustra este apartado.

Por no hablar de esa novedad que, procedente de Oriente, ha entrado en ciertos restaurantes exóticos: los insectos, en conserva o confitados. Aunque nos digan que

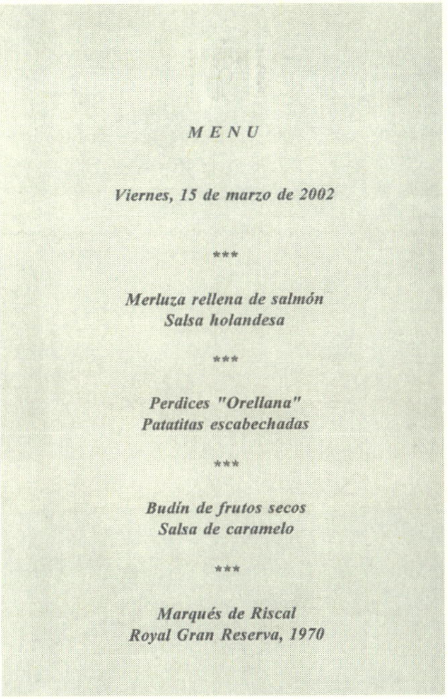
MENU

Viernes, 15 de marzo de 2002

***

Merluza rellena de salmón
Salsa holandesa

***

Perdices "Orellana"
Patatitas escabechadas

***

Budín de frutos secos
Salsa de caramelo

***

Marqués de Riscal
Royal Gran Reserva, 1970

Menú de una cena ofrecida en casa.

«El buen champán emite un flujo sostenido de pequeñas burbujas».

el rechazo que producen es exclusivamente cultural, son muchas las personas –en Europa, la inmensa mayoría– que experimentan una cierta repugnancia ante tales novedades. Pero yo debo anotarlo, porque son una realidad; que, por cierto, leo en un periódico que acaba de llegar a los alrededores de Madrid.

En lo que atañe a los mariscos, también son un manjar más de restaurantes que de cenas, si no se sirven cocinados o como parte del adorno de otros platos. En caso de que hayan de tomarse con los dedos, se presenta un recipiente de cristal con agua tibia y una rodajita de limón. Pero, cuidado: es sólo para una leve y discretísima ablución; nunca, como advierte un conocido autor francés, para «hacerse la toilette y proceder a un lavado de las manos».

Algunos platos no pueden servirse a los invitados, salvo si son amigos de toda confianza, y en los casos que veremos. Es muy agradable convidar a un buen cocido: yantar suculento que requiere paciencia, mimo y sabiduría. En general, no es para una cena formal, salvo excepciones. Y no digamos toda la amplia gama de ollas podridas, potajes, morteruelos, botillos, buches y otros manjares de sólida sustancia y mucho brío, que enriquecen la rica gastronomía española, de León y Extremadura a las sierras andaluzas y los anchos espacios castellanos.

Cuando hablo de excepciones, es porque tengo muy positivas experiencias sobre cocidos y otros platos similares. En las Embajadas los he servido en no pocas ocasiones. Se trataba siempre de invitados –con frecuencia, Embajadores hispanoamericanos, amigos del cocido y de nuestro país– que venían expresamente a degustarlos. Porque la paella o la fideuá sí las he puesto como primer plato, incluso en comidas oficiales y al más alto nivel.

Al mencionar el cocido me viene a la memoria un recuerdo muy dichoso, del que fueron protagonistas Merche

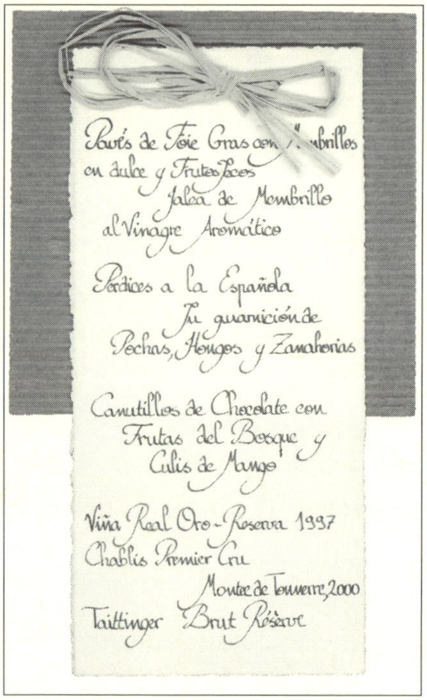

Menú de una boda celebrada en una señorial casa de campo, propiedad de los abuelos de la novia.

y Gabriel García Márquez. Invitado a Moscú por Gorbachov, a comienzos del verano de 1987, Gabo llamó a mi esposo nada más llegar: quería tomar con nosotros «un cocido bien conversado». Y así lo hicimos, los dos matrimonios, en un almuerzo que recuerdo todavía. Cuatro días más tarde, coincidimos en un acto oficial y volvió a pedir que repitiésemos. Harto de esturión ahumado, pilminis, blinis con caviar y otras delicias de la gran cocina rusa, nos pedía de nuevo refugiarse en los brazos de su cocido bienamado.

Y entramos en los vinos. Hay cientos de libros escritos sobre el tema, que tratan desde sus orígenes bíblicos a los más mínimos detalles de lo que ya podemos llamar, sin temor a equivocarnos, la nueva cultura del vino. Yo me voy a centrar en lo que considero de interés para regar como Dios manda unos manjares, adornar con buen hacer la cena y contribuir a nuestro éxito social.

Para ello, vamos a considerar cuatro cuestiones:

Collarín antigoteo.

- Además del cava y los vinos generosos, existen varias clases de vinos de mesa que reclaman tratamientos diferentes y se adaptan a unas u otras viandas. Son los blancos, claretes, tintos y rosados.
- Los blancos pueden ser jóvenes o de crianza. En el primer caso, estamos ante vinos refrescantes, afrutados, de baja graduación, que en los últimos años han logrado hacer un buen camino. Los de crianza son más robustos, llevan un tiempo en barrica de roble nuevo y han ido estando cada ves más presentes en las mesas, a medida que la uva Chardonnay –sobre todo en California– se ha puesto de moda.
- Los rosados y claretes tienen su clientela, pero han cedido terreno frente al empuje de los blancos ya citados y la presencia de vinos tintos jóvenes, de no muy alta graduación, que los van desplazando poco a poco.

Tabla de quesos variados.

Sacacorchos de Vinçon.

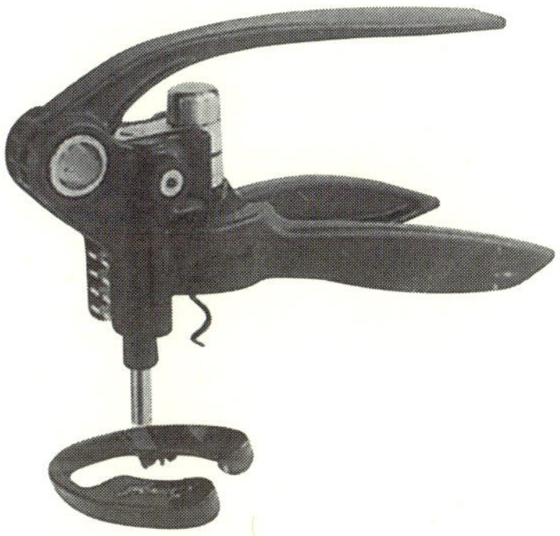

Termómetro de aro.

- Los tintos merecerían, pos sí mismos, no unas breves líneas sino un capítulo completo: tal es su enorme variedad, magnificencia y poderío. Pueden ser jóvenes o con crianza en barricas de roble. Según el llamado tiempo de guarda, en roble francés o americano, o en botellas y ambiente rigurosamente controlado por expertos, se subdivide en vinos jóvenes, de crianza, reserva y gran reserva. Aunque a la hora de elegir un gran reserva, son varios los factores que intervienen, y no sólo los años.
- El buen champán emite un flujo sostenido de pequeñas burbujas, incluso un cierto tiempo después de haber sido escanciado en la copa, especialmente en las llamadas «de flauta».
- Los vinos dulces y de postre constituyen otra rica variedad que merece destacarse, a pesar de que son muchos los especialistas que subrayan lo arriesgado de tomar vino con la fruta o con las tartas y pasteles, sobre todo cuando llevan chocolate. En España y Portugal –sin olvidar Italia, donde también los hay muy buenos– tenemos los mejores vinos de postre, con Oporto, Madera, Málaga y Jerez a la cabeza.

Para manejar y servir vinos en una buena mesa, que es de lo que aquí tratamos, han de tomarse en cuenta los siguientes puntos:

- Los vinos se sirven por la derecha de cada comensal, mientras que las bandejas con las viandas, como luego veremos, se presentan por la izquierda.
- El orden de los vinos sigue el de los platos. Por tanto, blancos para cremas y pescados, tintos para carnes, cavas y espumosos para el postre y oportos o dulces, si se toman (que no es lo habitual), para terminar.
- Este orden, que diríamos clásico, admite no pocas va-

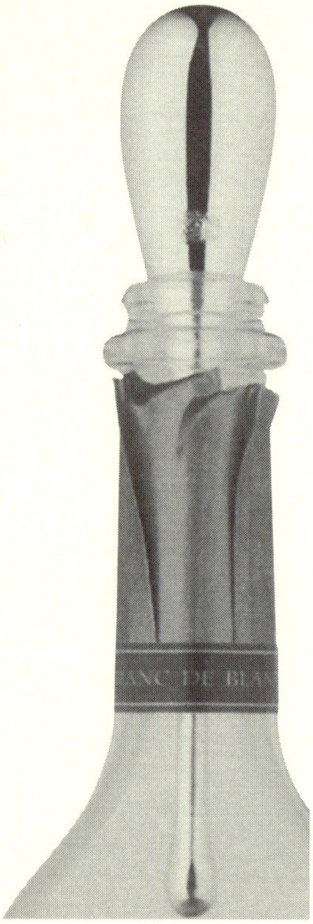

Burbujas controladas.
Los entendidos dicen que para que el cava o el champán conserven su fuerza, una vez abierta la botella, se debe introducir una cucharita de plata.
Con este nuevo invento de Mahdori y la casa Ruinart, se permite alargar la condición del espumoso.

riantes. Por ejemplo: a mí me gusta servir el cava con el aperitivo. Y mantener las copas del blanco siempre llenas, porque hay comensales que prefieren tomar un solo vino durante toda la comida.

- La forma más correcta de servir el vino consiste en sostener la botella por abajo, llenar sólo alrededor de la mitad de la copa (dependiendo de su tamaño) y darle un cuarto de giro al retirarla, para impedir que la última gota manche los manteles.
- En las mesas oficiales, y en las Embajadas, sólo deben servirse vinos españoles. Después de casi 23 años de esposa de un Embajador de España acreditado en cinco países extranjeros, tengo a honra no haber servido sino vinos y licores españoles.

He dicho que este esquema, en lo que toca al orden, es la regla general. Pero existen muy brillantes excepciones. El Marqués de Bussianos, el más grande gourmet que yo haya conocido, pedía un sólido blanco de crianza o un rosado para tomar la perdiz en escabeche, guisada al estilo de Jaén, que yo le ofrecí en no pocas ocasiones. Este gran señor, con cuya amistad nos honramos hasta su muerte, me dio muy atinados consejos sobre vinos y quesos –formaba parte de las más prestigiosas Cofradías de Buena Mesa, francesas y españolas–, con la modestia y sencillez que suelen adornar a los auténticos expertos.

Ya que hablamos de bebidas, no conviene olvidar el agua. De entrada, diré que no tiene sentido gastar una fortuna en buenos vinos para luego arruinar el paladar con un agua del grifo, que sabe a sal y cloro. En el gasto de una cena, servir agua mineral es el chocolate del loro. Y no estamos ante un asunto trivial, sobre todo en algunas regiones españolas, donde se rinde un verdadero culto al agua, que juega y ha jugado un papel saliente en la gastronomía.

Bolsa de lavanda para la ropa de casa.

Saquito de popurrí.

Bolitas de madera de haya.

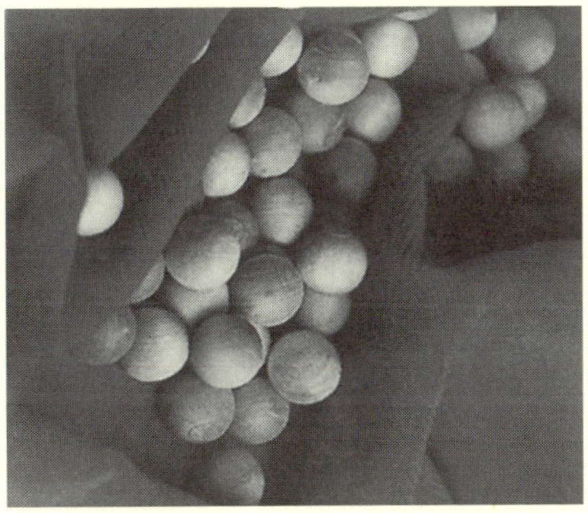

Tomar queso en las comidas, inmediatamente antes del postre, es una costumbre francesa que se va imponiendo en nuestras mesas. En España contamos con una infinita variedad de quesos, que pueden codearse con los mejores del mundo, cuando no superarlos. Bien venido sean los quesos. Pero hay normas que tenemos que observar:

- Los quesos se ofrecen con un pan especial, que se pone sobre el plato principal, con las porciones que nos hayamos servido, y no sobre el platito del pan.
- Los cuchillos con los que se cortan han de ser los indicados para el caso, que terminan en una horquilla de dos puntas afiladas, con la que se pincha y sirve el trozo una vez cortado.
- Debe pasarse una cierta variedad, que incluya tres o cuatro clases, para que los comensales elijan los que más les apetezcan.
- Los quesos se toman con moderación. Son saludables y digestivos, pero en pequeñas cantidades. Quizá no esté de más citar el viejo y sabio adagio francés: «toma todos los días queso, pero cada año un queso».

Estamos en los postres. Existe una enorme variedad, y es un obligado complemento para rematar airosamente una buena cena. Para poner orden en este amplio abanico, los agruparemos en tres grandes familias:

- La fruta, en todas sus presentaciones: fresca, confitada, al horno, en compota o macedonia.
- Los dulces: tartas, chocolates y budines. Con una clara salvedad: jamás se sirven como postre pastas o pasteles.
- Los helados, solos o bien combinados con otros toques sabrosos, tales como pasas, chocolate o frutos secos.

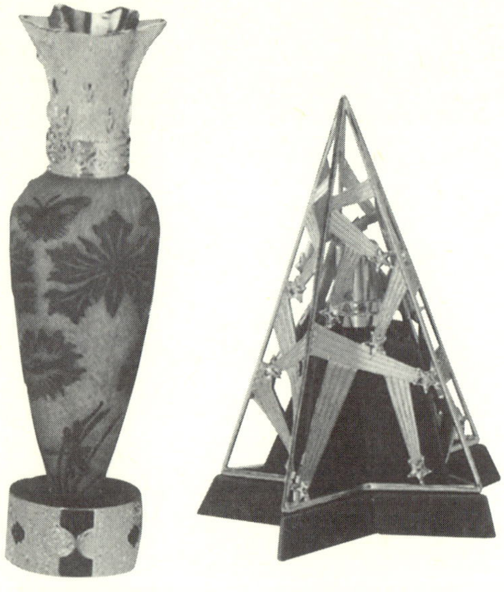

Dos modelos actuales de la lámpara Bergère.

Adornos para un árbol de Navidad, en cristal de Baccarat.

Con esto culminamos el apartado de la buena mesa. No sin antes añadir una postrera consideración: los ambientadores. Es de pésimo gusto usar esos extraños adminículos que, so pretexto de traernos los aromas de la sierra, huelen a farmacia. Sin embargo, sí pueden usarse –pero no en la mesa– velas perfumadas, que cumplen dos funciones: crear un aire distinguido, y, además, neutralizar los olores de cocina. Las famosas lámparas Bergère, que aún se venden, fueron inventadas hace cien años por los franceses, para ese fin. Las antiguas son ahora piezas raras, muy buscadas por los coleccionistas, aunque siguen en el mercado todavía. En España, Myrurgia ha elaborado la «maison parfum», una línea muy completa de aromas para la casa.

Lo mismo cabe decir de otras velas, con suaves aromas de flores. Tales son las fabricadas por L´Occitane. Por mi parte, utilizo una gota de esencia en un círculo de arcilla o fieltro incombustible, que pongo sobre la bombilla de una lámpara de mesa. Basta una sola gota para dar a toda la zona que deseo perfumar un toque sutil y delicado. Igualmente, se usan los recipientes de «popurrís», que son mezclas secas de flores, frutos y maderas. Sugiero cambiarlos según la estación del año: aromas de hojas en otoño y de violetas en primavera.

También en otros lugares de la casa se usan productos aromáticos. Por ejemplo, el agua perfumada para la plancha; o las bolas de madera de haya para dar olor a los cajones de las ropas, que además van protegidas contra la polilla. Son variantes de la vieja costumbre de poner membrillos entre las sábanas guardadas, o unas bolsitas de tela con espliego, que traía hasta la casa los aromas del monte.

Como comentario final, me permito apuntar unas cuantas notas que, en cierto modo, resumen lo antedicho.

Original juego de salero y pimentero para una mesa actual.

1.– Antes de que lleguen los invitados, hay que comprobar que cada pieza ocupa su lugar sobre la mesa. Siempre es aconsejable esa última mirada.

2.– Hechas esas comprobaciones –viandas, bebidas, aperitivos, ornato y disposición de la mesa–, lo dejamos ya todo en manos del servicio. Porque los dueños de la casa, a partir de ese instante, han de consagrarse por entero a sus invitados.

3.– Los comensales pueden llegar antes o después de los invitados de honor, dentro de los márgenes ya dichos sobre puntualidad y educación. Pero no se retirarán hasta que lo haya hecho el invitado de honor.

4.– El pan y el agua deben servirse con antelación. A veces, incluso el vino blanco, si son muchos los presentes y se ofrecen varios vinos.

5.– En las presentaciones y en el acceso al comedor, dos normas: fluidez y naturalidad. El desorden en el salón y la desorientación en torno a la mesa, con los invitados tratando de sentarse sin conocer muy bien dónde les corresponde, dan una mala imagen.

6.– Las copas han de estar bien desplegadas. De otra forma, los comensales podrían confundirse y beber de la de su vecino (o vecina), con el consiguiente desconcierto de unos y otros.

7.– Si, a pesar de nuestra diligencia, se nos ha colado algún pelmazo entre los invitados, tienes que neutralizarlo con discreción y eficacia. Pero no crear un incidente.

8.– El momento más indicado para tomar el cava o el champán es el aperitivo. Si la cena es muy formal y hemos de brindar, lo haremos con cava o con cualquier otro vino. Jamás levantes tu copa llena de agua o de refrescos.

9.– El brindis no será nunca ocasión para impartir una lección magistral. Es recomendable emplear palabras atinadas y emotivas, con una brevedad muy de agradecer.

10.– Contrariamente a lo que leemos en los libros, los regalos que nos traigan los invitados no deben abrirse, para no dejar en una postura desairada a los que no han traído ninguno. Al día siguiente, los anfitriones deberán agradecerlos.

Ya está todo bien dispuesto, conforme a los requisitos que hemos señalado. Es hora de manejar inteligentemente el desarrollo de la cena. En el capítulo siguiente veremos cómo se hace.

IV
Desarrollo del acto social: la cena formal

«Largo es el camino de la enseñanza por medio de teorías; breve y eficaz, por medio de ejemplos.»

(Séneca)

Ha llegado la hora de la verdad. La mesa está equipada con la mejor vajilla, los cubiertos en orden y en su sitio, la cristalería desplegada. Los comensales ocupan ya sus puestos, desdoblan las servilletas y se disponen a cenar.

El siguiente paso reviste la mayor importancia: cómo se sirve una cena. Lo primero será el pan, con las variedades mencionadas en el capítulo anterior. Como ya dijimos, se colocará en los platitos, para ganar tiempo, antes que los invitados ocupen sus lugares en la mesa. A continuación se pasa el agua –por favor, agua mineral, por las razones apuntadas–, aunque también aquí hemos podido hacerlo antes. Creo que no vale la pena volver a insistir en ese punto.

Es el momento de que el camarero o camareros aparezcan con las viandas, que presentarán a los comensales por su izquierda, para que se sirva cada cual, en la forma que diremos. Al hacerlo así, podrán desenvolverse con mayor facilidad, ya que se concede más juego y soltura a la

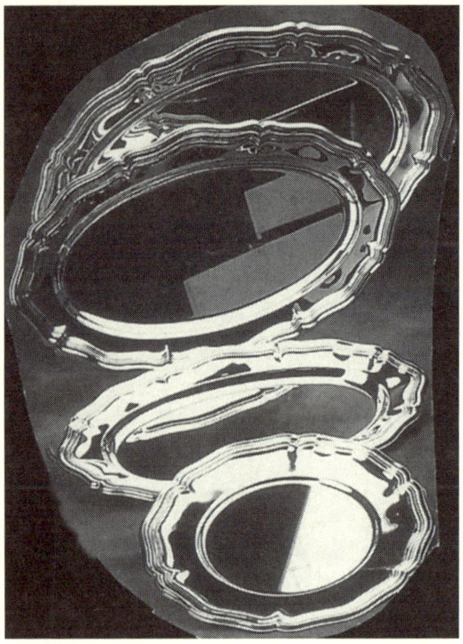

Bandejas de servir. Deben estar siempre no sólo limpias, sino brillantes.

mano derecha, sobre la que recae la tarea principal. Esto lo agradecerá el invitado –salvo que sea zurdo–, sobre todo si el espacio para moverse no es muy amplio. Si los sirvientes fueran dos, procurarán atender, de manera coordinada, ambos lados de la mesa.

Existe, sin embargo, una excepción: la que se aplica cuando se sirven el consomé, las cremas y las sopas frías, además de las llamadas «viandas emplatadas». En tal caso, el camarero retira por la izquierda el plato llano de respeto, que se encontraba colocado sobre el bajo plato, y presenta la comida no por la izquierda –como haría con una fuente de carne o de pescado– sino por la derecha del invitado, que permanece pasivo. Lo más frecuente, en lo que se refiere a la crema o al consomé, es que estén ya en la mesa. Por lo que respecta a las soperas, están para adornar; pero nunca se pasan entre los invitados, en una cena de ceremonia. Y un detalle más: los camareros han de servir con guantes blancos la comida; y ponerse unas manoplas, también blancas, guateadas (no se notan), para soportar sin molestias las bandejas metálicas, que van muy calientes.

Los platos de resistencia tienen que ir calientes, muy en especial si son de carne. Para ello existen los calientaplatos, que pueden seguir varios modelos y sistemas. Es la única forma de que, en una mesa de muchos comensales, no lleguen frías las viandas.

El orden en servir ha de ser éste. En primer lugar, se atiende a la invitada de honor, si la hubiera o, en su defecto, a la señora que ocupe la derecha del anfitrión. A continuación, la de su izquierda y el resto de las damas, según la precedencia. Finalmente, es el turno de la anfitriona. En cuanto a los caballeros, el primero en ser servido es el invitado de honor o, en su caso, el que se siente a la derecha de la dueña de la casa. Y así se va procediendo, sucesiva-

Candelabros de Alcora.

Candelabros de «biscuit».

mente, por el orden en que se encuentren sentados en la mesa. En último lugar, se sirve al anfitrión.

Al finalizar esta operación, los anfitriones se mirarán discretamente y empezarán a tomar los alimentos. Momento que puede adelantarse si lo autoriza la señora de la casa, por tratarse de viandas –por ejemplo, un suflé– que no pueden esperar. Seguidamente, los demás harán lo propio; pero, con la excepción antes apuntada, no se comenzará hasta que los camareros hayan terminado de servir a todos los comensales. Concluida esa prudente pausa, no es de buena educación lanzarse sobre la comida, porque ya no se aguanta más. Un autor americano escribía, a comienzos del pasado siglo, que hacer los honores a las vituallas, sin dengues ni remilgos, es un signo de cortesía hacia quienes invitan; pero sin caer, añadía, en el extremo opuesto: lanzarse sobre ellas a banderas desplegadas, «como si se tratara de una carga del Séptimo de Caballería».

Si la vianda va acompañada de salsa, una de las chicas pasa separadamente la salsera, para que cada cual se sirva lo que estime oportuno, utilizando el cacito que lleva ese recipiente. Pero, cuidado: la salsera suele acabar en pico, de manera que parece diseñada para verter su contenido, como si de una jarra de agua se tratara. No se os ocurra hacerlo. Y, aunque parezca una verdad de Pero Grullo, debo recalcar que he visto, más de una vez, a un comensal que tomaba la salsera y ponía directamente un chorreoncito sobre la carne o el pescado, como lo más natural del mundo.

Concluido el primer plato, el camarero procede a retirarlo por la izquierda, poniendo el limpio desde la derecha del invitado. Y así hará, sucesivamente, hasta terminar con el del último asistente a la comida. Y aquí, una nota adicional: no se debe hacer esperar al servicio. Si la conversación en la que participas es apasionante, o tu vecino te tiene medio embobada, no por eso han de quedarte en

La casa Herend ha fabricado siempre, y sigue fabricando, magníficos servicios de mesa.

éxtasis, con la comida de tu plato sólo en sus inicios, o incluso sin tocar. Es preciso concluir, más o menos, al mismo tiempo que los otros. Porque los servidores estarán pendiente de nosotros, para ver si hemos terminado, y proceder a retirar los restantes platos. No es cortés hacer que los demás aguarden más allá de un tiempo razonable.

El camarero pasa la bandeja –por la izquierda, y con el brazo derecho plegado a la espalda– con las viandas, salvo en los casos antedichos de emplatado o consomé, para que los invitados procedan a servirse. A tal fin, sobre la bandeja irán los cubiertos de servir. Y el comensal tiene que hacer uso de ellos, siguiendo determinadas reglas prácticas, de elemental prudencia. Parecen de sentido común, pero he visto tantas veces molestar a un caballero o arruinar el traje de una señora por falta de cuidado que, aún a riesgo de parecer excesivamente puntillosa, no me resisto a mencionarlas. Son éstas:

- No empujar a la persona que tenemos a la izquierda, sobre todo si el espacio no es muy amplio y la bandeja es de muy cumplidas dimensiones. Ni darle un codazo al de la derecha, al traer hacia tu plato la porción que has elegido.
- Los cubiertos de servir se manejan con ambas manos. Por muy hábil que seas en usarlos como pinza, es algo que no se puede hacer en una mesa formal.
- Una vez servido, has de recolocar bien los cubiertos sobre la bandeja, para que cuando el camarero la retire no se caigan encima de la mesa o, lo que es peor, sobre el vestido de tu vecina.
- Debes servirte una cantidad discreta, por mucho que te apetezca la vianda presentada. No olvidemos que, concluida esta primera «ronda», los camareros volverán a pasar las bandejas, para que todos tengan la opción de hacerlo una segunda vez.

Don Enrique de Villena, autor del primer tratado, concluido en 1423, sobre «Arte Cisoria o Arte del cortar del cuchillo», donde se detallan los utensilios para cortar alimentos y el protocolo para servir la mesa real.

- Esa discreción es aún más obligada si, por la naturaleza de la comida que se ofrece, notamos que no habrá «segunda vuelta». La anfitriona habrá tomado las precauciones pertinentes. Pero si hubiese sólo diez porciones y son diez los comensales –algo que conviene evitar–, sería muy desdichado que los primeros se sirvieran un par de ellas, dejando a los demás a la luna de Valencia.
- Si esa desmesura en el servirse está de sobra, tampoco es de buena educación hacerlo con remilgos o dejarse en el plato la comida. A la anfitriona no le va a gustar, porque estás menospreciando algo en lo que ella ha puesto sus desvelos.

Para evitar inconvenientes y facilitar la tarea del comensal, es aconsejable presentar los alimentos ya partidos. Así, nuestros invitados sólo tendrán que tomar la porción –o porciones– que deseen. La vieja costumbre de «trinchar el pavo», un honor antaño reservado al dueño de la casa, ha caído ya en desuso. Afortunadamente. Por más que el «arte cisoria» esté presente en los tratados de cocina de más honda raigambre, en nuestro país y en toda Europa, desde la época medieval.

En lo que concierne a ese «segundo turno», al que antes me refería, el buen camarero presentará la bandeja para que el comensal se sirva por segunda vez, si lo desea; pero no insistirá en que lo haga. Ni alabará la calidad del vino o la comida que presenta. Ese «póngase un poquito más, señor, que está muy rico este besugo», no tiene perdón.

En este punto, pasaremos a tratar de una cuestión que, deliberadamente, ha sido omitida en el capítulo anterior: las bandejas de servir.

Cuchillo y tenedor para trinchar.

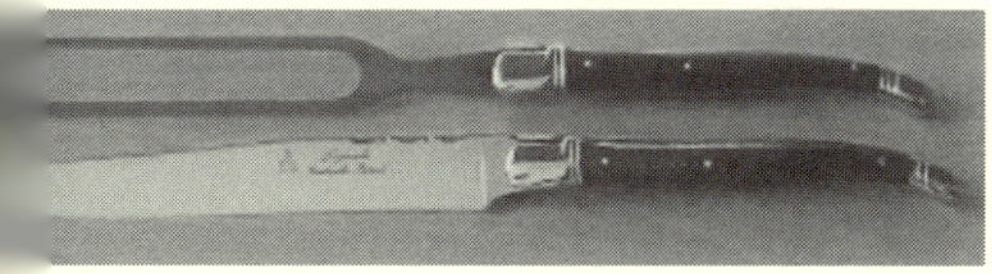

Para empezar, diré que las grandes vajillas llevan sus propias bandejas. Y son una hermosura. Sin embargo, quizá no convenga sacarlas junto a los platos de ese mismo

Bandeja para rosbif. En plata inglesa.

servicio, «haciendo juego». Porque con un despliegue de bandejas de plata, alpaca o acero inoxidable tendremos más facilidades de adaptarlas a los manjares que se vayan a servir. Los camareros lo agradecen: son más ligeras, menos frágiles y más cómodas de manejar que las de pasta dura o loza decorada. Por otra parte, lo que ya dijimos sobre la conveniencia de poner piezas de otras vajillas, junto a las tazas y platos desplegados en la mesa, es particularmente apropiado para bandejas.

Esas bandejas adoptan diversos diseños y dimensiones, dentro de las calidades que acabo de citar.

En lo que a formas se refiere, las hay ovaladas, redondas y rectangulares, con asas o sin ellas. Cada una desempeña su función. Las ovaladas se usan para la carne. Las alargadas, para el pescado. Las redondas, para el arroz, las tartas y los dulces. Las rectangulares y cuadradas se utilizan para pasar aperitivos y bebidas, si son grandes o medianas. Las pequeñas son las más indicadas para traer una bebida (por ejemplo, un vaso de agua).

Las dimensiones están en relación con las formas y

usos antedichos. Yo voy a dar las medidas de las que tengo en casa. Las ovaladas, o de carne, siguen dos tamaños: de 60 por 36 y de 50 por 33. Son relativamente anchas, como indican las cifras que acabo de citar, porque la carne va siempre acompañada por una guarnición. No sucede así con las bandejas de rosbíf, algo menores y también ovaladas, con una entalladura rameada al fondo, para recoger el jugo natural de la carne, que va sin acompañamiento. En la información gráfica se muestra la fotografía de una de ellas, bastante comunes en Inglaterra.

Para las ovaladas de pescado, las dimensiones son diferentes: igual de largas (60 centímetros) pero más estrechas (30 centímetros). Las redondas, por su parte, son de dos tamaños: de 40 y de 31 centímetros de diámetro. No vale la pena insistir en que las hay más pequeñas, pero éstas no suelen emplearse sino para traer un vaso de agua o presentar una pieza limpia del cubierto al comensal que, distraídamente, dejó caer la suya. Entre los tamaños de las rectangulares, voy a marcar tres: las grandes, de 46 por 34; las medianas, de 39 por 28; y las pequeñas, de 31 por 23. Estas últimas pueden ir sin asas. Todas llevan, como adorno, un cordoncillo de medias burbujas, tallado sobre la plata.

Finamente, me voy a permitir hacer algunas observaciones que considero muy prácticas.

Bandeja con blonda de papel, para fritos o pasteles.

- Las bandejas rectangulares, utilizadas para aperitivos o bebidas, si son grandes tienen siempre asas, para el mejor manejo por los camareros, dado el peso de los vasos.
- Sobre las bandejitas pequeñas, para servir un vaso o una copa, se coloca un pañito de hilo.
- Si se pasan fritos u otros aperitivos, sobre la bandeja se pone una blonda de papel (antes eran de tela), festoneada de calados.

- Las bandejas de plata no sólo han de estar limpias –como todas–, sino brillantes. Para ello, después de usadas debes envolverlas en papel de celofán y guardarlas en fundas de fieltro. Las mías son de color burdeos, orladas con un cordón dorado.
- A pesar de lo dicho sobre su incomodidad y peso, no hay nada comparable a las bandejas de porcelana antigua. Como en el caso de las soperas, se bastan ellas solas para dar categoría y elegancia a una buena mesa.

Aunque se trate más de correcta educación que de protocolo social, es preciso apuntar algo sobre cómo comportarse en la mesa: en el comer, con la bebida, con los restantes comensales y en el trato con el servicio y los camareros.

Comenzaremos por cómo tomar el pan. Aquí conviene salir al paso de ciertos malos hábitos, vedados por la buena crianza, que se van generalizando con una preocupante desenvoltura. Por más que pueda parecer inútil, o fuera de lugar –por ya sabido–, deseo señalar estas dos normas:

Jarra de cristal tallado que perteneció a María Antonieta.

- El pan no se parte con el cuchillo ni, mucho menos, se muerde. Quien tome un panecillo y se lo lleve a la boca, para dejarlo sobre el plato una vez mordido, habrá cavado un foso en su prestigio social del que le costará salir.
- No se añaden trozos de pan a la comida ni se rebaña el plato con una sopa. Ambos son placeres privados, que han de mantenerse en la más estricta intimidad.

Si la comida no es de tu agrado, o existen razones religiosas –o de otro tipo, como las alergias ya citadas–, que te impiden tomarla, podrás servirte de ese plato en menor cantidad, dejando lo que no puedas tomar. Pero nunca debes rechazarlo. Ni justificar tu actitud –que puede estar

Platos de porcelana de Sèvres.

fundada– aduciendo, con una sonrisilla de suficiencia: es que «mi religión no me lo permite». Como si el resto de los comensales fueran unos descreídos o unos bárbaros. Tal sucede en el caso de que te ofrezcan carne en un viernes de cuaresma. Si una conciencia excesivamente estricta te aconseja no tomarla –es muy poco frecuente, cuando estás en casa ajena–, puedes disimularla sobre el plato, pero nunca negar que te la sirvan.

Cuando tienes la copa vacía, no cabe indicarlo al camarero y pedirle que la llene. Él es un profesional, conoce su oficio y estará atento a que los comensales sean puntualmente atendidos. Si se retrasase, espera un par de minutos, que no tardará en hacerlo; pero no pongas al servicio en evidencia delante de los demás.

Aunque esas indicaciones a los camareros no son muy habituales por parte de los invitados, sí abundan, sin embargo, por parte de los anfitriones. Y aquí, también, hay que observar unas cuantas directrices para hacer las cosas bien.

A la señora de la casa corresponde ocuparse de que todo funcione perfectamente y comprobar, antes de que lleguen los invitados, que cada persona de servicio conoce su cometido. Si, a pesar de ello, en el transcurso de la comida advirtiese deficiencias, podrá hacer las oportunas indicaciones, pero de manera muy discreta y sin levantarse de la mesa. Por eso, durante el transcurso de la cena, y en lo que concierne al trato con ellos, parece conveniente destacar tres reglas de oro:

- No es elegante llamar al camarero y cuchichearle al oído lo que deba o no deba hacer. Las órdenes, si fueran necesarias, se indican con el gesto o se insinúan con la mirada.
- Todas las instrucciones precisas se dan antes de la comida, y con la suficiente antelación. La sensación de que

contamos con un buen servicio, disciplinado y eficiente, nos dará prestigio.

- Jamás se reprende a un camarero delante de los comensales. Aunque derramen la salsa sobre el peinado de tu mejor amiga.

Platos de porcelana de Limoges.

La conversación, durante la cena, constituye un elemento decisivo para contribuir a su éxito final. Es una materia delicada en la que la responsabilidad corresponde, en gran medida, a los anfitriones. Son los dueños de la casa los que han de canalizar, inteligentemente, esa charla por derroteros que resulten no sólo interesantes, sino divertidos.

Para ello, es preciso seguir ciertas líneas de acción que me parecen apropiadas. Podrían ser las siguientes:

- Los temas en los que somos especialistas deben evitarse, salvo que se nos pida una opinión. No hay mayor aburrimiento que asistir a una comida en la que el anfitrión, con grandes gestos de suficiencia, se pasa el tiempo impartiendo una conferencia sobre la cría de la abeja o el arte de pescar truchas con mosca: dos apasionantes menesteres que no suelen quitar el sueño a la mayoría de los mortales.
- Hay que procurar, sin que se note, dar a los demás ocasión para el lucimiento, conduciendo las intervenciones hacia un terreno que sea agradable a todos y donde los interesados –que te lo van a agradecer– encontrarán campo abonado para quedar muy bien.
- Evitar las confrontaciones políticas, las agrias rivalidades deportivas y cuanto pueda suponer acaloramiento o vivas discusiones. No conozco a nadie que, después de ese acaloro, no se arrepienta de haber cedido a la tentación de la polémica.

Platos de porcelana inglesa.

- Nunca se habla de los tres temas tabúes: salud (ayer me hice unos análisis y...), dinero (he comprado unas acciones que...) y religión. Son cuestiones que pertenecen a la intimidad de cada cual.
- En fin, aunque sean una monada, evitemos contar a los comensales el talento de Pepito –a sus cuatro años– y las gracias y donaires de nuestra Julita. No suele interesarles.

Cuando el acto es de pocos invitados, normalmente existirá una sola conversación, con motivos que irán cambiando dc acuerdo con el ingenio de los comensales y el saber hacer de los dueños de la casa. En cenas de diez o más asistentes, es lógicos que las charlas se dividan, polarizadas, con frecuencia, en los dos extremos de la mesa. No hay nada malo en ello. Pero sí conviene advertir que, en este último supuesto, cada comensal tiene que hablar con los compañeros de mesa que tenga a uno y otro lado, sin demostrar una atención desmesurada por la guapa de la izquierda o el inteligente de la derecha, dejando al bobo y a la menos agraciada sin dirigirles la palabra en toda la noche. Salvo que se trate, claro está, de un invitado extranjero y no conozcamos su idioma: algo que los anfitriones han de tener en cuenta a la hora de organizar la mesa, tratando de que todos puedan comunicarse fácilmente con sus vecinos, sin levantar entre unos y otros la barrera del idioma.

La «cena bien conversada» tiene, como colofón de lo antedicho, una regla de oro: saber escuchar. No me resisto a transcribir una cita llena de sabiduría, que viene muy al hilo con lo que estamos comentando. Hace muchos años –dos mil–, Epicteto dijo lo siguiente:

> «Así como existe un arte de bien hablar, existe también un arte de bien escuchar; en las escuelas de oratoria se enseña lo primero, pero en ninguna escuela se enseña lo segundo».

La puntualidad constituye un gesto de cortesía hacia los anfitriones.

Es decir: habremos de escuchar a los demás. Y seguir con interés y cortesía la conversación del que nos habla, como si lo que estuviésemos oyendo fuera lo más sensacional del mundo. Y, desde luego, no quitarle a nadie la palabra para intervenir nosotros; ni, mucho menos, comentar que lo que acaban de decirnos era cosa antigua y bien sabida. Tampoco es de buena educación dedicarse a despellejar al prójimo –o a la prójima–, aunque sólo fuera porque, antes o después, a él o a ella les llegará el rebote y acabarán por enterarse. Y los sufridos anfitriones, que quizá ni siquiera intervinieron, pagarán los vidrios rotos.

Todo lo hemos organizado minuciosamente, atentos hasta del menor detalle. Y, sin embargo, pueden surgir contingencias e imprevistos, que tendrás que resolver sobre la marcha.

Ya hemos hablado de la puntualidad, y de lo importante que es no llegar tarde y, menos aún, adelantarse a la hora señalada en la invitación. Las ausencias de ultima hora deben evitarse, a cualquier precio. Pero si se trata de un imponderable –una indisposición repentina, una urgencia absolutamente inevitable– hay que comunicarlo a los anfitriones con tiempo, para que los camareros no coloquen –o retiren, en su caso– los servicios de la mesa, y los dueños de la casa recompongan los planos, recojan las tarjetas de los ausentes y reorganicen los espacios, observando las precedencias de los restantes invitados. Si el que «se cae» en el último minuto es el invitado de honor, puede causar en nuestros planes, tan cuidadosamente preparados, algo parecido a un terremoto.

Especialmente delicadas son las ausencias cuando, al producirse, reducen a trece el número de comensales. No creo en supersticiones. Sin embargo, a muchos les molesta semejante situación. Puedo asegurarles que, en las Embajadas, se tiene muy presente esa posibilidad. A tal extremo

Vajilla de Santa Clara, modelo exclusivo para el Rey don Juan Carlos.

Según la tradición de la Corte española, sobre el plato de porcelana se coloca este plato de plata, en el que se sirven directamente las viandas.

Plato de porcelana.

Servicio de consomé.

que se cuenta que, hace casi cien años, la Residencia de un país nórdico disponía de una muñeca, de tamaño natural, para sentarla a la mesa y evitar así que fueran trece los comensales. La idea tuvo tanto éxito que produjo el efecto contrario al perseguido: no pocos invitados faltaron deliberadamente a sus compromisos para que sus amigos, presentes en la cena, pudieran contemplar el numerito de la pepona, conocido ya en todo Madrid.

En el confuso mundo de las supersticiones, existen varios comportamientos –algunos, bastante frecuentes– que tienes que dejar de lado. No porque creamos en esto o en aquello, sino porque son gestos y ocurrencias que es preciso obviar. Una de ellas es tomar, al derramarse una copa, un poco de vino con los dedos y ungir la frente del vecino, o la vecina, con un «alegría, alegría», más propio de una boda de aldea que de una cena refinada. En el supuesto de que tal cosa sucediera, será la camarera la encargada de enmendar el yerro, desplegando una servilleta limpia sobre el vino derramado. Otra es la relativa a los saleros, si alguien los volcara. No trae buena ni mala suerte; es, sencillamente, un contratiempo menor. Y la tercera –sin duda la más grave– es el decir «está pasando un ángel» cuando, en el transcurso de una conversación, se produce algún silencio prolongado. Por favor, no caigas en esa vulgaridad.

Más difíciles de resolver son ciertas contingencias derivadas, como dije en su momento, de las osadías de las vampiresas, las audacias de los donjuanes y las impertinencias y pelmacerías de los aficionados al alcohol. Lo mejor es prevenir –ya se dijo–, y no invitar a tales personajes. Pero, aún así, se pueden presentar situaciones que debes resolver con discreción y mano izquierda: desde quien ha tomado unas copas de más, y se pone insoportable –hay mil formas de ponerse insoportable–, a ese otro –u otra–

que se insinúa abiertamente a su vecina –o vecino– de mesa, llegando a crear una situación embarazosa.

Hace años me contaron una anécdota –verdadera, no inventada–, relativa a la señora de un Ministro de Asuntos Exteriores europeo. La dama, muy guapa y desenvuelta, ocupaba el lugar de honor, a la derecha del anfitrión. Se trataba de una cena de gala, ofrecida en la Embajada de un país muy principal. Nada más sentarse, la Ministra sintió sobre la rodilla la mano del Embajador. Ante el comprensible respingo de sorpresa, su atrevido vecino le dijo, con mirada insinuante de conquistador: «no me diga que no le había pasado alguna vez una cosa parecida». A lo que ella, sin cortarse, respondió: «sí, pero nunca antes de haber terminado el consomé».

Las copas llamadas «Nautilus» mezclan los metales nobles con las conchas y el nácar.

Los devotos de las cofradías del Whisky, los donjuanes empedernidos y las impenitentes aficionadas al marido ajeno tienen mal arreglo. Lo más conveniente –si podemos– es darles de lado.

Conforme a mi objetivo de brindar información de utilidad –así lo indico en la cita con que abro este capítulo–, y que además se adapte a las necesidades de hoy en día, voy a concluir este apartado señalando que lo antedicho se refiere a comidas formales, con un cumplido número de comensales, donde la intervención de varios camareros es pieza esencial. Pero, además de estas ocasiones solemnes, en las que debemos extremar los cuidados para conseguir los fines perseguidos, hay otras oportunidades más sencillas, que merecen ser consideradas. Se trata de dos casos: las comidas para seis, en que interviene una sola persona de servicio, y las cenas con muy pocos comensales –frecuentemente sólo cuatro– en que somos nosotros los encargados de servir a nuestros amigos.

Actualmente, casi todos disponemos de una empleada que trabaja en casa unas cuantas horas, o una asistenta

Copa «Nautilus».

que sólo viene uno o dos días por semana. Con unas breves enseñanzas, debidamente contrastadas, pondremos a las chicas en condiciones de atender una mesa, si los comensales son pocos. Se trata de una cuestión práctica, que nos permitirá ahorrar gastos y esfuerzos. A condición de utilizar sus servicios, en determinadas situaciones y con unos cuantos requisitos:

- Para empezar, no pienses que estás ante un camarero profesional. La asistenta llegará, si tú la enseñas, a hacer las cosas razonablemente bien. Pero no le pidas peras al olmo.
- Es muy aconsejable que utilicen uniforme, para dar a su papel un cierto toque formal. Por lo general, suelen aceptarlo sin problemas.
- El menú ha de ser fácil de servir, para hacerle más sencilla la tarea. Además, deberá estar dispuesto hasta en sus más mínimos detalles.
- Mientras se toma el postre, la asistenta podrá retirar del salón los vasos usados y los restos del aperitivo, para que la pieza esté limpia y dispuesta para el café.
- A la asistenta tienes que enseñarle lo más elemental: servir a los comensales por la izquierda, vigilar atentamente que las copas estén llenas, retirar los platos vacíos por la izquierda, presentar el nuevo por la derecha, poner el pan sin tocarlo con la mano y mantenerse atenta a los gestos de la anfitriona.

Con una pareja de amigos de confianza, cabe organizar una cena para cuatro sin necesidad de servicio. También aquí hay que observar unas cuantas normas. La anfitriona se encarga personalmente de traer las viandas, y el marido se ocupa de las bebidas. La cena podrá ser en el comedor o sobre la mesita de la habitación de estar, dentro de la ma-

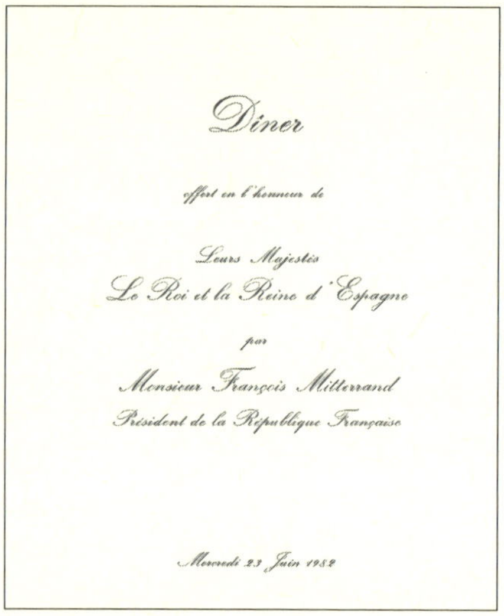

Diner

offert en l'honneur de

Leurs Majestés
Le Roi et la Reine d'Espagne

par

Monsieur François Mitterrand
Président de la République Française

Mercredi 23 Juin 1982

En esta cena, ofrecida por el Presidente Mitterrand a SS. MM. los Reyes, se incluyó un programa musical. Es algo muy frecuente en las cenas de Palacio y en las grandes solemnidades.

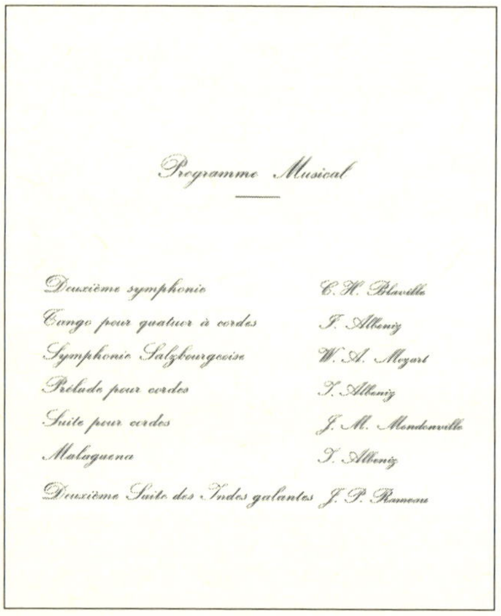

Programme Musical

Deuxième symphonie	C. H. Blaville
Tango pour quatuor à cordes	I. Albeniz
Symphonie Salzbourgeoise	W. A. Mozart
Prélude pour cordes	I. Albeniz
Suite pour cordes	J. M. Mondonville
Malaguena	I. Albeniz
Deuxième Suite des Indes galantes	J. P. Rameau

yor intimidad pero sin caer en el descuido. Estamos «en confianza», pero no en el abandono. Es decir: tendremos que poner atención en los cubiertos, la vajilla y el mantel, como cortesía hacia nuestros amigos. Y un tema importante: no aceptes que te ayuden a traer o a retirar los platos. Podría crearse, a pesar de ser tan pocos, la mayor de las confusiones.

No quiero dejar de hacer una mención a la música, presente en cenas muy de ceremonia, como las que se celebran en el Palacio Real y en ciertas instancias oficiales y Embajadas. En la que dimos en honor del Primer Ministro de Canadá –con la presencia de otras altas personalidades–, intervino un barítono español que, a su término, interpretó un recital de arias y romanzas conocidas. Y, con menor solemnidad, he usado la presencia de guitarristas y dúos de música de cuerda, siempre interpretando música española. Lo mismo sucedió en la cena de gala que el Presidente Mitterrand ofreció a los Reyes en Madrid, como puede verse en la documentación gráfica que se incluye.

Concluida la velada, todos vuelven a sus casas. Pero aún queda algo por hacer: los agradecimientos. Lo más usual es dar las gracias por teléfono, llamando al día siguiente a la señora de la casa, añadiéndole un comentario sobre la brillantez de la velada. Lo más elegante, sin embargo, es hacerlo por carta. Es la costumbre anglosajona, que cada vez más se hace en España. A veces, esas cartas son muy especiales, como la que me envió una distinguida dama canadiense –excelente pintora, por cierto–, escrita en el revés de una acuarela en la que reprodujo la mesa que yo había adornado para darles la bienvenida a nuestra casa. En la información gráfica se reproduce esa bella cartulina.

Y vamos con las recomendaciones finales, para rellenar algún hueco que deliberadamente hemos dejado en las páginas ateriores.

Magnífica acuarela, con la que se agradeció una cena en nuestra casa. (VER LÁMINA 14).

Huevera de plata del siglo XIX. En las casas de campo inglesas, es muy frecuente servir huevos en el desayuno.

1.– La forma de sentarse varía con los países. En Inglaterra, y en algunas zonas de los Estados Unidos, lo elegante es doblar el brazo izquierdo sobre las rodillas. Lo considero un esnobismo entre nosotros. La postura correcta es con los codos cerca del cuerpo (no sobre la mesa) y los antebrazos apoyados en el borde.

2.– El cuerpo ha de estar erguido –pero no rígido ni envarado–, de manera elegante y natural, no inclinado sobre el plato. Para acercar los alimentos a la boca, ya contamos con el tenedor y la cuchara.

3.– Al levantarnos, la servilleta no se dobla sino que la colocaremos, como caiga, sobre la mesa.

4.– Nunca se habla de otras invitaciones que hayamos podido tener. Muy particularmente, si se trata de un acto especial –una boda, una cacería–, al que amigos comunes, presentes en la cena, no han sido convocados.

5.– Las flores se envían por delante, el mismo día de la cena. La anfitriona las habrá puesto en un jarrón, y las agradecerá en privado y con discreción, para no dejar en mal lugar a los que no mandaron nada.

6.– Es indispensable la minuciosa preparación de los detalles, incluyendo las órdenes precisas al servicio, antes de que lleguen los comensales. Si los camareros conocen la casa, tanto mejor. De ahí la conveniencia de usar el mismo equipo, cuando que sea posible. A mí me sirven los de siempre –magníficos, por cierto–, desde hace más de treinta años, con Emiliano Villacañas al frente.

7.– Hay personas que no saben cómo despedirse. Procuremos sufrirlas con paciencia, sin mirar el reloj ni hacer comentarios del tipo «pues parece que ha dejado de llover…»

8.– Si se acompaña con la fruta unos cuencos de agua –es costumbre cada vez más en desuso–, serán situados a la izquierda, en el lugar del plato del pan, ya que,según se dijo, el pan se retira antes de servir el postre.

9.– Los platitos de ensalada son de cristal y tienen forma inspirada en la media luna. Se ponen a la izquierda, con la concavidad acoplada al plato principal.

10.– Creo que ha llegado la hora de decir que los buenos anfitriones tienen que lucir, además de las virtudes antes apuntadas, una que me parece capital: la paciencia.

El siguiente es uno de los capítulos más interesantes y delicados de esta obra, en el que se trata del protocolo en comidas y ocasiones especiales. Tal es el caso de las bodas y otras celebraciones –bautizos, primeras comuniones, aniversarios, etc–, en las que habrá numerosos invitados. Y de las comidas informales (como los picnics), donde la vestimenta y el ambiente son muy otros. Y vamos a mencionar también las meriendas y otros encuentros de tarde, incluyendo los juegos de cartas. Y de una serie de diversas invitaciones menos usuales. Entre ellas, las que tienen lugar los fines de semana. No podemos olvidar que en las casas de campo se requiere mucho tacto, por una simple razón: porque los huéspedes estarán contigo un par de días, y harán varias comidas (algunas poco usuales, como los desayunos) en tu casa.

V

Otras ocasiones sociales

«En el juego es muy importante saber perder, pero es mucho más importante saber hacer perder a los otros.»

(Noel Clarasó)

Entre todas las ocasiones sociales, hay una que destaca por la riqueza y variedad del protocolo: las bodas. Ellas solas merecerían un libro entero –de hecho, hay más de uno–, si quisiéramos tratar los muchos y diferentes aspectos que les afectan. Por mi parte, me voy a centrar sólo en los momentos más señalados, de la petición de mano al baile con que suelen concluir. Porque, sólo con eso, tenemos materia más que suficiente.

De entrada, deseo recalcar que las bodas son hechos relevantes en los que –en calidad de contrayentes, organizadores o invitados–, todos, antes o después, vamos a participar. De ahí la necesidad de obtener información precisa, actualizada y oportuna, para seguir correctamente las secuencias en que se enmarcan estos actos.

El disparo de salida es la petición de mano: un uso establecido desde antiguo –y no sólo entre las familias de clase alta–, que ahora vuelve a estar de moda. Los partici-

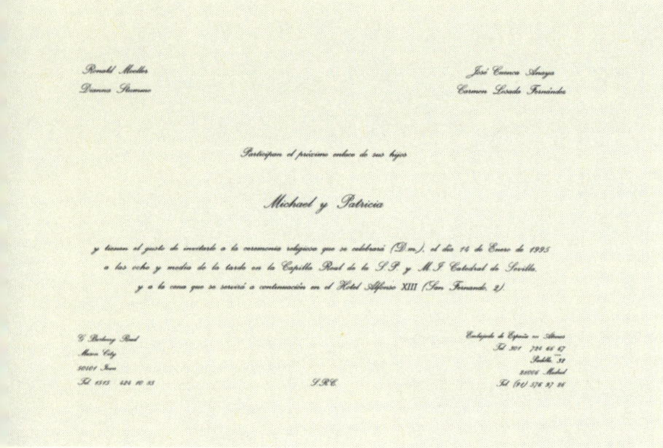

Participan el próximo enlace de sus hijos

Michael y Patricia

y tienen el gusto de invitarle a la ceremonia religiosa que se celebrará (D.m.), el día 14 de Enero de 1995
a las ocho y media de la tarde en la Capilla Real de la S.P. y M.I. Catedral de Sevilla.
y a la cena que se servirá a continuación en el Hotel Alfonso XIII (San Fernando, 2).

S.R.C.

Invitación de boda de mi hija Patricia.

La invitación para la boda del Príncipe de Gales con Camila Parquer Bowles, incluía también el fondo que figura en esta fotografía.

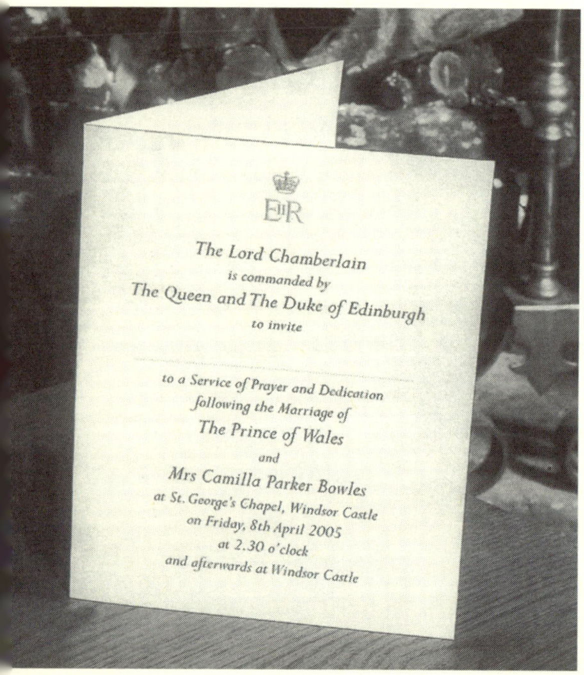

pantes en «la pedida» se limitan a las dos familias, con algún amigo íntimo presente, en especial si lo es de los dos futuros contrayentes.

El acontecimiento consiste en una comida organizada por los padres de la novia, en la que se pronuncian las tradicionales palabras de «pedida», por parte del padre o el hermano mayor del novio, y de «entrega», que hace el padre de la novia. Es la ocasión para el intercambio de regalos, una práctica que se remonta a los tiempos más antiguos, cuando se fijaba la dote de la desposada, en especie o en metálico. Entre ellos figura el tradicional «anillo de pedida» –o pulsera, en su caso–, que las novias suelen conservar toda la vida, como prenda del que fue su ilusionado compromiso. Al novio se le pide con un reloj u otro objeto de calidad –unos gemelos de oro–, que marque la importancia de acto. No hay que decir que caben alternativas más modestas, de acuerdo con las posibilidades económicas de la pareja.

También la pedida es la ocasión más idónea para cerrar el acuerdo sobre los gastos de la boda, un tema que los padres de los novios ya habrán tratado previamente. Aquí varían las costumbres, pero hay un punto central: el acuerdo, cualquiera que sea su contenido, debe ser respetado. Resulta de la mayor ordinariez dar marcha atrás, una vez celebrada la boda, y reclamar una parte de los gastos, más allá y al margen de lo previamente estipulado.

En esa reunión familiar, es costumbre establecer o confirmar la fecha para el envío de las invitaciones. Se trata de las clásicas «participaciones», para las que ya existen unas pautas consagradas. Las más elegantes son de papel fuerte, de tonos claros, donde se incluyen los nombres de los padres de los novios, que son quienes invitan, y los nombres de pila de los contrayentes –los apellidos ya no se precisan, puesto que figuran los de sus padres–, además de una serie de datos muy concretos, entre los que sobresalen dos: lugar y hora de la ceremonia religiosa y del convite que tendrá lugar a continuación. Si ese convite se celebra en un cortijo o en una casa en el campo, algo que se ha puesto muy de moda, es imprescindible adjuntar un plano suficientemente detallado: la única forma de evitar despistes, extravíos y retrasos.

Considero oportuno añadir las siguientes notas adicionales, en lo que respecta a las invitaciones:

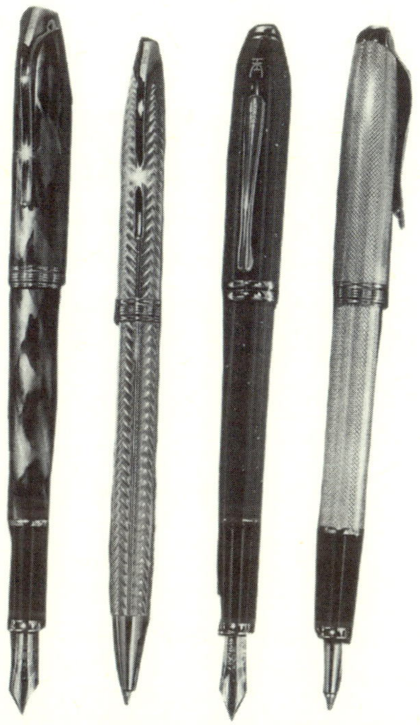

Bolígrafos y rotuladores modernos, junto a las estilográficas de siempre.

- Los sobres se deben escribir a mano, para darles un toque personal. Si, además, lo hacemos con buena caligrafía, quedarán muy elegantes. Y, por favor, no usen bolígrafo, sino pluma o un rotulador fino.
- Las participaciones se envían con antelación: alrededor de seis semanas. Se trata de un hecho solemne, que requiere ser conocido con tiempo, para cerrar la fecha ante cualquier posible compromiso, preparar el traje o el chaqué y fijar lo necesario (reservas de hotel, transportes, etc.)
- Las contestaciones también se remiten cuanto antes, para que las familias de los novios sepan el número de asistentes a la boda. De hecho, las invitaciones van acompañadas por un sobrecito franqueado y una tarjeta para confirmar las personas que se proponen asistir.

Hoy, es frecuente recibir invitaciones menos rituales, a veces redactadas en formato que podríamos llamar «de fantasía». En ellas, los novios siguen pautas que les parecen más directas y originales. Bien está, siempre que se eviten determinadas excentricidades, y a condición de que precisen claramente los diversos elementos anteriormente mencionados. Ellos son los protagonistas, y es lógico que prevalezca su voluntad; pero dentro de unos ciertos límites.

En la cena o almuerzo, donde el número de asistentes raramente bajará de los doscientos, hay que exhibir la

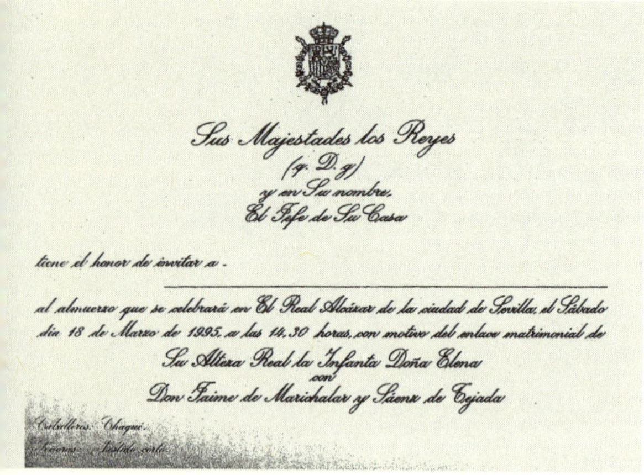

Sus Majestades los Reyes
(q. D. g.)
y en Su nombre,
El Jefe de Su Casa

tiene el honor de invitar a

al almuerzo que se celebrará en El Real Alcázar de la ciudad de Sevilla, el Sábado día 18 de Marzo de 1995, a las 14.30 horas, con motivo del enlace matrimonial de
Su Alteza Real la Infanta Doña Elena
con
Don Jaime de Marichalar y Sáenz de Tejada

Caballeros: Chaqué.
Señoras: Vestido corto.

Invitación de boda de S. A. Real La Infanta Doña Elena

composición de las mesas. A la entrada del comedor, debe colocarse un panel en que consten, claramente visibles, las listas con los nombres de los invitados, por orden alfabético, y el emplazamiento de las diferentes mesas, para que cada cual sepa de antemano la que le corresponde y, además, las personas junto a las que estará sentado. En las bodas más protocolarias, unas azafatas acompañan a los comensales a su sitio, con lo que todo estará solucionado.

Componer y emplazar las mesas es tarea delicada y llena de complicaciones. Tienes que echar mano del buen sentido, buscando simpatías y afinidades; y de criterios objetivos (las edades, los vínculos familiares), para ordenar su colocación, procurado darle gusto a todos. Pero ese «dar gusto a todos» es tarea punto menos que imposible. Siempre habrá un fatuo vanidoso o una señora cascarrabias, tía del novio o de la novia, que pensarán que estuvieron mal sentados.

El protocolo en la iglesia –en el caso de matrimonios canónicos, claro está– sigue unas pautas muy tradicionales, según se trate de novios y padrinos, testigos o invitados. En los últimos años, se han impuesto algunos cambios que conviene reseñar.

- El novio, acompañado por la madrina (normalmente, su madre) espera al pie del altar la llegada de la novia, que hará su entrada en el templo del brazo del padrino (normalmente, su padre).
- A continuación, se colocarán en los sitiales o reclinatorios dispuestos al efecto, de cara al altar mayor, por este orden, de izquierda a derecha: padrino, novia, novio, madrina.
- El padre del novio y la madre de la novia ocuparán las cabeceras de los primeros bancos, con el resto de las respectivas familias, a los que seguirán los invitados.

- Los testigos se sitúan a uno y otro lado del altar mayor, con separación de los del novio y la novia; o todos juntos, agrupados en una zona próxima al presbiterio.
- Los invitados pueden acomodarse donde quieran. Lo habitual es que los de la novia ocupen la izquierda de la iglesia, y los del novio la derecha, según se entra en el templo.

La forma de vestir es fundamental. Nada hay que opinar sobre el traje de la novia, que en ese día grande irá resplandeciente y será el centro de todas las miradas. Los hay maravillosos, y forman parte de las colecciones de todos los modistos. Por cierto, España es un centro internacional de reconocida fama, celebrándose en Barcelona una famosa feria de trajes de novia, una vez al año.Lo usual son los colores blancos o marfil, según una tradición que arranca de la época victoriana. La madrina vestirá su mejor traje, pudiendo usar –en Andalucía es práctica corriente– la mantilla negra, si sabe llevarla airosamente; porque si no, más vale que la deje en casa. Y no pasemos por alto una limitación adicional: la madrina jamás irá de blanco, un color que se reserva para la novia en exclusiva.

Como simple curiosidad informativa, permítanme un breve comentario sobre la mantilla. Su origen puede remontarse a la cultura ibera, siendo en el siglo XVI cuando las mujeres españolas generalizaron la costumbre de cubrirse la cabeza, anque con tejidos y finalidades diferentes: paños y terciopelos en el norte, como prenda de abrigo; y sedas y encajes en el sur, de larga tradición árabe, pensando más en el ornato y belleza de las damas. En los siglos XVIII y XIX aparecen las mantillas de encaje, tanto cortas como largas, en la forma que hoy la conocemos. Ahí están los retratos, de Goya hasta Esquivel, para probarlo. A partir de Isabel II se popularizan en la Corte, pasando a la calle y a las fiestas –singularmente, de toros–, con o sin madroños. Fi-

Mi hija Patricia con la mantilla española. Semana Santa de Sevilla.

nalmente, la mantilla negra adquiere tintes religiosos, o se luce en ocasiones de muy alto protocolo. Hoy, sigue muy actual en las Semanas Santas de toda España, como símbolo de duelo. En mi casa tengo fotos mías y de mi hija luciendo en Sevilla dos mantillas de blonda. Y no se trata de una reliquia del pasado, porque así lo siguen haciendo, todos los Jueves y Viernes Santos, miles de mujeres españolas.

Y volvamos a la indumentaria de las bodas. El novio, el padrino y los testigos irán vestidos de chaqué; pero hoy, las casas de modas ofrecen a los novios, además de los atuendos tradicionales, diversas variantes modernas y atractivas, para que puedan elegir según su personalidad. Los uniformes pueden llevarlos tanto el novio como los padres de ambos contrayentes, al igual que algún testigo (este último supuesto es raro, salvo circunstancias muy señaladas), siempre que tengan derecho a ponérselos, claro está. Porque el uso indebido de uniformes y condecoraciones no es sólo una horterada de mal gusto, sino que está recogido en el código penal. Por cierto: si aceptas ser testigo, no cambies luego de opinión (so pretexto, por ejemplo, de no tener chaqué) desequilibrando el número de los que concurran, de uno y otro lado. Porque quedarás muy mal.

Los uniformes se llevarán con sus condecoraciones, pero sin los espadines reglamentarios, que no deben tener cabida en los templos. Y que, además y entre otras cosas, pueden ser un estorbo, e incluso enredarse en el traje de la novia.

Los invitados han de cuidar su vestimenta, para contribuir con ese gesto a la brillantez del acto. Las señoras lucirán sus mejores galas, con sombreros o tocados, si la boda es por la mañana. Los caballeros, particularmente por la noche, irán de traje oscuro.

Terminado el convite, los contrayentes se levantan para partir la tarta: un hecho simbólico, realizado entre la alegría general, seguido por la eficaz intervención de los

Salida de la iglesia.

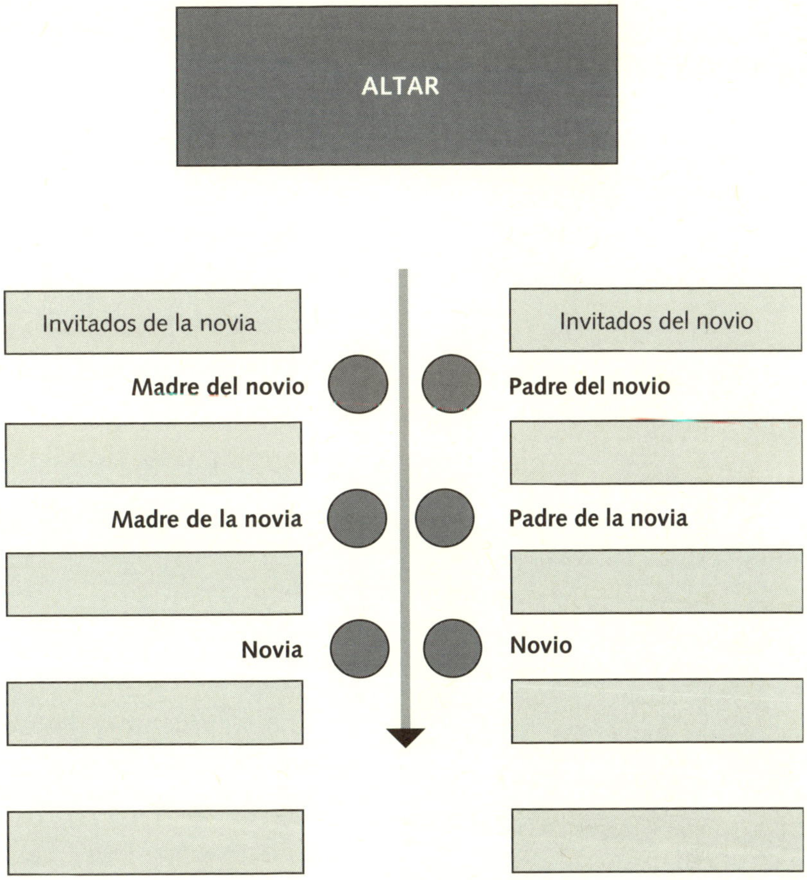

camareros, que rematarán la obra, sirviendo las porciones a los comensales. Es momento de aplausos y parabienes, que frecuentemente terminan en uno o varios «vivan los novios», procedentes de las mesas de la juventud. Y nada más. El insistente «que se besen, que se besen» está de más. Lo que sí han de hacer los novios es pasar por las mesas, sin olvidar ninguna, para que los invitados de una y otra parte tengan la ocasión de saludarlos y hacerles llegar personalmente su más cordial enhorabuena.

Y, a continuación, el baile. Una vez más, los novios son los que mandan, a la hora de elegir el tipo de música que prefieran. Con una sola concesión: el rito de iniciarlo

MENÚ

TARTALETA HOJALDRADA
CON FRUTOS DE MAR SOBRE FONDO DE VERDURAS

PUFF-PASTRY TARTLET
WITH SEAFOOD ON A BED OF VEGETABLES

CAPÓN ASADO AL TOMILLO
FRUTOS SECOS

ROAST CAPON WITH THYME
AND NUTS

TARTA

CAKE

Blanco D.O. Rías Baixas
Tinto D.O. Rioja
Cava

White Wine: D.O. Rías Baixas
Red Wine: D.O. Rioja
Cava

PALACIO REAL, 22 DE MAYO DE 2004

Almuerzo con ocasión del enlace matrimonial de S. A. R. la Infanta Doña Cristina y Don Iñaki Urdangarín

Sorpresa de quinoa real con verduritas

Lomo de lubina
Soufflé de langostinos

Preludio de chocolate amargo

Tarta

Blanco de Rueda
Tinto de Rioja
Cava

Palacio de Pedralbes, 4 Octubre 1997

Almuerzo en honor de S. A. R. la infanta doña Elena y don Jaime de Marichalar

Lubina al aroma de la trufa
y la almendra

Perdiz a la crema castellana

Crema helada de café con
almendra y salsa de caramelo

Real Alcázar de Sevilla,
18 marzo 1995

con un vals. Lo abrirán los novios, poniendo atención en no pisar la cola del traje –las novias saben cómo recogerlo con mucha donosura–, seguidos, tras uno o dos minutos, por los padres, cambiando las parejas, y por el resto de los invitados. Luego, cuando llegue la hora de la música moderna, la gente joven tendrá todas las ventajas de su parte. Y una buena oportunidad para lucirse.

Desde tiempos muy remotos, se hacía a los novios un regalo. Aquí, las costumbres han cambiado. Y para bien. Tradicionalmente, la familia entregaba dinero o «cosas útiles» para el ajuar de la casa, y los restantes invitados dejaban un recuerdo. El resultado era que los recién casados podían encontarse con media docena de cafeteras, quince marcos de plata y una larga serie de trastos –aquellas yogurteras de los años sesenta–, de utilidad más que dudosa. Para evitarlo, han nacido las listas de boda. Y las casas comerciales permiten no solamente que se cambien los regalos, sino que se contabilicen en dinero, dejando en manos de los novios adquirir lo que estimen más conveniente, esté o no en a lista.

Y ahora, unas cuantas advertencias en lo que atañe a los regalos:

- Hay regalos personales que nunca se deben cambiar, por respeto a quienes los hacen. Aunque esa pieza de plata no sea de gran utilidad, y pudieran darnos a cambio la docena de platitos para el pan que tanto necesitamos.
- Existen regalos que, de muy lejos, huelen a «rebote». No pienses que con ellos has salido del paso; al contrario, vas a quedar muy mal.
- Los regalos no precisan de explicaciones: hablan por sí solos. Si entregas un cuadro espantoso, por ejemplo, no intentes valorarlo diciendo que está pintado en raras y heroicas circunstancias. No dejará por ello de ser un mamarracho.

Mesa presidencial adornada. Dado el caso frecuente de padres divorciados que no desean compartir una misma mesa, puede recurrirse a esta solución: los novios, sus hermanos (que suelen ser testigos) y los amigos más íntimos ocupan la mesa principal. Los padres se distribuyen por las contiguas, cada uno en una diferente.

Pienso que cabe decir una palabra sobre las cada vez más populares despedidas de solteros. Suelen celebrarse en una sola fiesta, aunque lo más frecuente sea hacerlas en dos reuniones separadas, cada cual con sus más íntimos amigos. Procura que tales despedidas sean lo que realmente quieren ser: un acontecimiento jubiloso y divertido, celebrado entre parientes y allegados, en que se desea a los futuros contrayentes la mayor felicidad. Y tratar de contener cualquier intento de caer en la vulgaridad.

Dos variantes para la mesa presidencial de una boda.

1 Testigo
2 Señora
3 Autoridad
4 Señora autoridad
5 Madre novio
6 Padre novio
7 Novia
8 Novio
9 Madre novia
10 Padre novia
11 Señora autoridad
12 Autoridad
13 Señora
14 Testigo

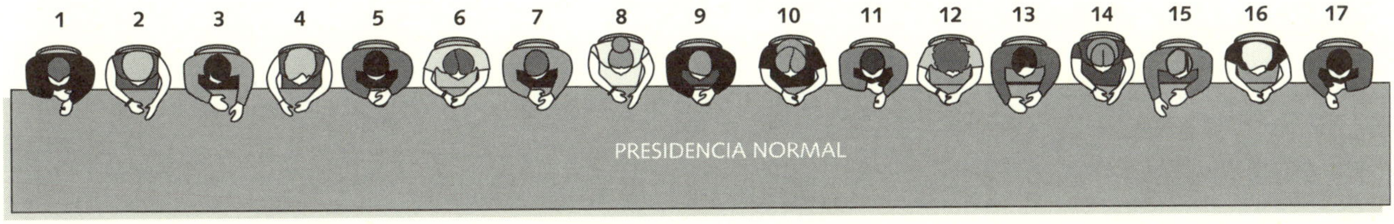

1 Testigo
2 Señora
3 Testigo
4 Señora
5 Testigo
6 Madre novio
7 Padre novio
8 Novia
9 Novio
10 Madre novia
11 Padre novia
12 Señora
13 Sacerdote
14 Señora
15 Testigo
16 Señora
17 Testigo

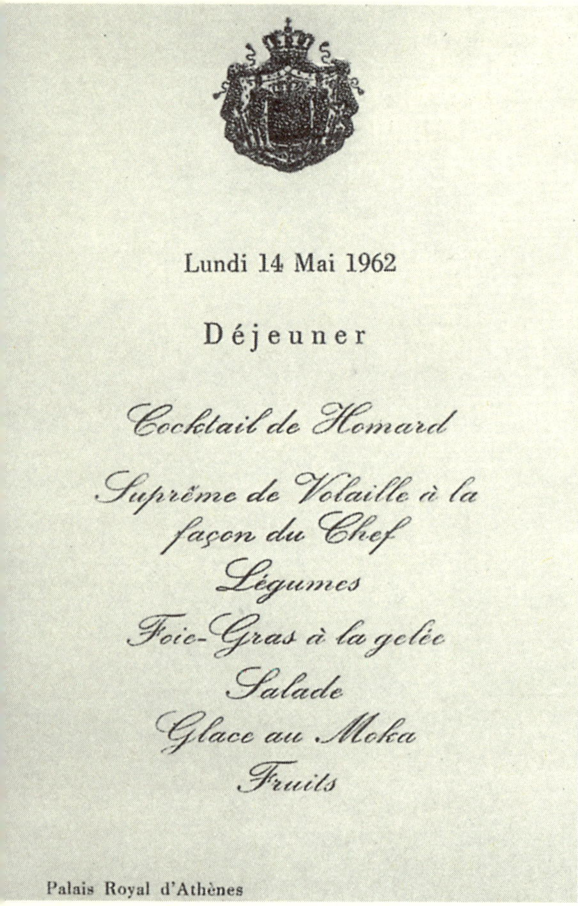

Lundi 14 Mai 1962

Déjeuner

Cocktail de Homard

Suprême de Volaille à la façon du Chef

Légumes

Foie-Gras à la gelée

Salade

Glace au Moka

Fruits

Palais Royal d'Athènes

Menú del almuerzo ofrecido en la boda de SS. MM. Los Reyes.

Soy muy consciente de que el denso y variopinto apartado de las bodas no puede despacharse, sin más, en tres o cuatro páginas. Quien más, quien menos, ha participado en docenas de ellas, con experiencias para todos los gustos. Por mi parte, he apuntado brevemente cómo hacer las cosas bien. Luego, estoy segura que cada cual podrá añadir de su cosecha no pocas apostillas –¿te acuerdas de lo que nos pasó...?–, que, a buen seguro, alargarían este capítulo hasta límites insospechados. Baste decir que no es mala idea dejarlo todo en manos de una compañía profesional, que se encargará de la organización. Pero, incluso así, la supervisión de los padres es obligada, aunque no llegues a tener tantos y tan heterogeneos elementos totalmente controlados. Si alguien quiere dar la lata, se saldrá siempre con la suya; para eso están los aguafiestas, que no cejarán en su empeño de buscarle tres pies al gato, pase lo que pase.

Para concluir, y una vez diseñadas las grandes líneas del protocolo de una boda, considero sustancial señalar todos los pasos necesarios, en mi intento permanente de aportar ideas concretas y de utilidad. Tal esquema podría marcarse como sigue, siguiendo un orden cronológico que va del anuncio del compromiso al viaje de novios.

- Desde que se fije la fecha de la ceremonia religiosa, prepárate a elegir y apalabrar la iglesia. Debe hacerse varios meses antes, porque una gran cantidad de bodas se concentran en las mismas fechas.
- Pensando en el convite, hemos de tomar dos medidas: decidir el número aproximado de comensales y reservar el lugar donde se ha de celebrar, en función del presupuesto con que se cuente.
- Viene a continuación la lista de invitados. Se trata de un tema importante, no siempre de fácil decisión. Aquí se

impone un buen acuerdo entre ambas familias, en lo que a número se refiere.

- Con tiempo, es bueno elegir el traje de novia y acordar la forma de vestirse el novio, los padrinos y testigos. Si se opta por el chaqué, hay que decirlo a los testigos con mucha antelación. Porque más de uno tendrárá que alquilarlo, o hacerle los arreglos que requiera.
- Es, también, la hora de pensar en el vestido de los niños que acompañan a los novios y portan las arras. Gasas y flores en las niñas y camisa y pantalón de terciopelo, con fajín de seda, en los pajes, es lo mejor. Y, por favor: que no vayan «disfrazados».
- Esa misma precaución es vital para reservar billetes y hoteles para el viaje de novios. Y que no haya correprisas de última hora.
- El encargo de las participaciones, según el formato y detalles antedichos, debe hacerse con tres meses, eligiendo de común acuerdo el modelo que se vaya a utilizar.
- Por esas mismas fechas se reservan los anillos. Hoy se hacen de formas y materiales diferetes. Yo prefiero las clásicas alianzas de oro, con diseño de media caña y grabadas en su interior con los nombres y fecha de la boda.
- Recibidas las invitaciones de la imprenta, se envían en la forma que se dijo y con mucho tiempo: alrededor de seis semanas.
- Los restaurantes, hoteles y empresas de catering ofrecerán varios menús. Es muy útil que, un par de meses antes, los novios y sus padres vayan a degustarlos –sugiriendo, en su caso, la combinación de dos o más de ellos–, para elegir la opción más conveniente.
- El lugar de la celebración puede ser un restaurante, un hotel con salones suficientes o una casa de campo. Incluso una gran carpa, sobre el jardín de una residencia privada. Si la ceremonia se celebra en tiempo habitual-

La moda del «wedding cake» llegó a España desde Inglaterra, con motivo del casamiento de Don Alfonso XIII con la Princesa Victoria Eugenia. Esta fue la tarta nupcial que se sirvió tras el banquete.

Tarta para una boda en el campo, con adornos de flores y mariposas en mazapán.

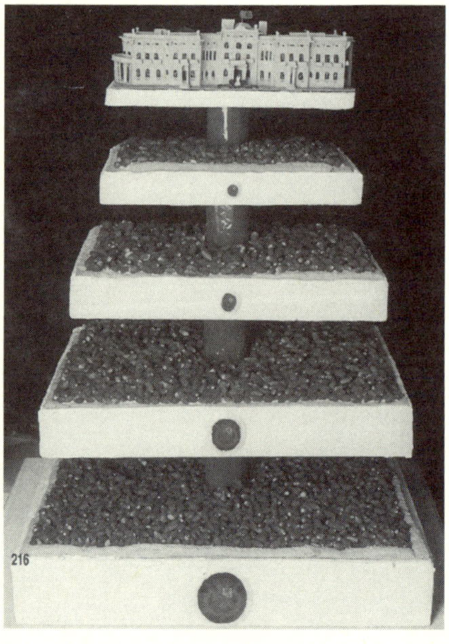

Tarta servida en la boda de S. A. R. La Infanta Doña Cristina, en chocolate blanco y frutas, rematada por el Palacio de Pedralbes.

mente frío o lluvioso, cuida bien de que se instale un amplio guardarropa.

- Mes y medio antes se decidirán unos cuantos extremos necesarios: el fotógrafo, la empresa que haga el video y la música que se vaya a interpretar en la iglesia, con más razón si ha de intervenir un coro.
- Con un mes se encargarán las flores, que estarán listas la víspera de la boda. Son dos sus funciones principales: el ramo de la novia y la decoración de la iglesia y el altar. De adornar las mesas del banquete –sobre todo, la de la presidencia– se encargará la empresa que lo sirva.
- La distribución de los invitados en las mesas, de la forma que se dijo, es labor delicada que requiere cuidadosa consideración.
- Es muy aconsejable hacer una prueba de maquillaje, peinado y tratamiento de belleza de la novia, con un par de semanas. Así, maquilladora y peluquera sabrán exactamente a qué atenerse el día de la boda.
- Conviene preparar, con el mayor detalle, lo que vayas a llevar en el viaje de novios. No lo dejes para el último momento.
- Los nervios son malos consejeros, que es preciso controlar. La víspera, recomiendo relajarse y descansar.
- Y el día de la boda, una regla de oro: hacerlo todo con mucho tiempo. La novia estará lista dos horas antes. Para entonces, ya habrán hecho su trabajo la peluquera y maquilladora que hemos contratado. Ella ya estará vestida con su velo y aderezos, especialmente si ha de hacerse una sesión fotográfica de despedida.

Llevo tantas bodas vistas que no me resisto a reseñar una observación final: la virtud imprescindible para que logren sobrevivir los padres de los novios es la paciencia. Siempre habrá un resentido porque no ha sido invitado, un descon-

LÁMINA 1. Cuatro bajo platos diferentes con un mantelito individual de plata. (Ver página 65).

LÁMINA 2. Centros de mesa con cestitas para dulces y frutas, con saleros de plata y cristal.

LÁMINA 3. Juego de té en porcelana de San Petersburgo. En el centro, un colador de plata. (Ver página 132).

LÁMINA 4. Centro de mesa y candelabros.

LÁMINA 5. Juego de moca en porcelana inglesa, fabricado por Aynsley sobre un modelo del siglo XVIII.

LÁMINA 6. Servicio de café para merienda, con platos cuadrados. (Ver página 137).

LÁMINA 7. Tazas de merienda para café con leche o chocolate, de Limoge.

LÁMINA 8. Juego de porcelana con decoración floral, sobre blanco y cobalto, con caja victoriana para la mezcla del té. («Tea Caddy»). (Ver página 138).

LÁMINA 9. Dos platos llanos de las vajillas existentes en las embajadas de España.

LÁMINA 10. Piezas de una vajilla hecha de encargo, en porcelana de París, con espléndidos dorados.

LÁMINA 11. **Platos imperiales de porcelana de Sèvres, decorados por sus famosos doradores.**

LÁMINA 12. Me gusta ofrecer el té en tazas diferentes. Un conjunto de ellas. (Ver página 136).

LÁMINA 13. Mesa preparada para una cena en casa. El centro, estrecho y alto, es de frutas naturales.

LÁMINA 14. Acuarela con la que se agradeció la cena . (Ver página 115).

LÁMINA 15. Vajilla de porcelana alemana, con el borde cobalto y oro. Vajilla checa con decoración floral. Vajilla de loza inglesa. Platos cuadrados en una vajilla inglesa antigua, lo que prueba que esa moda no es de ahora. Riñoneras de cristal para ensalada.

LÁMINA 16. Ensaladeras Hereng, sopera Hereng decorada en azul y sopera Meissen antigua.

LÁMINA 17. Plano de mesa con dos tipos de tarjetas, en cartulina y porcelana. (Ver página 50).

LÁMINA 18. Servilletas de almuerzo y desayuno (bordada en color). Tres modelos para aperitivo. Un pañito para el bajo plato y otro para el platito del pan. (Ver página 81).

LÁMINA 19. Vasos de cristal decorado para el té moruno. Taza para infusiones con su colador incorporado. (Ver pagína 143).

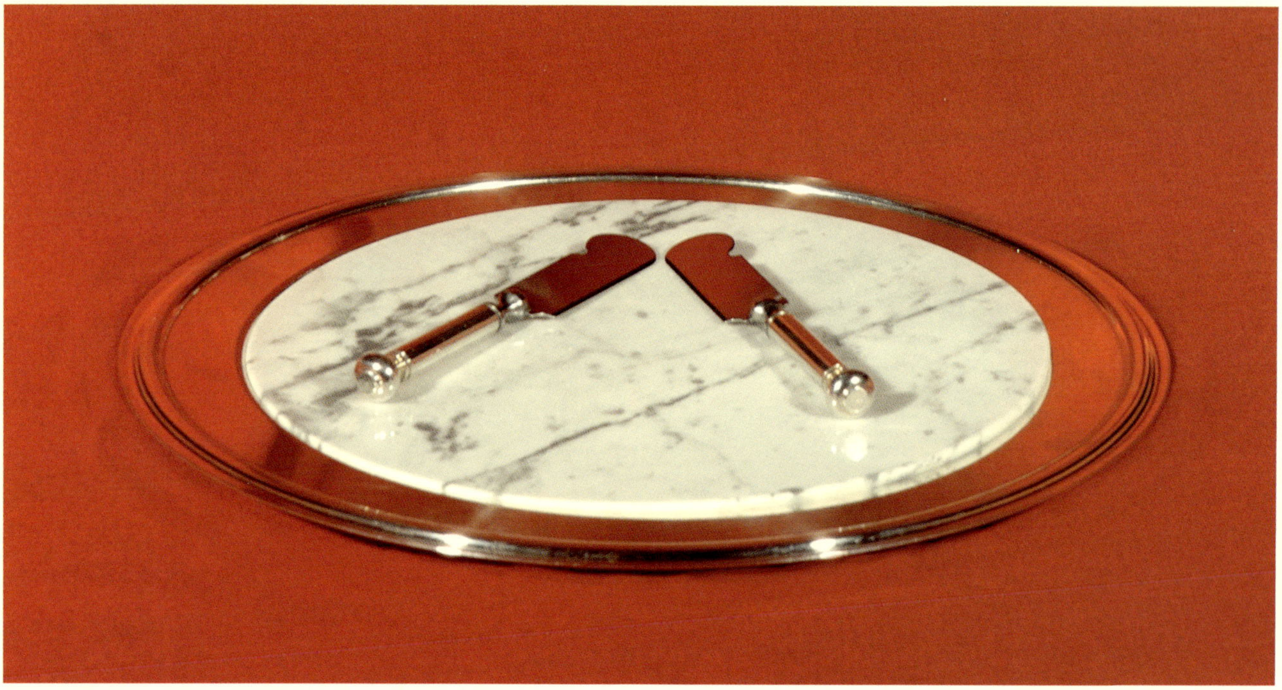

LÁMINA 20. Plato de mármol para queso.

LÁMINA 21. De izquierda a derecha: copas de vino y agua, con catavinos para jerez. Tulipas para vino y copas de coñac, Martini y licor. Copas de champán y cava. (Ver página 69).

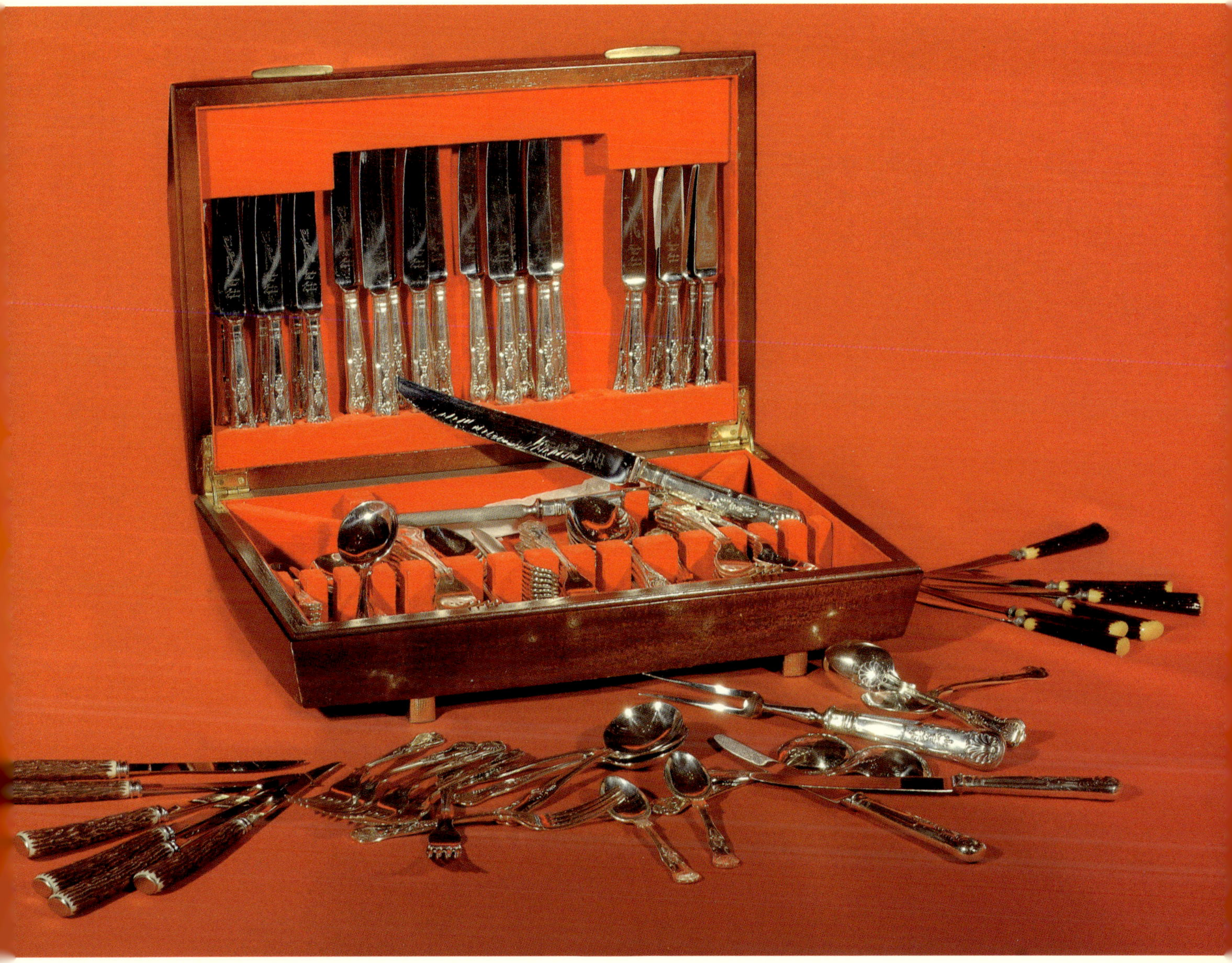

LÁMINA 22. Cubertería de plata y cuchillos para carne y caza. (Ver página 73).

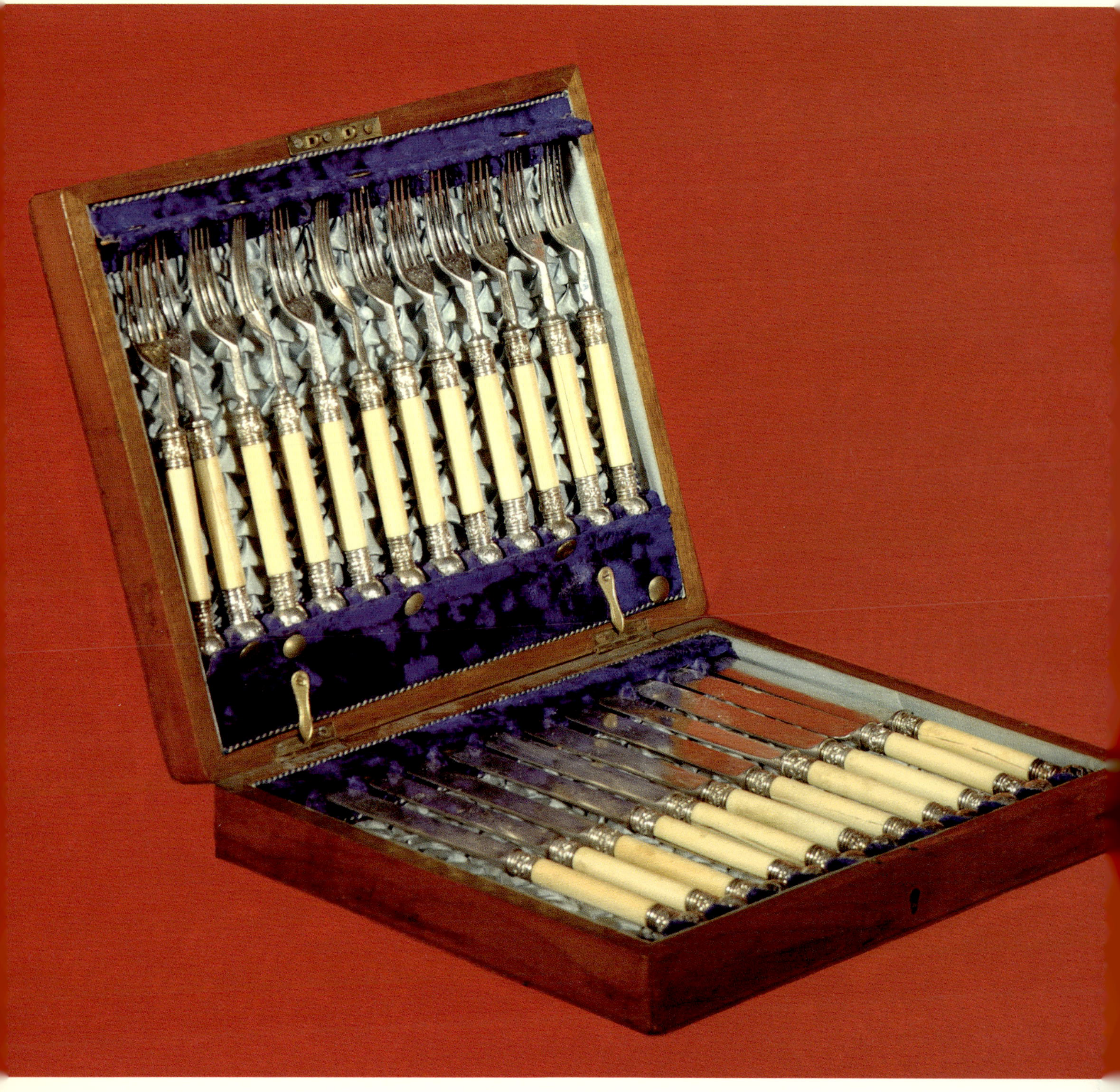

LÁMINA 23. Cubiertos antiguos ingleses con mango de marfil, para merienda o desayuno. (Ver página 130).

tento porque no estuvo en la mesa principal, un zascandil que irá incordiando por las mesas. Paciencia. Y procurar hacer las cosas bien, pese a quien pese.

Las fiestas familiares organizadas con motivo de un bautizo también son muy frecuentes. Aunque de menor solemnidad, reproducen ciertos aspectos de los señalados cuando hablamos de las bodas, con las diferencias naturales. Dos notas me parecen interesantes:

- Se trata de fiestas familiares. Por tanto, el número de invitados será mucho más reducido: ambas familias y poco más.
- Al ser pocos, y muy allegados, han de concertarse a la hora de hacer los regalos. Sería muy de lamentar que la pobre criaturita se encontrase, nada más nacer, con quince sonajeros de plata.

Faldón de cristianar con su gorrito.

Y un punto importante: el nombre elegido para el niño o la niña ha de ser competencia exclusiva de los padres. En nuestros días, esto está –gracias a Dios– perfectamente claro. Porque no hace tanto tiempo, el peso de la tradición familiar imponía dos cargas igualmente rechazables: la discusión sobre si debía elegirse entre los nombres de estos o aquellos abuelos, una contienda que creaba discusiones, desacuerdos y no pocos disgustos. Y la segunda y más seria amenaza: que, por respeto a la memoria de un glorioso antepasado, cayera sobre las inocentes espaldas del neófito uno de esos nombres capaces de pesar como una losa. Y para el resto de sus días.

Las primeras comuniones se están convirtiendo en una especie de «mini–boda», cargadas con frecuencia de ostentaciones de mal gusto y de innecesarios dispendios. Especialmente si los niños y niñas de un colegio las hacen el mismo día, y los padres compiten en ver quién gasta más.

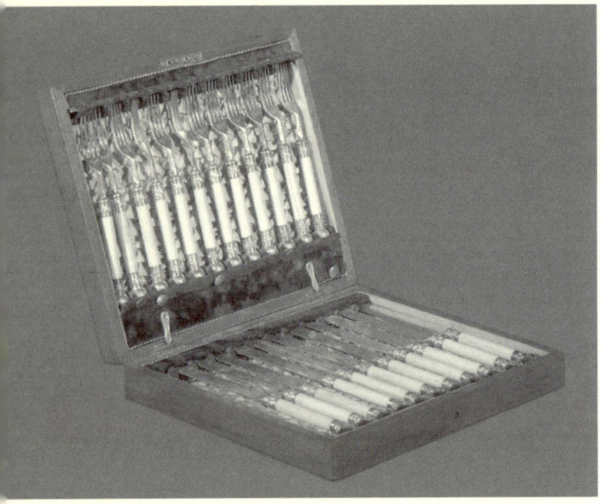

Cubiertos antiguos ingleses, con mango de marfil, para merienda o desayuno. (VER LÁMINA 23).

En España, y de modo muy particular en los pueblos pequeños, donde todos se conocen, podemos caer en ridículos despilfarros sin sentido. No debemos pasar por alto que estamos ante una hecho dichoso que merece celebrarse, pero que debería venir marcado por la sencillez y la alegría. A veces, son los propios niños quienes corrigen a los mayores, y se lo pasan en grande embadurnándose de chocolate –que es lo que les gusta– los trajes de almirantes y princesas que les regalaron sus abuelos.

Y una nota final, común a bodas, bautizos y primeras comuniones. Para los católicos, el Matrimonio, el Bautismo y la Comunión son tres sacramentos, y su carácter íntimo y religioso tendría que primar sobre cualquier otra consideración. No son temas que deban reseñarse en este libro, ya que corresponden al fuero interior de cada cual. Yo sólo he pretendido ocuparme de sus aspectos protocolarios, que es mi cometido, porque estamos ante tres actos con gran relevancia social, que exigen de nosotros esforzarnos para hacer las cosas bien. Tres actos que a todos nos afectan. Tres actos, en fin, regidos por una misma regla, que no podemos olvidar: que la ostentación es siempre de mal gusto.

Las onomásticas, cumpleaños y aniversarios son otras tantas celebraciones familiares que, en ocasiones, se cargan de contenido social. La onomástica, muy en consonancia con la tradición española, es casi desconocida en otros paises, donde el énfasis se pone en los cumpleaños. Esta diferencia desaparece en el caso de los niños. Aquí, españoles y extranjeros coincidimos: los cumpleaños son los que de verdad cuentan, y proporcionan la ocasión para las fiestas infantiles.

Por mi parte, considero acertado felicitar a los amigos en el día de su Santo, una costumbre que significa un recuerdo cariñoso y una práctica social que contribuye a fortalecer esa amistad. A mi esposo y a mí nos agrada que lo hagan con nosotros.

Bastante de lo dicho sobre las primeras comuniones nos puede orientar para quedar bien, sin caer en la extravagancia, en estas fiestas. Cualquiera que sea su enfoque, sencillo o más sofisticado, ten muy presente este punto de obligado cumplimiento: lo importante es que se diviertan los niños, no que se luzcan los padres. Y, para ello, es bueno tomar en cuenta tres o cuatro recomendaciones:

- Si nuestros medios económicos nos lo permiten, vale la pena echar mano de un profesional. En los países anglosajones no hay fiesta infantil sin el consabido «payaso», que conoce bien su oficio y sabe divertir a unas cuantas docenas de niños, tarea nada fácil.
- La comida y los zumos de fruta no pueden faltar nunca, si queremos quedar bien. Nada disgustaría tanto a tus hijos como dar la impresión de que no los hay en cantidad suficiente. Y no olvides que hay criaturitas que, sólo con cuatro dientes, son capaces de meterse entre pecho y espalda una docena de mediasnoches.
- Las payasadas son para los profesionales. No las intentes, porque –menudos son los niños– se van a reir de ti.

Programa de actos protocolarios en el funeral del que fuera Primer Ministro de Canadá.

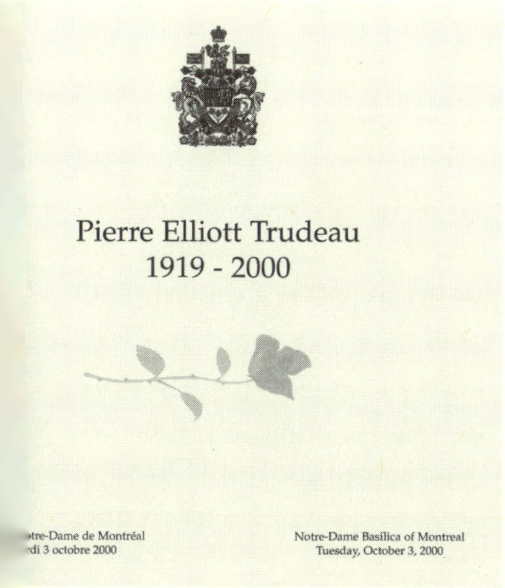

Dentro de los actos con un fuerte componente familiar, hay que mencionar los funerales. Los sepelios, que antaño convocaban a los amigos y parientes del finado, se han ido suprimiendo, por razones obvias, en las grandes capitales. No así en los pueblos, donde el entierro, con su cortejo de la iglesia al cementerio, sigue siendo el acto más tradicional y señalado en los fallecimientos, dejando la Misa de Difuntos para unos días más tarde.

En las ciudades, el sepelio propiamente dicho se realiza en la intimidad, tanto si se trata de un enterramiento como si se ha dispuesto la incineración, una práctica cada vez más frecuete que se lleva a cabo en el mismo tanatorio.

Juego de té en porcelana de San Petersburgo. En el centro, un colador de plata. (VER LÁMINA 3).

Derecha. Mesa para cena bufé.

El funeral, que es lo que ahora nos ocupa, tendrá lugar unos días más tarde, advirtiendo de la fecha en una esquela mortuoria o propagándolo, de palabra o por teléfono, entre los amigos. Asistiremos discretamente vestidos, pero sin alardes superfluos, dejando el luto para los deudos de la persona fallecida. Tras la ceremonia religiosa, haremos llegar nuestro pesar a la familia, que ocupará las primeras filas de los bancos o se colocará, según práctica aceptada en algunos lugares, a la salida de la iglesia.

En lo referente a las comidas informales cabe una amplia gama de posibilidades. Sólo apuntaré las más usuales, añadiendo una observación: ese carácter informal no ha de llevarnos a caer en la improvisación, el desorden o el descuido. Al contrario: al haber numerosos invitados –en cócteles o bufés–, nos esmeraremos para que todo salga bien. Porque vamos a tener muchos testigos, y no te gustará que vean los defectos.

En los bufés, los vinos blancos deben ofrecerse fríos.

Las cenas bufés están de moda, ya que permiten devolver invitaciones y quedar bien con muchos comensales a la vez. Pueden ser de dos clases: más formales, cuando los invitados se sirven ellos mismos, pero luego pasan a las mesas previamente designadas; y menos formales, en el caso de que los comensales, tras servirse, se acomoden en las distintas piezas de la casa, eligiendo cada cual el sitio que prefiera.

En uno y otro caso caso, me parece útil marcar estas sencillas orientaciones:

El champán y el cava deben mantenerse fríos, aunque no todos dispongamos de una pieza como esta porcelana de comienzos del siglo XIX.

A Debemos esmerarnos en la disposición de las viandas y bebidas, para que los comensales lo tengan todo a mano. La comida se despliega sobre una gran mesa, o varias juntas cubiertas con manteles, con separación de platos calientes y fríos, el pan y los postres. Las bebidas se colocan aparte, y las sirve un camarero. Incluirán vino blanco y tinto, además del agua –siempre mineral–, los zumos y las espumosas habituales. Si el bufé es muy informal, sin mesas preparadas para que los asistentes lleven hasta ellas su comida, es conveniente desplegar pequeñas mesitas auxiliares junto a las butacas y sofás. De este modo, los invitados no estarán forzados a poner los platos sobre sus rodillas y, en cualquier caso, podrán utilizarlas para dejar cómodamente las copas con el vino y las bebidas.

B Es esencial propiciar la buena circulación de los asistentes, porque estas cenas cuentan con un nutrido número de ellos. En consecuencia, procuraremos facilitarles que puedan moverse en torno a la mesa de las viandas, y buscar luego su sitio sin problemas. El servicio ayudará a que la fila de comensales tome el plato, el pan y los cubiertos antes de ir a la mesa donde están los alimentos; y alrededor de ella han de pasar, girando en la misma dirección.

Mesitas auxiliares, en madera lacada. Muy útiles para las cenas bufés.

C Los anfitriones intervendrán discretamente para que todos se encuentren a gusto y bien acompañados. En estos grupos hay, frecuentemente, una guapa, un pelmazo y un político influyente. Y será necesarios desplegar mucha mano izquierda para que la guapa no esté excesivamente solicitada por sus admiradores, con el consiguiente abandono de todas las demás; y el pelmazo, que quizá es nuestro jefe, no se sienta discriminado. El político, por su parte, estará rodeado de un enjambre de moscones, expertos en las sumisas, sonrientes y almiba-

Mesitas auxiliares formadas por bandejas, con sus respectivos soportes.

Las copas no se llenan nunca por completo.

radas artes de dar la coba. Por tanto, no necesita ayuda. Los grupitos se formarán de manera natural, buscando cada cual las compañías más de su agrado, con los dueños de la casa ocupando lugares estratégicos para mejor equilibrar a los presentes. Ellos deberán advertir a los camareros que estén muy atentos a dos operaciones: retirar los platos usados y llenar las copas vacías.

Los cócteles son menos corrientes entre particulares, pero muy adecuados para que las empresas y determinadas instituciones, como las Comunidades Autónomas (pasando por las presentaciones de libros y otros acontecimientos culturales), celebren ciertos actos con un gran número de asistentes. Pero tanto si se trata de un evento institucional como particular, habrá que seguir unas normas específicas. En lo que a los particulares se refieren, podrían ser las siguientes:

- Tenemos que estar atentos para hacer las presentaciones oportunas porque, al tratarse de un grupo numeroso de invitados, es muy posible que no todos se conozcan entre sí.
- Las viandas y bebidas se sirven en bandejas, que circularán con eficacia y diligencia. Puede que determinados alimentos lleven palillos (los pinchos y brochetas) o elementos que sea preciso desechar (el marisco). En tal caso, insisto en lo ya dicho sobre los aperitivos en cenas y comidas: el camarero presentará un platito vacío para que se depositen esos desperdicios.
- En los cócteles, el papel de los anfitriones es de primera importancia. Conviene que ambos pasen entre los invitados para dispensarles, por igual, sus atenciones, a la vez que ayuden a mantener la conversación en un tono vivo, interesante y divertido. Ahí radica esa meta en la que insisto una y otra vez: nuestro éxito social.

- Para los cócteles, cabe fijar –ya lo dijimos– la hora del comienzo y del final. A pesar de esa indispensable precaución, es muy frecuente que se queden unos cuantos empedernidos «rezagados», devotos del whisky y el buen yantar. Si así fuera, tienes que armarte de paciencia y aguantarlos con la mejor de las sonrisas.

Aunque nos hemos referido por igual a cócteles y recepciones, dados sus elementos en común, probablemente sea oportuno establecer una distinción entre estas dos formas de invitar, en lo que concierne a las recepciones oficiales de mucha ceremonia, tanto por la solemnidad del evento como por el carácter institucional de la persona que invita. Son de duración algo más breve que los cócteles privados, dedicándose un espacio de tiempo al acto en que los anfitriones reciben y saludan. En este punto existen dos sistemas, llamados respectivamente inglés y español.

Besamanos en Palacio: en ambos casos, los invitados van pasando ante Sus Majestades. Pero la diferencia es clara: hace doscientos años, los Reyes estaban sentados,

En el sistema inglés, los asistentes son colocados por los servicios de Protocolo siguiendo el orden de precedencia. La nota distintiva es que los invitados se mantienen de pie y en línea, siendo el anfitrión quién pasa a saludarlos. Durante cuatro años fuimos seleccionados por nuestros Embajadores en Londres para participar en la recepción de Buckimgham Palace, donde la Reina, seguida de otras Personas Reales, iba pasando a saludar a los Embajadores y sus acompañantes.

En el sistema español, la práctica es la contraria. Sus Majestades los Reyes y las Personas Reales permanecen de pie y en línea, mientras los invitados van pasando a saludar por orden de protocolo, en el llamado «besamanos», de tanta tradición en nuestra Corte. Esta práctica se sigue también antes y después de las cenas ofrecidas en el Palacio Real a los Jefes de Estado. A la hora del café, los Reyes se unen al grupo, en una atmósfera más informal y distendida.

Me gusta ofrecer el té en tazas diferentes. Un conjunto de ellas. (VER LÁMINA 12).

Un magnífico servicio de Limoges para tomar el chocolate.

En fin, cabe una tercera variante: una vez reunidos los asistentes en un salón, se incorporan los anfitriones, que van saludando y departiendo con todos los presentes.

Entre las comidas informales destacan las barbacoas y los picnics. Las primeras, tan populares en los Estados Unidos y otros países, deben dejarse para la propia casa, si disponemos de un jardín para hacerlas sin peligro de fuego ni molestias para nadie. Porque hay zonas en las afueras de las ciudades donde, en ciertas épocas del año, el humazo del chalet vecino es insoportable. Lo mejor es echar mano de locales con espacios seguros y convenientemente dispuestos, porque en ellos no se corren riesgos.

A mi juicio, hay que observar escrupulosamente, a partir de la reciente legislación, las nuevas y muy exigentes precauciones, encaminadas a evitar incendios forestales. Por ejemplo: la que ha prohibido hacer barbacoas durante la estación seca del año, en todo el territorio nacional. Una prohibición muy acertada, semejante a la existente en otros países.

- La regla de oro es no molestar. Y se puede molestar de muy diversas formas. Si hacemos un asado en el jardín, es preciso tomar en cuenta la dirección del viento, para no echar el olor de las chuletas o del embutido socarrado sobre la honesta pareja del chalet vecino, que se proponía pasar la tarde del domingo leyendo un libro en el porche de su casa.
- Si la haces en recintos de campo, asegúrate de que no existe la más remota posibilidad de incendios. No pongas el monte en peligro, por un capricho tuyo.
- Deja las barbacoas para tu propia casa. No mancilles el bosque, que es de todos, con esas agresiones. Ni siquiera en las zonas preparadas al efecto, donde se agolpa un turismo de chancla y camiseta que nada tiene que ver con los serranos de verdad.

Tomando el chocolate, grabado francés del siglo XVIII.

Servicio de café para merienda, con platos cuadrados. (VER LÁMINA 6).

La Naturaleza merece el mayor respeto. Y las barbacoas, salvo en zonas muy especialmente equipadas, conllevan con frecuencia un grave riesgo y, en todo caso, implican una humillación para el entorno natural. En el campo, nada hay tan hermoso como el limpio olor de la mañana, saturado de aromas montaraces. No lo contaminéis con groseros añadidos, que perturban el frescor de nuestros ríos y la paz de los pinares.

Las meriendas, tan de moda hace cien años, han cambiado su planteamiento y contenido, en una sociedad en que la mujer desempeña un papel cada vez más activo. Porque, aparte de la práctica de las «visitas de cumplido», tan del siglo XIX, se trataba de un acto social entre señoras, una forma de «echar la tarde fuera», como decían nuestras abuelas. Hoy esas meriendas vuelven a tener actualidad, y son trasfondo y escenario de lo que realmente motiva la reunión: los juegos de cartas.

Además del póquer, dos son los más practicados en España: la canasta y el bridge (sin despreciar el muy castizo mus, tan frecuente en cacerías y otras invitaciones campestres). El primero es juego de señoras. El bridge lo practican damas y caballeros por igual. A punto de convertirse en deporte olímpico, este juego de alta precisión es, sin duda, el más relevante de todos en los que interviene la baraja, llegando a constituir una verdadera obsesión en algunos países europeos.

No se trata de dar consejos sobre lo que haya de hacerse en un juego de cartas, donde saber perder –a pesar de la cita con que se abre este capítulo– es siempre lo correcto. Simplemente, apuntar dos cuestiones importantes:

- En las partidas que se juegan «de compañeros» (dos contra dos), abstente de cargar sobre «el otro» las culpas de las equivocaciones, aunque sea realmente res-

Juego de porcelana con decoración floral sobre blanco y cobalto, con caja victoriana para la mezcla del té («Tea caddy»). (VER LÁMINA 8).

Dos *tea caddies:* cajas para té, en maderas finamente taraceadas. Los compartimentos van forrados de zinc.

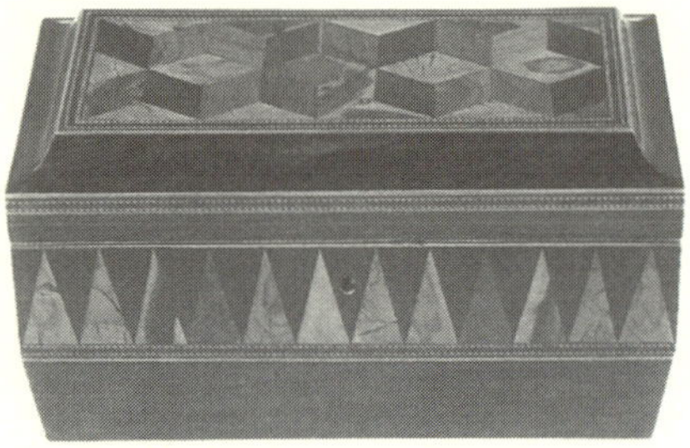

ponsable de ellas. Nada más rechazable que esas discusiones, que siempre acaban mal.

- Los resultados adversos tienen que encajarse con deportividad. Es decir, con elegancia. La mala crianza aflora con frecuencia sobre el tapete verde, dejando en mal lugar a quienes no saben perder.

Personalmente, no soy partidaria de las cartas. Prefiero animar la sobremesa con una conversación chispeante, un alegre y distendido charlar con las amigas, algo que podamos compartir con los demás. Pero esos juegos son una realidad, y una ocasión para ejercitar nuestros saberes en tan antiguas y complicadas disciplinas, que requieren buenas mañas y nervios bien templados. A condición de que aceptemos que no siempre vamos a ganar. Y que los errores cometidos, no en todos los casos van a ser del compañero.

En relación con los juegos y meriendas, algo quiero comentar sobre el té, que vuelve a estar de moda. Como dije, he vivido cinco años en Inglaterra, donde tomar el té no es sólo degustar una infusión: es un rito, un hábito cargado de nostalgia y simbolismo, que recuerda a los ingleses –a todos los ingleses, de cualquier clase social– las glorias del pasado.

Estas hojas menudas y aromadas han estado siempre envueltas en liturgias y formalidades, hasta el extremo de que pienso que no es exagerado hablar de una «cultura del té». Las teteras (con sus fundas), las finas porcelanas decoradas, las cajas con las mezclas, los aromas y secretos de esta planta misteriosa justifican una atención particular y apoyan cuanto digo.

Descubierto –por casualidad, cuenta la leyenda– por un Emperador chino, se mantuvo en los confines orientales durante más de tres mil años, hasta que holandeses, portugueses y británicos lo introdujeron en Europa, lle-

Diversas teteras.

gando a ocupar un puesto destacado en el comercio de las Compañías de Indias. El episodio de Boston le volvió a dar una particular aureola, colocándolo en la base de la rebelión de los colonos y, por tanto, en lo que sería su más conocida consecuencia: el nacimiento de los Estados Unidos de América.

Tras este breve apunte histórico, conviene señalar que tomar el té, con toda la parafernalia que lleva consigo, se ha convertido, desde los tiempos de la Inglaterra victoriana, en una de las prácticas sociales más de moda. Vale la pena entrar con un cierto detalle dentro de este mundo, rico y sorprendente, sin ánimo de agotar tan dilatada materia. De ahí que me vaya a concentrar en describir sólo tres apartados: las diferentes clases de té, los componentes de un servicio completo, con sus necesarios accesorios y, finalmente, cómo se ofrece una buena taza de té.

1.– Aunque se trata de una sola planta –su denominación botánica es «camellia ninensis»–, existen tres clases de té: el negro, el chino y el verde, según la forma de secarlo y el grado de fermentación. Dentro de esas tres familias se dan tantas alternativas, que no es extraño que una buena tienda especializada tenga a disposición de sus clientes varios centenares de productos, obtenidos como resultado de la combinación de las tres variedades básicas que, según el tratamiento recibido, son éstas:

- El té negro, o fermentado, se obtiene tratando las hojas naturales con aire caliente, lo que favorece la concentración de sus aromas. De entre ellos destaca el de Ceylán, el Himalaya y ciertas zonas de la India. La planta, que crece en las alturas, es la de sabores más intensos y se usa como soporte de docenas de mezclas.
- El té chino y de Formosa, que los ingleses llaman «oo-

Original exprimelimones.

Azúcar «rock» y palitos edulcorantes.

Cajas metálicas para preservar el té de la humedad.

Variedad de coladores.

Cestitas con clases de té.

long», es un intermedio entre el negro y el verde. Las variedades del sudeste asiático son suaves y aromáticas, y forman parte de mezclas muy apreciadas por sus ricos matices.

- En cuanto al té verde, es el más ligero, perfumado y natural. También es procedente de China, Sri Lana y la India, y debe tomarse solo: sin leche, limón, azúcar o cualquier otro de los aditivos habituales, que nos privarían de saborearlo en toda su pureza.
Abundan en el mundo los expertos en tratar esta variantes de té y en preparar combinaciones. Pero no son más de una docena los auténticos artistas que, manejando productos de extraordinaria calidad –en especial, los del Himalaya, recolectados a gran altura–, meticulosamente seleccionados, consiguen mezclas exclusivas que alcanzan precios de vértigo en el mercado.

2 .– Los servicios de té y sus indispensables accesorios justificarían, por sí solos, todo un tratado. De hecho, dispongo de una obra de casi doscientas páginas dedicada exclusivamente a la tetera. Y eso, sin entrar en el campo, tan sugerente para mí, de las viejas liturgias que rodean al té ruso. En mis años de Moscú pude conocer ese mundo con detalle: sus suntuosos samovares para el agua hervida –los antiguos, y de buena calidad, llevan los contrastes imperiales–, las muñecas de trapo para cubrir las teteras y una rica variedad de tazas de porcelana –famosas son las de San Petersburgo– para tomarlo. En la información gráfica se incluye un juego ruso de té, azul y oro, y un soberbio samovar.

Además de la tetera, elemento principal de este apartado, podemos considerar otras tres piezas esenciales:

- Las cajas de té, llamadas por los ingleses «tea caddies». Las más elegantes son de madera, y contienen dos o

El samovar ruso, con sus contrastes oficiales.

Muñeca rusa de tela, para cubrir y mantener calientes las teteras.

más compartimentos, para separar las mezclas. Van forradas de zinc, que cumple una misión fundamental: conservar el té fresco y seco, con todo su sabor.

- Una larga serie de utensilios metálicos (suelen ser de plata) para mantener el té molido separado del agua. Van desde los clásicos coladores a las cucharas y bolas perforadas, que dejan pasar el agua hirviendo a través de la mezcla, sin que caiga ningún resto de té sobre la taza.
- Los servicios completos –de plata, alpaca o porcelana–, componen el más rico y vistoso capítulo de los aderezos que rodean al mundo fascinante del té. Aquí sí que tenemos que volver la vista hacia Inglaterra, tanto en sus tradicionales conjuntos de plata, que incluyen cuatro piezas (la bandeja y recipientes para el té, la leche y el azúcar) como en los bellísimos y magníficos juegos de Spode, Derby, Aynsley u otras marcas de renombre.
- En fin, las tazas: la más variada y entrañable de las piezas de esta gran familia. De los palacios reales a las más modestas viviendas, la taza para el té se tiene en gran estima, sea de porcelana de Sèvres o de loza desconchada. Por mi parte, añadiré que me gusta ofrecer el té a mis amigas en tazas diferentes, que no formen parte de un mismo juego, lo que añade a la reunión un toque de variedad que a mí me agrada.

3.– Vamos a ver cómo se sirve el té, y de qué manera se acompaña. Hasta ahora, hemos tratado de la aristocracia de los tés: las buenas mezclas, conseguidas con hojas selectas, concertadas de acuerdo con los gustos de cada cual. Pero existe otra variante más extendida y popular: las bolsitas de papel. Si pides un té en un restaurante, o si solicitas una manzanilla o un poleo, lo más probable es que te traigan una pequeña tetera de barro o de metal, con una bolsi-

La autora sirve agua caliente a nuestro ministro de Defensa, en el interior de una isbá rusa, con paredes de madera.

Tetera apoyada sobre su taza, formando un conjunto muy original.

ta dentro. No hay nada malo en ello; sólo que existe una enorme diferencia entre las bolsitas –sobre todo de poleo– y las tisanas naturales. Una taza de poleo de campo es capaz de perfumar toda una habitación.

Tomar en casa una buena taza de té, con tu mezcla favorita, es un placer. Para ello, deben seguirse los siguientes pasos:

- La tetera –los expertos prefiere las de barro– se calienta con agua hirviendo. Luego la vacías y le pones el té: una cucharadita por persona y, como se dice en Inglaterra, una más «para la tetera». A continuación se le añade el agua que calcules vas a necesitar, según los casos, a ser posible mineral (la del grifo lleva cloro y mata los aromas) y también hirviendo. En ese punto, lo dejas reposar: cinco minutos para el té negro y tres para el verde.
- El té se sirve solo, con limón o con leche. Ya vimos que el té verde es mejor tomarlo solo. En los restantes, cuando se sirve con leche debe añadirse –antes o después– sólo «una ligera nube», no una generosa cantidad. Si se pone una rodajita de limón, no se usará la leche. Y un punto más: jamás le añadas crema, tan frecuente con el café, porque le mataría los aromas.
- Conviene mantener aparte un recipiente con agua caliente, por si algunos de los invitados piensa que la mezcla es demasiado fuerte. Y una recomendación: el sobrante jamás se recalienta.
- El té suele ir acompañado por una variedad de sándwiches (los de pepino con mantequilla salada son muy tradicionales), pastas, tartas o ciertos bollitos como son los «scones» ingleses, que se toman con mantequilla y mermelada. Todo se coloca en bandejitas de plata, sobre las que irá una sobrebandeja de papel festoneado.
- Los manteles serán de flores o tonos alegres, lo que

Mesa para juego de cartas, con su tapete de fieltro verde.

Estuche de juego con figuras de ajedrez, fichas y cartas.

Vasos de cristal decorado, para el té moruno. Taza para infusiones, con su colador incorporado. (VER LÁMINA 19).

añade intimidad y calor a la reunión de tarde, que se supone entre amigas.

También existe otro té: el de los países árabes, que va aromado de yerbas y se toma en vasos de cristal. Son siempre de colores, con adornos dorados. En la ilustración que se acompaña figuran dos modelos.

Los picnics son muy de mi agrado. Constituyen una antigua tradición, practicada ya por los patricios romanos, que se puso de moda nuevamente en la Francia de los años imperiales. Hoy, además de la magnificencia de esos «desayunos sobre hierba», pintados por los impresionistas del siglo XIX, el picnic va unido al disfrute de la naturaleza y a prácticas como el senderismo y demás actividades al aire libre, que le dan un toque juvenil, atrayente y deportivo. Al igual que en otras ocasiones sociales, los hay de mayor o menor formalidad. Los más formales requieren llevar un determinado equipo, que incluye la cesta de las viandas, una nevera portátil con bebidas y un mantel para disponer los alimentos, además de unos cojincillos hinchables para sentarse. Los menos formales, se limitan prácticamente a la comida y las bebidas, que cambiarán según la época del año, la temperatura y el grado de humedad del paraje visitado.

Unos y otros reclaman requisitos y medidas que podemos resumir así.

- No son indispensables, pero sí muy apropiadas, las cestas para picnics. Vienen equipadas con platos y cubiertos, además de las tarteras para viandas. Las de mimbre con herrajes son muy elegantes.
- Se llevarán alimentos fiambres, que incluyen la clásica tortilla, croquetas y filetes empanados. Eso o cualquier otra comida, además de la fruta. Pero insisto en lo de «fiambre», porque en el monte no debe hacerse fuego.

Maletín de picnic, con equipamiento muy completo, termo incluido.

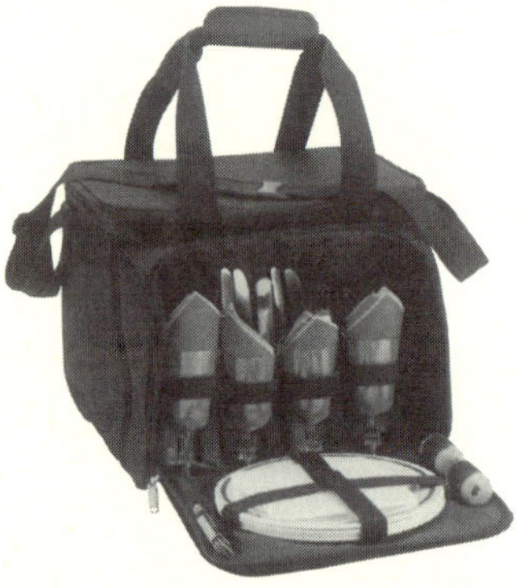

Moderna cesta para picnic.

Las tradicionales cestas, de mimbre y cuero, siguen siendo las más elegantes.

Nunca. Ni paellas, ni chuletas de cordero, ni las barbacoas de que ya hemos hablado.

- En el campo, jamás se dejan desperdicios que no sean biodegradables. Incluso éstos –cáscaras de fruta, por ejemplo–, tienen que recogerse, aunque sólo sea por una cuestión meramente estética. Los papeles grasientos, las tapas y botes de cerveza, las latas de refrescos, las botellas de plástico y las bolsas de colores hablan claro de la ordinariez de quienes abandonan en el monte tales inmundicias.
- Atención al papel de plata y los envases de cristal. Aquí no sólo agredimos a la naturaleza, sino que la estamos poniendo en alto riesgo de incendio. Un vaso olvidado o una botella vacía y desechada son lupas que, con los rayos de sol, pueden prender el pasto seco y arruinar un monte.

De los «brunches» hay mucho que decir. Originarios del mundo anglosajón, comienzan a estar de moda entre nosotros y se sirven sobre todo en los hoteles, especialmente los domingos y festivos. El «brunch» es término que procede de la contracción de dos palabras inglesas: breakfast (desayuno) y lunch (almuerzo), y es una comida, normalmente ligera, que participa de lo uno y de lo otro.

Aparte de su frecuencia en los hoteles, estamos ante una fórmula cómoda y muy recomendable para una casa de campo, o para invitaciones en un chalet en la playa, donde un grupo de amigos se acogen a tu hospitalidad durate un par de días.

En las casas de campo es comida del domingo, para rematar un agradable fin de semana en el que hemos tenido gente en casa. Al menos, es lo que yo suelo hacer. Como norma general, mis invitados llegan los viernes por la tarde y cenan con nosotros, con una larga sobremesa. Al día siguiente, hacemos una excursión por la sierra, con almuerzo

Comedor del famoso restaurante parisino «Chez Maxim's».

en algún restaurante de la zona. En la noche del sábado, cenamos en casa y se organiza una agradable velada, charlando en el jardín, si es verano, o en torno a la chimenea. Como nos acostamos tarde, el domingo me decido por una combinación de desayuno y almuerzo ligero: es decir, un «brunch». Esto tiene dos ventajas: salir temprano hacia Madrid, sin haber hecho una comida pesada, y regresar a una hora en que será más cómoda la entrada en la ciudad.

Dos pequeñas pinceladas me quedan por añadir. La primera se refiere el tipo de alimentos. Por tratarse de un horario intermedio entre el desayuno y el almuerzo, también el yantar participará de ambos: huevos y revueltos, fiambres y salchichas calientes, fritos y ensaladas, frutas y algún dulce como postre. Es decir: platos ligeros y variados, para que los comensales elijan entre ellos. La segunda recomendación se refiere a la bebida: en los «brunches», jamás se sirve alcohol. Sólo refrescos, té y café en sus múltiples variantes.

En los restaurantes también existe un protocolo que debemos observar. En este mundo nuestro, trepidante y agitado, comer «de restaurate» es cada vez más frecuente. Como lo es organizar en ellos encuentros de negocios, comidas de empresas y almuerzos de trabajo. A ello hay que sumar el placer de salir con los amigos y gozar de un buen yatar, en locales cada vez más elegantes y cuidados. Aquí, la práctica varía según seas el anfitrión o el invitado.

Contrariamente a lo que sucede en casa, si somos anfitriones tenemos que pasar los primeros al comedor, para comprobar así que todo está en orden y la mesa oportunamente reservada. A la hora de sentarse, el protocolo es más flexible, sin plano de mesa, tarjetas ni puestos señalados. Sin embargo, siempre es aconsejable situar los comensales en la forma que resulte más agradable para ellos, alternando hombres y mujeres.

Distintos modelos de cucharitas y tenedores (dulces, limón, crema, aceitunas y jalea) con motivos florales realizados en plata.

José Luis representa en Madrid una larga tradición de bien comer. En la foto, el veterano tabernero –así le gusta ser llamado– en uno de sus restaurantes, donde sigue atendiendo a su clientela con exquisita cortesía y profesionalidad.

Si los invitados son numerosos, es prudente encargar el mismo menú, para evitar el desorden y la pérdida de tiempo que llevan consigo las dudas a la hora de elegir. En tal caso, vale lo ya dicho sobre menús, con una nota adicional: la generosidad. Cuando invitas, no seas cicatero: ni en las viandas elegidas, ni en los vinos que las van a acompañar. Por ejemplo, si el restaurante tiene un «menú del día», siempre más económico, es obvio que no podemos encargarlo para los presentes, porque se nos vería el plumero. Lo mejor es componer una buena selección, sabrosa y equilibrada, con la que estemos seguros de complacer a nuestros amigos. En cuanto al vino –siempre responsabilidad del anfitrión–, no hay por qué elegir el más caro, pero sí seleccionar unas botellas de calidad, que probaremos antes de dar el visto bueno. El sumiller, si lo hay, podrá ayudarnos en la elección. Los buenos restaurantes cuentan con ese especialista, entre los que figuran cada vez más mujeres. Por otra parte, en Estados Unidos es muy corriente llevar tu propio vino al restaurante, una costumbre que va tomando cuerpo entre nosotros.

Cuando seamos invitados, y el menú no esté decidido de antemano, lo elegiremos conforme a nuestros gustos personales, como es natural, porque el deseo del anfitrión es, precisamente, complacernos. Pero siempre dentro de una cierta discreción. Hay platos –y no sólo el caviar– extraordinariamente costosos que, aunque se incluyan en la carta, debemos dejar de lado. Estamos en el restaurante para pasar un rato agradable, no para dar la noche a los anfitriones.

Al final de la comida, el anfitrión ha de pedir y pagar la cuenta. Y hacerlo sin demora, porque si la sobremesa se alarga y el que invita no hace ademán de levantarse o solicitar la factura, los invitados pueden pensar que les corresponderá hacerlo a ellos.

La costumbre, tan americana, del «doggy bag» (la

Ésta fue la firma que Jean Cocteau dejó en el libro del restaurante «La Pyramide», de Lyon.

Las delicadas y sutiles artes del ikebana tienen, en Japón, un doble sentido cultural y religioso.

bolsa para el perrito) consiste en llevarse parte de las sobras a casa. Alguna vez lo he visto hacer aquí, aunque no sea frecuente.

Algunos restaurantes tienen la costumbre de presentar a sus comensales ilustres un libro de firmas. Los hay maravillosos, donde figuran los breves mensajes que han dejado reyes, artistas, escritores y magnates. En la imagen adjunta figura el que escribió, y dibujó, Jean Cocteau en «La Pyramide», quizá el mejor restaurante de Francia.

En los capítulos anteriores, hemos citado con frecuencia la necesidad de hacer regalos, o enviar unas flores a la anfitriona, con ocasión de una cena. Es materia que merecería, por sí misma, un largo y detallado análisis, aunque nos ciñésemos exclusivamente al tema de las flores. Porque ellas son «el comodín de los regalos», eso que enviamos para un aniversario, un santo o una cena. Pero no olvides que ese regalo tan socorrido ha tenido siempre su protocolo, y desde muy antiguo.

Hay culturas –la ikebana japonesa es un ejemplo– donde el tratamiento de la flor adquiere cumbres altamente artísticas, e incluso religiosas, reservadas únicamente para los iniciados. Sin llegar a esos extremos, es muy verdad que las flores tienen su lenguaje. Porque son un obsequio con su propio simbolismo, y expresan un mensaje que es preciso conocer.

- La ocasión viene marcada por los aniversarios, los cumpleaños y las cenas. Para un fin de semana o una invitación al campo, no son lo más indicado. Hay otros regalos, como más adelante veremos.
- La destinataria es siempre la señora de la casa. Pueden elegirse de colores y presencias diferentes, siendo hoy muy frecuentes los arreglos y, a veces, las macetas florecidas, que tienen la ventaja de su larga duración.

Si llevas de regalo una botella de vino, es más elegante entregarla dentro de una bolsa de terciopelo o raso.

- Al enviarlas, ha de entregarse a la florista una tarjeta, con una muy breve leyenda de felicitación o agradecimiento. De esta forma, la señora que recibe sabe quiénes las envían. Porque no hay nada más desafortunado que agredecer –por ejemplo, antes de la cena– unas flores a la persona equivocada.
- Tampoco podemos enviar la flor equivocada. Blancas han de ser en casamientos y primeras comuniones. En los aniversarios de boda, los maridos regalan rosas rojas. En fin, en los entierros y duelos no se mandan rosas ni claveles, que son flores de gozo y alegría, sino dalias, crisantemos y otras de pesar y condolencia.

Respecto a otros regalos, los más usuales son los dulces y bombones. Si nos los traen a una cena o a una casa de campo, donde hay otros invitados, la anfitriona puede abrirlos y ofrecerlos. Los vinos son siempre bien venidos, en el caso de amigos de confianza. Las cajas de cigarros habanos, en otro tiempo muy de moda, pasan por un mal momento, según ya hemos explicado. Con los libros, sin embargo, hay que andarse con tiento. Por dos razones: porque, salvo que conozcamos muy bien al anfitrión, podemos traerle algo que no le guste o ya haya comprado; y porque no es infrecuente que a una misma cena concurran dos invitados con el best–seller de moda, algo que retrata la absoluta falta de imaginación de quien regala; y que se puede convertir en una desafortunada casualidad, salvo que tú sepas transformarlo en una coincidencia divertida.

Paso a resumir en unos puntos determinadas notas importantes, que añadan ideas útiles a lo que acabamos de apuntar.

Originales formas de empaquetar un regalo.

1.– En las bodas, es fundamental el comportamiento de los padres de los novios, que son no sólo quienes pagan sino los que, con diligencia y buen hacer, deben prever hasta el menor detalle, suplir las carecias y estar siempre al quite, ante el inesperado manojo de problemas que se suelen presentar.

2.– Paciencia, discreción y buenos modos: esas son las virtudes que nos han de acompañar en tal evento, ya que los chicos, subidos en su nube, no te podrán ayudar. Los padres se mostrarán diestros en las difíciles y resignadas artes de poner al mal tiempo buena cara. Porque, a veces, el tiempo puede llegar a ser realmente borrascoso.

3.– Para regalos de bodas y bautizos no escatimes unos duros, porque te lo notarán. Y no pienses que con tu alto cargo o tus ilustres apellidos bastará para quedar bien. Hay que añadir unos euritos.

4.– Cuando lleves un regalo –a una cena, una cacería o un fin de semana– déjate guiar por dos criterios: la utilidad y el buen gusto. No intentes salir del paso con cualquier cosita. Para eso, más vale no llevar nada.

5.– Las cenas bufés, los cócteles y las comidas informales, aunque sean menos solemnes, requieren más atención que las sentadas. Por una sencilla razón: la dificultad añadida que supone el número de comensales.

6.– No vayas nunca a casa ajena sin llamar previamente por teléfono. Ni siquiera a la de tus propios hijos. Esta práctica es particularmente apropiada en las visitas a enfermos o personas que estén en los hospitales –por ejemplo, a una señora que acaba de dar a luz–, donde nuestra llegada sin previo aviso y autorización puede no ser recomendable y, desde luego, será siempre muy inoportuna.

7.– Así como existen comidas de empresa, son frecuentes también los «regalos de empresa», con los que se felicita la Navidad y el Año Nuevo al personal. Es mejor que haya una variedad de posibilidades (estilográficas, cestas de Navidas, objetos de piel) que no una gama de diferentes categorías (plumas buenas, regulares y aceptables) o de tamaños (cestas grandes, pequeñas y medianas) con las que marcamos diferencias humillantes para aquellos miembros de la empresa que pudieran sentirse peor tratados.

8.– En los restaurantes, no olvides dejar una buena propina. En muchos países se está imponiendo la regla del 15%, algo a lo que, en España, nos vamos aproximando.

9.– Tras los cócteles y bufés servidos en tu casa, te corresponde cerrar el acto, una vez que se hayan despedido los últimos invitados, pagando a los camareros. No lo dejes para el día siguiente. Les gusta volver a casa con su dinero bien ganado.

10.– En las actividades al aire libre, respetad la naturaleza. Ese respeto ha sido siempre exponente de buena educación. Hoy, además, es la manera que tenemos de contribuir a divulgar esa cultura del medio ambiente, en la que nos estamos jugando el futuro.

Hemos rematado una de las parcelas cardinales del protocolo social: la buena mesa, tanto en las comidas privadas como en los eventos con amplia participación de comensales. Nos quedan otros dos grandes apartados, que podíamos llamar tradicionales: la comunicación y el cuidado en el vestir. Amén de otras facetas impuestas por la modernidad, donde nuestras formas de actuar van a ser muy observadas: los viajes y el apasionante mundo del deporte.

VI

La comunicación con los demás: la palabra

«Rara vez nos arrepentimos de haber hablado poco; muchas veces, de haber dicho demasiado. Máxima trivial que todo el mundo sabe y todo el mundo olvida.»

(La Bruyère)

En el mundo en que nos movemos, la expresión oral constituye un elemento de importancia excepcional. Tanto en las manifestaciones cotidianas, a través de la conversación, como en momentos más señalados y solemnes –conferencias, discursos, intervenciones públicas, actuaciones ante los medios–, la palabra es el vehículo que nos permite relacionarnos con el entorno social que nos rodea. De ahí la necesidad de utilizar correctamente esa primera y principal herramienta. Si sabemos hacerlo con soltura, eficacia y elegancia, habremos marcado muchos puntos en el camino que nos hemos propuesto.

Antes de seguir, debo remachar que no sólo los expertos y profesionales –parlamentarios, comunicadores, conferenciantes– han de cultivar esa disciplina que, de mucho tiempo atrás, se ha definido como el arte de la palabra. Es algo que nos concierne a todos. Por ello vamos a dedicarle el cuidado y la atención que merece.

Así vio Gutiérrez Solana la tertulia del Café Pombo.

La conversación es el cauce cotidiano para la relación con los demás. Es nuestro pan de cada día y tendremos que saber lo que debemos hacer, y evitar, para manejarnos en esa actividad. El secreto de este arte no está sólo en dominar los temas –a veces, la condición de experto es incompatible con la de buen conversador–, sino en presentar aquello que sabemos de forma inteligente, con vistas a ofrecer un buen perfil en sociedad.

A tal fin, es muy conveniente, además de tener una buena cultura general, seguir con interés la actualidad. Y no sólo los avatares políticos, sino las exposiciones y los acontecimientos culturales que atraigan la atención. Así podrás poner tu granito de arena en una charla distendida. No busques, sin embargo, la rendida admiración de los oyentes, porque no la vas a conseguir. Busca, simplemente, hacer las cosas bien. Porque el buen conversador destaca, de manera clara y visible, en cualquier mesa o reunión; y tiene un largo trecho recorrido hacia la meta que buscamos: el éxito social.

Con vistas a lograr ese objetivo, vamos a apuntar algunas pautas concretas, imprescindibles para que las cosas salgan bien, cuando somos anfitriones de una cena o convocamos un encuentro o una reunión de amigos:

- Una primera regla de oro: dejar hablar a nuestro interlocutor, concediendo una atención especial a sus razones. Es una obligada cortesía. Por otra parte, el monólogo, incluso el de Hamlet, es siempre aburrido.
- Has de saber elegir las materias. ¿Cómo hacerlo?: canalizando la conversación hacia aquellas en que los demás se encuentren más cómodos. A los invitados les gustará.
- Los charlatanes nunca quedan bien, pero tampoco los marmolillos que, como el búho del cuento, observan fijamente pero no despegan el pico. Ni la verborrea ni el

Una conferencia de prensa.

silencio, que puede aparentar un desdeñoso y distante desinterés, son aconsejables.

También tendrás presente lo que es preciso evitar. En este apartado, que considero relevante, es bueno adoptar ciertas medidas y destacar algunos puntos concretos, que me parecen de interés. Son éstos:

- Al hablar, en páginas anteriores, sobre la forma de propiciar «una cena bien conversada», dije que existen tabúes que no puedes tratar en una conversación. Son tres: la salud, el dinero y la religión. Salvo con muy íntimos amigos, han de evitarse en cualquier sobremesa o acto social.
- Aunque hemos visto que debemos desviar las discusiones hacia asuntos menos controvertidos, hay que hacerlo con mucho tacto. Por ejemplo: no se le quita la palabra a nadie, ni se cambia bruscamente el rumbo con un: «por cierto, me han dicho que las playas este año...». Porque los que estén enzarzados en su confrontación no te lo van a perdonar.
- Jamás se reclama el silencio de los presentes anunciando que vamos a decir algo muy importante, ocurrente o divertido. Nuestros contertulios son lo suficientemente inteligentes para juzgar por sí mismos, y saben distinguir lo que vale la pena, sin necesidad de que nadie atraiga su atención.
- En el caso de las cenas formales, que ya vimos, el anfitrión, al que siempre se escucha con respeto y cortesía, porque estamos en su casa, no se aprovechará de esa ventaja para «dar la conferencia» a sus invitados. No me quiero ni acordar de la exposición sobre las células madre que tuve que tragarme en casa de un científico que era un reconocido especialista en la materia. Tardé tres días en hacer la digestión de aquella cena.

Cuando hablas delante de alguien a quien no conoces bien –por ejemplo, en una reunión con diversas personas–, has de ser muy precavido. Ahí, y en lo que concierne a los juicios sobre ausentes, tienes que manifestarte con cautela, tanto en el manejo de la crítica como en el de las alabanzas, porque no puedes controlar el uso futuro que se hará de tus juicios y opiniones. Lo más recomendable es siempre la prudencia. Y no olvidar el viejo proverbio árabe: la palabra, una vez dicha, ya no es tuya.

Nunca te diviertas a costa de otro. Los oyentes te van a reir la gracia, pero ten por seguro que esas frases ingeniosas y punzantes acabarán volviéndose contra ti. Entre la guasa y la maledicencia hay una línea muy delgada, que se traspasa con facilidad.

Los maledicentes habituales, los fríos calumniadores y las chismosas empedernidas se detectan facilmente, y tienen corto el vuelo. Otra cosa son los/las liantes, una fauna perversa y variopinta, contra la que tendremos que levantar las defensas. Porque pueden hacer daño. La persona liante no va directamente a colgar de tus espaldas una falsedad –como el calumniador–, ni se divierte con las artes de correveidile –como la chismosa–, sino que realiza una labor de zapa más sutil y taimada. El/la liante disfruta con la siembra de cizaña –esa es su especialidad–, trata de poner a unos contra otros y es diestro/a en las difíciles y solapadas artes de emborronar la felicidad de los demás. Participa de dos de nuestros más comunes pecados nacionales: los celos y la envidia; se mueve arteramente llevando y trayendo recaditos; y goza distanciando amigos y familias que, sin su maligna intervención, estarían muy unidos. Ojo con los liantes. Mi consejo es que procedamos a identificarlos –porque los vamos a tener cerca, en la familia, el trabajo o en tu círculo de amigos– y pasemos a neutralizar sus devastadores efectos. Se trata de «una especie en ex-

«Es mucha necedad la risa que de leve causa procede». (Don Quijote).

pansión», presente por doquier; una especie que ha ampliado su radio de acción al amparo de los teléfonos móviles, su principal herramienta de trabajo; una especie, en fin, que merodea por el campo, la playa y la ciudad, siempre atenta a un objetivo: hacer la pascua a los demás.

Un punto que precisa de atención es la risa, como expresión de contento que exteriorizamos en el transcurso de una conversación. Aquí nos encontramos con dos posibles actitudes, ambas rechazables. De una parte, la que siguieron los manuales de buenas maneras en que aprendieron a moverse en sociedad las señoritas de siglo XIX, que calificaban de «comportamiento descocado» la risa abierta y espontánea de las chicas. La mirada severa del abuelo era capaz de helar el más ligero esbozo de sonrisa en un rostro juvenil. De otra, el de aquellos que usan –y abusan– de la sonora y destemplada carcajada, con frecuencia a destiempo, para expresar su regocijo. Ni lo uno ni lo otro. La risa y la sonrisa son manifestaciones festivas y amistosas, que no es bueno reprimir; pero el estruendo es una grosería. Además, y teniendo presentes las sabias advertencias de Don Quijote, hay que reir cuando existen razones para ello. De otro modo, podría sonar a burla y los posibles aludidos, que son muy suspicaces, no te lo perdonarán. De ahí que el hidalgo manchego advirtiera, con toda la razón y una puntita de enojo, que «es mucha necedad la risa que de leve causa procede».

El primer escollo con que nos topamos al inicio de una conversación es dar a nuestro interlocutor el adecuado tratamiento. Ya hemos visto que, entre amigos, esos tratamientos se suprimen. Pero si tenemos que dirigirnos a una personalidad, o hacer referencia a su presencia en un acto público en el que vamos a intervenir, ha de mantenerse. Voy a referirme a cuatro casos en los que se requieren fórmulas diferentes, según se trate de una presentación formal, un brindis o una simple conversación. Y ello, en lo

El Congreso de las Diputados, centro del debate parlamentario.

que concierne a la expresión oral; porque en lo tocante a los escritos, ya veremos más adelante que los tratamientos son muy aconsejables, cuando no obligados.

- En los actos públicos, se empleará siempre el tratamiento completo. Al iniciar un discurso, el orador se dirige a la persona de más rango (que, normalmente, presidirá el evento) con un «Excelentísimo Señor Presidente», como fórmula inicial.
- En las ocasiones solemnes (por ejemplo, una cena formal), puede suprimirse el tratamiento de «Excelentísimo», conservando el distintivo de señor y el título de Presidente. Por tanto, el brindis con que remataríamos esa cena comenzaría con un «Señor Presidente».
- Finalmente, en una conversación informal suprimiríamos tanto el tratamiento como el distintivo, dejando sólo el título de «Presidente», lo que daría a nuestro trato una mayor proximidad.
- A los Reyes y las Personas Reales, incluso si ellos utilizan el tuteo (S. M. el Rey lo hace siempre), jamás se les suprime el tratamiento. A los Reyes se les debe el título de «Majestad», quedando el de «Alteza» para los Príncipes de Asturias y las Infantas o Infantes. Sin embargo, es correcto usar el de «Señor» o «Señora», en ambos casos, al dirigirse a ellos, tanto de palabra como por carta.

Recientemente, el Consejo de Ministros ha propuesto la supresión de los tratamientos a la hora de dirigirnos a quienes, por su cargo o rango, tendrían derecho a él. Tal disposición pretende una mayor democratización en el trato personal, conforme a las nuevas tendencias de nuestra sociedad. Habrá que seguir la evolución de este precepto para ver cómo se va aplicando en la práctica. Por ahora, nos atendremos a las fórmulas consagradas.

Esas tendencias modernas de trato liso y llano nos conducen a otro tema de gran actualidad y no fácil solución: el creciente uso del tuteo.

En las charlas cotidianas, se va generalizando echar mano del tuteo. Es un hábito reciente que, sin embargo, hay que manejar con no poca cautela. Hace unos años, el tuteo llegó a imponerse en tiendas y restaurantes, porque a las dependientas y camareros les parecía que estaba bien visto tutear a los clientes, como si los conocieran «de toda la vida». Empieza ya a no ser así.

El tuteo, que significa amistad, calidez y acercamiento, se ha generalizado en la sociedad moderna, alejada de los formalismos de otros tiempos. Y es bueno que así sea; pero dentro de unos ciertos límites. Entre jóvenes, sería impensable utilizar el «usted», como hacían nuestros abuelos con sus novias. Y más aún lo sería entre padres e hijos donde, hasta hace sólo unas décadas, el tratamiento de «usted» se le daba siempre al padre y a la madre, en prueba de respeto y sumisión, especialmente en algunas regiones españolas. Conozco docenas de personas que siempre han hablado de usted a sus padres, hasta la hora de su muerte. Esos anacronismos han desaparecido. Pero no debemos olvidar que el tratamiento de usted se dará por razón de autoridad, mayor edad, categoría social o representación. Aunque entre jefes y secretarias va cayendo en desuso, como símbolo del proceso de nivelación social en el que estamos.

Los parlamentos de Castilla-La Mancha y Andalucía.

¿Qué decir de los chistes, gracias y ocurrencias? Pues que estamos ante un material explosivo, que requiere extremadas precauciones. Cualquier intercambio de opiniones, en la medida de nuestras capacidades, será canalizado por caminos que lo hagan erudito (sin aburrir), interesante (sin chismorrear) y divertido (sin caer en el mal gusto). En ello radica la técnica del buen conversador. Pero incrustarle elementos «precocinados» y salsas atrevidas, picantes o no,

Alexander Grahan Bell abre la línea telefónica entre Chicago y Nueva York (octubre de 1892).

tiene sus riesgos. Los juegos de palabras, los chistes (con o sin golpes en la espalda) y las historias ocurrentes –reales o inventadas–, exigen moderación, autocontrol y unas determinadas condiciones. Y algo más: que el ambiente sea muy familiar y acogedor, y que no pretendamos monopolizar la atención de los presentes. Porque los otros también tienen derecho a expresar sus opiniones y contar sus anécdotas, a lo mejor más interesantes que las nuestras.

Dicho esto, y volviendo a insistir en que nos encontramos ante un material altamente inflamable, sugiero que tomemos en consideración estos puntos concretos:

- Las gracietas rebuscadas nunca tienen gracia. Y no hay nada más patoso que un gracioso «profesional», que se cree en la obligación de sentar plaza de incisivo e ingenioso en cualquier conversación. Son insoportables.
- Cuidado con los chistes. En determinados encuentros distendidos, y entre amigos muy amigos, suelen dar un toque divertido a una reunión o una velada. Pero hay algo muy claro: los «cuentachistes» hacen reir, pero rara vez tendrán prestigio.
- Las ocurrencias, si son hijas del ingenio, a veces quedan bien. El secreto está en su oportunidad. Porque una ocurrencia inoportuna, o a destiempo, o fuera de lugar, puede sonar como un trallazo y causarnos un descalabro de muy difícil reparación.

Finamente, algo hay que decir sobre las citas históricas o literarias. No tengo nada contra ellas. Al contrario: siempre enriquecen nuestra aportación a una charla distendida, a la que darán interés y brillantez. A condición de cumplir tres requisitos, que considero indispensables:

- Que sean auténticas. Es muy desairado echar mano de

citas literarias, o de frases atribuidas a personajes históricos, cuyo autores hemos confundido. Porque en la reunión o en la cena es muy probable que alguien se dé cuenta, y lo pasaremos mal.

- Que no abusemos de ellas, ya que lo que podía ser culto y pertinente se convierte en artificioso y rebuscado. Y los «hilvanadores» de citas llegan a ser muy cargantes.
- Que no huelan a forzado. Hay quien se prepara, antes de una cena o de un acto social, unas cuantas citas para «epatar» a los presentes. Cuidado. Es fácil que sentemos plaza de pedantes y aburridos, en vez de quedar como ingeniosos y eruditos.

Los «tacos», antaño muy al uso, se han pasado de moda. Buen viaje lleven. En ciertos medios sociales, se pretendió presentarlos como signo de elegancia, incluso entre señoras: «es que mamá suelta unos tacos...». No hay tal elegancia, sino vulgaridad. Lo elegante es mantener una conversación chispeante y divertida, con arreglo a las pautas que acabamos de apuntar, sin adobarla con palabras malsonantes, temas escabrosos o expresiones rayanas en la grosería, que son siempre exponente de mala educación.

Entre jóvenes, hay una mayor tolerancia –especialmente si se trata de chicos–, pero sólo cuando hablen entre ellos, en un ambiente amistoso y despreocupado. Porque el «taco» lleva aparejada una falta de respeto hacia el interlocutor, máxime si quien nos escucha es una señora. Aunque se trate de una amiga.

En la comunicación oral de cada día, parece claro que vivimos un empobrecimiento del idioma. Y no me refiero a la proliferación de faltas de ortografía –del uso de acentos y signos de puntuación, mejor no hablar–, que tanto aflige a los maestros, sino al abuso de extranjerismos y dicharachos que causan escándalo no sólo a los miembros de la

Real Academia de la Lengua, que combaten sin éxito esta plaga, sino a las discretas y prudentes amas de casa, que cuando les dicen en los anuncios de televisión que un detergente ha sido «testado», no saben muy bien de qué se trata. Porque antes se testaba ante notario, en actos muy formales; ahora, por lo visto, se testa cualquier cosa.

No me quiero detener demasiado en el proceso de barbarie lingüística generalizada que estamos padeciendo. Es una desgracia que ha sido analizada por muy distinguidas plumas, rebasa el propósito de este libro y habría que combatir desde la escuela. Mi intención es otra: cuidar las expresiones, en el marco de nuestra relación social.

Lo primero será evitar el abuso de latiguillos y lugares comunes, aunque se vayan imponiendo de forma irremediable, particularmente en las entrevistas de ciertos personajes con algunos medios de comunicación. Porque restan elegancia a la expresión oral, dañan la imagen de quien habla y arruinan la altura intelectual de sus manifestaciones. Si hablamos de cómo desenvolvernos, con rigor y brillantez, en el ámbito de lo que, al comienzo del capítulo, hemos llamado «el arte de la palabra», tenemos que evitar esa sobrecarga de manifestaciones rutinarias que empobrecen cualquier intervención.

Se trata de prescindir de expresiones tales como el socorrido «bueno, yo diría», o el «la verdad es que», o el «de alguna manera» y tantos otros recursos manoseados con que los entrevistados comienzan sus frases de respuestas a las preguntas que les hacen.

Conste que no pongo en duda la corrección gramatical de esas y otras frases similares. No es ese mi propósito. Lo que procuro sugerir es que se evite su tosca, cansina y garbanzal repetición. Es decir: que si a un atleta, un artista o un político se le formulan seis preguntas en un programa radiofónico, no comience sus seis respuestas con la misma

Hablar por teléfono tiene también sus exigencias protocolarias.

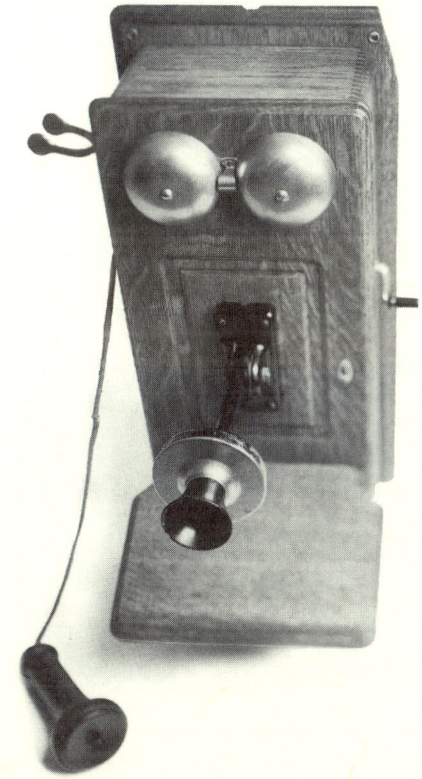

frase: «bueno, la verdad es que»... Porque va a producir un pobre efecto en quienes le escuchen. Y se resentirá su prestigio social, que es de lo que aquí tratamos.

Dentro de ese empobrecimiento del idioma que estamos soportando, también convendría que quienes redactan las crónicas de actualidad enriquecieran algo más su lenguaje, procurando abandonar los fáciles tópicos trasnochados a los que recurren los que no saben escribir. Si se quema un monte –algo que nos hace llorar cada verano–, nos dirán que lo quemado era de «alto valor ecológico»; si se apresa un alijo, la droga será «de gran pureza»; los incendios son siempre «pavorosos»; los niños, «adorables»; los ancianos, «venerables»; las novias van «radiantes» del brazo de sus padres. Ya no entregas una lista sino un «listado», ni envías a la casa anunciadora una envoltura sino una «envuelta». En fin, para qué seguir. Estamos tratando en estas líneas de la elegancia en la palabra, al servicio de nuestras relaciones públicas. Y me apena ver que la más hermosa, rica y flexible lengua del mundo se vea contaminada por este zafio conjunto de torpezas y rutinas.

Hablar por teléfono es otra novedad de los ajetreados tiempos que vivimos. Algo que, por razones obvias, no encontraremos en los manuales de protocolo y educación de hace cien años, pero que debe seguir unos determinados comportamientos, si no queremos caer en la vulgaridad. Aquí sí que estamos haciendo camino al andar, porque cada día, en lo relativo a los teléfonos móviles, aparecen tanto espectaculares posibilidades técnicas como disposiciones nuevas –por ejemplo, en los automóviles– que es preciso respetar.

Por lo que a nosotros nos concierne, lo que cuenta es saber que el mal uso del teléfono nos acarreará algunos sinsabores. Aunque parezca que estamos ante un medio flexible, moderno y distentido, no cabe sostener «el todo

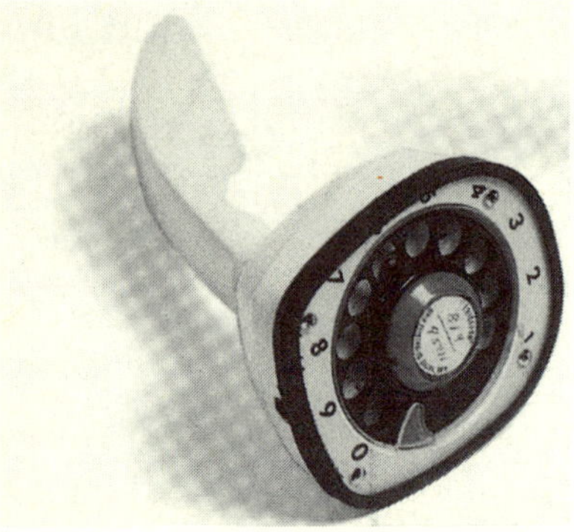

vale». Porque también en este cauce de expresión, tán rápido, distante e informal, se requieren maneras y una cierta cortesía.

Llamar por teléfono, responder a la llamada –siempre has de contestarlas, si las dejan cuando no estábamos en casa– y mantener una conversación por el auricular son actos que han de cumplir unas formalidades, para hacerlo de manera conveniente:

- Con los teléfonos fijos, existen fórmulas rápidas y concretas para responder a una llamada. Son siempre expresiones breves del tipo «sí», «diga», «dígame», etc. No es tolerable descolgar el auricular y dejar ir un «¿con quién hablo?», que no tiene perdón.
- Para llamar, también hay que seguir las pautas tradicionales: asegurarnos de que el número marcado es el correcto y preguntar por la persona con quien queremos hablar. Lo que no se debe hacer es, de entrada, y sin mayores comprobaciones, dejar ir un «¿está Carlos»?.
- Si estás hablando y el teléfono te avisa de que entra otra llamada, no interrumpas la conversación para atenderla. Es de muy mala educación. Aunque te mueras de curiosidad por saber quién pueda ser.
- Respecto a los teléfonos móviles, cada vez más utilizados –hay un promedio de tres o cuatro por familia– las nuevas tecnologías han venido en nuestra ayuda: archivan los mensajes, canalizan las llamadas y nos permiten un manejo eficaz para las relaciones personales. Pero a condición que los usemos sin molestar a los demás.
- Cuando dejemos un mensaje en el contestador, debemos especificar, además de su contenido, otros datos: para quién va dirigido («éste es un mensaje para...»), quién lo envía y el lugar y la hora en que lo hacemos. De esta forma, facilitamos la respuesta de la persona que lo escuche.

Mi abuelo Juan, Director General en los primeros años de la Compañía Telefónica, fue extremadamente exigente con las formalidades que debían seguirse. Eran otros tiempos, claro está. Un buen día me contó que llamaron a su casa (ya vivía jubilado, viudo y solo) y le espetaron, sin mayores preámbulos: «¿está María?». Su pequeña venganza, ante lo que él consideraba una intolerable incorrección, fue responder: «no, acaba de salir con Paco, con quien se había citado esta mañana».

Creo que merece la pena detenerse en los teléfonos móviles, que forman un decisivo componente de la vida cotidiana. Requerirían no un breve apartado, sino un libro completo, tal es la honda transformación que han significado a la hora de comunicarnos. Si puedes evitarlo, no los uses nunca en los medios de transporte o en lugares públicos. En mis viajes en el AVE he recibido ya primicias sobre un par de divorcios, información acerca de cómo operarse de la vesícula mediante técnicas modernas y una larga serie de gritos descompuestos y múltiples broncas familiares. Por favor, no compartas tu intimidad con el desconocido que llevas a tu lado.

Tres sugerencias deseo hacer acerca de los móviles, para orientar sobre su correcto empleo.

1.– La primera, que deben apagarse en determinadas ocasiones (actos públicos, conciertos, ceremonias religiosas, etc), donde el sonido de su señal acústica podría dejarnos en evidencia. Hace años, en un concierto de música de cámara, vi como el director mandaba interrumpir la melodía porque sonó, de forma despiadada, el teléfono de una espectadora. La pobre, dicho sea de paso, abandonó la sala abochornada, con una sensación de ridículo que no se le habrá pasado todavía.

2.– La segunda es ésta: que jamás lo usemos para transmitir mensajes de «persona importante», en voz bien alta, de manera que todos se enteren bien de quiénes somos. Recuerdo un caso en que un señor se dedicó, en el autobús, a dar imaginarias órdenes a su banco, a gritos. Decía cosas como ésta: «pues sí, compre; y si son muchos millones, no le importe». Se bajó en la siguiente parada con el porte de un príncipe del renacimiento, dejando a más de uno no «epatado», como el buen hombre pretendía, sino corrido de vergüenza ajena.

3.– La tercera, que actúes siempre dentro de las normas de obligada cortesía. Nunca los pongas sobre la mesa, si estás con otras personas (por ejemplo, durante una comida), porque ese gesto parece dar a entender que la conversación de tu vecino –o vecina– te interesa menos que la posible llamada que esperas. Ni interrumpas una conversación si te suena dentro del bolso o la cartera. Cuando hayas terminado, compruebas el mensaje recibido y respondes a la llamada; pero no dejes a nadie con la palabra en la boca.

Hay maestros en el arte de la palabra. Conferencia de Antonio Gala en el Instituto Cervantes de Atenas.

Hablar en público es poner la voz y el gesto al servicio del concepto y de la idea. El orador quiere trasladar su pensamiento al auditorio y, con ello, lograr unos propósitos determinados. Y hacerlo para que la intervención favorezca su imagen de persona inteligente y cultivada. Ha sido siempre así. Los grandes oradores de la antigüedad –Demóstenes, Cicerón– no hicieron sino valerse de esa formidable herramienta, la palabra, para conseguir unos objetivos precisos.

Por tanto, queda claro que el buen orador ha de ser capaz de transmitir lo que desea con eficacia. El contenido de lo que dice será lo primordial, como no podía ser de otra manera; pero el ademán, el timbre de voz y la utilización del gesto, del tono y de las pausas son partes esenciales de lo que se ha llamado «capacidad de comunicación». Eso es lo que caracteriza a los grandes maestros de la palabra, sean profesores, políticos o profesionales de la radio y la televisión: su capacidad de comunicación. Y un punto adicional: como los grandes músicos, el orador tiene que ser experto no sólo en la melodía, sino en el manejo del tiempo, el ritmo y los silencios. Cuando oí por priera vez hablar a Gorbachov, antes de ser líder del Partido Comunista de la Unión Soviética, me di cuenta que, como buen amante de la música, tenía una virtud que le ayudaba en la oratoria: el uso excepcionalmente acertado del ritmo, la medida y los silencios.

Contamos con docenas de libros sobre cómo hablar en público. Es materia conocida y trabajada. Por mi parte, voy a concentrarme en algunas líneas prácticas, que ayudarán a mis lectores. Porque, antes o después, y dado el enriquecimiento de nuestro mundo de relaciones sociales, todos habremos de pasar, aunque sólo sea en los exámenes orales, por ese trance.

1.– Preparación de las intervenciones. Los discursos, especialmente los improvisados y espontáneos, deben ser minuciosamente preparados. Esto puede parecer una «boutade», pero es así. Las improvisaciones no son nunca buenas, porque estamos «en directo» y, si quedamos mal, ya no tiene remedio. Incluso personas «con muchas tablas» y años de experiencia –embajadores y políticos tienen que pronunciar centenares de brindis y discursos a lo largo de su carrera–, saben que no es prudente improvisar. De ahí que pase a sugerir unos cuantos «trucos» ensayados, para tratar de ayudar a mis lectores en sus compromisos oratorios. Son éstos:

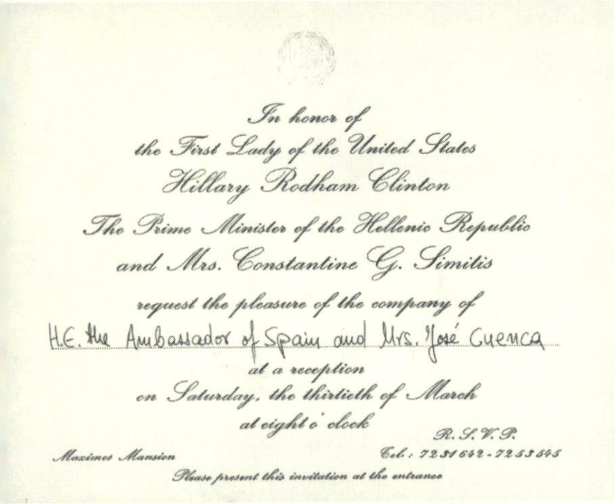
In honor of
the First Lady of the United States
Hillary Rodham Clinton
The Prime Minister of the Hellenic Republic
and Mrs. Constantine G. Simitis
request the pleasure of the company of
H.E. the Ambassador of Spain and Mrs. José Cuenca
at a reception
on Saturday, the thirtieth of March
at eight o' clock
R.S.V.P.
Maximos Mansion
Tel.: 7231642 - 7253545
Please present this invitation at the entrance

Hillary Clinton es una magnífica comunicadora que domina todos los resortes para hablar en público.

- Si vamos a leer la intervención, conviene que llevemos una copia de recambio, por si con las correprisas del último momento se traspapela el original. En cualquier caso, nunca está de más.
- Los pliegos estarán escritos en letra clara y bien visible, de tamaño superior a lo normal. Además, las páginas han de ir numeradas, para que puedas comprobar su orden correcto.
- Antes de pronunciar la conferencia, es recomendable ensayar en casa su lectura, porque se nos escapan en el texto repeticiones y cacofonías que le restan brillantez, y que sólo detectamos al leerlas de viva voz.
- Es imprescindible acoplar las pausas a la correcta puntuación del texto, para poner el énfasis en lo que deseamos resaltar. Leer no es sólo informar: es transmitir y comunicar.
- Aunque no pensemos leer el texto, llevaremos un breve guión para utilizarlo como apoyo. En él destacaremos (con letras bien marcadas o con subrayados, incluso en color) las palabras clave, de las que vamos a «colgar» las ideas que nos proponemos desarrollar.
- Si hablamos sin guión, es muy útil memorizar los puntos básicos sobre los que deseamos construir nuestra disertación, utilizando reglas nemotécnicas y las ayudas que consideremos oportunas. Siempre es bueno hacerlo, porque los nervios o un fallo de memoria pueden jugarnos una mala pasada.

En todos los casos, como vemos, se precisa la meticulosa preparación, sin dejar nada al azar. He conocido personas, entre las que se encuentra algún Presidente de los Estados Unidos –y sus esposas, porque vi a Hillary Clinton «improvisar» en Grecia uno excelente–, capaces de retener en la memoria un discurso completo, pronunciado sin ayuda de notas, guiones ni papeles, sacando adelante el compromiso sin la menor vacilación. Son casos excepcionales. Pero ellos se apoyan siempre en técnicas, prácticas y soportes que son fruto de un largo y riguroso entrenamiento.

2.– Técnica de la exposición. Nada más aburrido que una presentación lineal y monocorde, aunque el contenido de lo que estemos diciendo tenga el mayor interés científico. Hay oradores capaces de fascinar a su auditorio. Luego, pasado ese relámpago deslumbrador, analizas lo dicho y no encuentras en el texto nada interesante o novedoso. ¿Cómo es esto así?: porque el discurso no es sólo contenido; también es cuestión de gestos, ritmos y matices, esenciales para trasmitir lo que deseamos. Y en ese «transmitir» existen maestros consumados.

En mi propósito de marcar puntos claros y aprovechables, creo conveniente advertir que, a la hora de pronunciar un buen discurso, deberíamos hacer hincapié en lo siguiente:

- El ritmo ha de ser cambiante. Es la forma de obtener las máximas posibilidades de nuestra intervención, dando colorido al discurso que estamos pronunciando.
- Poner un énfasis especial en los pasajes que nos parezcan más relevantes. En este punto, la modulación de la voz ayudará a que atraigamos la atención sobre lo que deseamos destacar.
- Las pausas y silencios son los elementos esenciales de ese ritmo al que me acabo de referir. Como se ha dicho más atrás, el discurso tiene ciertas semejanzas con las composiciones musicales donde, además de la melodía, intervienen el ritmo y la medida.

3.– Técnica de apertura y cierre. Acabamos de comparar las piezas oratorias con las musicales, en lo que a ritmos, pausas y medidas se refiere. Todavía podíamos seguir con este paralelismo en lo relativo a otros dos elementos, donde cabe esa comparación: la apertura y el final del discurso.

Para la apertura, los anglosajones, entre los que he conocido brillantes y eficaces oradores, utilizan la llamada técnica del «opening joke». Es decir, que el orador se abre de capa contando una breve anécdota divertida, con una doble finalidad: de una parte, descargar la tensión de ese momento difícil, sobre todo si es un principiante; de otra, lograr un buen impacto y predisponer favorablemente al auditorio. En cualquier caso, es muy eficaz llevar a cabo gestos que ayuden a romper el hielo y tomar confianza, ya que el miedo escénico, particularmente ante un auditorio formal y concurrido, va a ser nuestro mayor enemigo en esos compases iniciales.

Para el cierre, también voy a continuar con el símil de una buena sinfonía. Como las grandes obras musicales, el discurso tiene que ir en un «crescendo» y tomar cuerpo, para concluir con una frase terminante y expresiva, que contribuirá a crear la mejor impresión. Los oradores saben que de un final airoso, con el gesto convincente que lo ha de acompañar, dependerá en gran parte la imagen que dejemos. Es decir: el éxito buscado.

Sólo me queda ya hablar de la deseable duración de los discursos, donde proliferan las recetas para todos los gustos. Lo esencial es saber concluir a tiempo. Oscar Wilde decía que «quien se proponga agotar un tema, en una conferencia, lo más probable es que sólo consiga agotar al auditorio». Es muy verdad. Los «ladrillos», por serio y enjundioso que sea su contenido, cansan y aburren. Los conferenciantes con experiencia lo saben, procediendo a su exposición dentro de unas bien medidas proporciones; o recortándola discretamente, si ven que los asistentes dan señales de impaciencia, comienzan a mirar el reloj o se remueven en las sillas.

En los brindis y otras intervenciones ocasionales, la brevedad –ya lo hemos dicho–, es siempre aconsejable. No hay nada más cargante que una larga sucesión de intervenciones de quienes, una vez dicho lo esencial, no saben cómo terminar.

A modo de resumen y complemento de cuanto se ha dicho, voy a marcar algunas notas que pienso serán de utilidad:

1.– Recuerdo un «político» –en realidad, un pobre diablo–, que, en una cena oficial, cada vez que intervenía su jefe –ese sí era un político de verdad– reclamaba silencio y nos decía: «acabamos de escuchar lo más importante que se ha dicho en los últimos diez años». Y se quedaba tan traquilo. Al político de verdad se lo llevaban los demonios, ante las impertinencias de semejante adulador.

2.– Al comienzo del discurso, del brindis o de la conversación informal, los tratamientos son: Excelentísimo Sr. Presidente, Señor Presidente o Presidente, respectivamente. No lo olvidemos.

3.– A los Reyes y Personas Reales jamás se les tutea, aunque ellos lo hagan contigo. Si en la conversación se refieren a las Infantas por sus nombres de pila, tú lo harás anteponiendo el tratamiento que les corresponde.

4.– En las citas, hay que estar seguro. Si no recuerdas quien dijo esto o aquello, procura salir del paso con un «como alguien ha dicho» u otra fórmula similar.

5.– Hablar en público precisa de ciertas cualidades innatas. Pero también de una técnica, y de entrenamiento y disciplina. No utilices pastillas para tranquilizarte, antes de hablar. Podrías perder vivacidad, o incluso sentir somnolencia o pesadez.

6.– Una conversación culta, brillante y divertida es un placer. No la sobrecargues de citas, ni las tengas preparadas de antemano. Ni la canalices hacia el terreno en que puedas lucir la anécdota que tienes ensayada. Porque te lo van a notar.

7.– Usar «analítica» por análisis clínicos es correcto, pero ya cansa esa moda. A un conocido periodista andaluz le preguntaron si se había hecho recientemente una analítica, a lo que respondió: «no, a mí me gustan más las sintéticas». En cuanto a las listadas y listados, es algo que debe quedar para corbatas y pijamas.

8.– Leer en alta voz, en tu casa, el discurso que te propones pronunciar es un buen consejo. Encontrarás ligeras estridencias que debes corregir. Y cobrarás seguridad.

9.– Y una nota más, a propósito de esa previa lectura del discurso. Con independencia de los signos de puntuación, que marcan pausas obligadas, es bueno dividir los párrafos más largos en períodos, marcando a lápiz, sobre el texto, las separaciones necesarias. Darás ritmo y cadencia a tus plabras.

10.– ¿He de repetir, una vez más, que el secreto del buen conversador es saber escuchar?

He querido incluir en este apartado agunos temas de hoy, como el de los teléfonos móviles. Quizá debiera haber dicho también que se evite su uso por la calle; pero esa es una batalla perdida, que más vale no dar.

VII

La comunicación escrita

«Mi carta, que es feliz, pues va a buscaros,
cuenta os dará de la memoria mía.»

(Ramón de Campoamor)

El medio tradicional y más frecuente de comunicarse por escrito ha sido la carta. En España, la correspondencia epistolar ocupaba un cierto tiempo en la actividad de cualquier familia. Hasta el extremo de que existen no pocos libritos, algunos muy curiosos y divertidos, con los más variados formularios para ayudar a la redacción de todo tipo de misivas, según los propósitos de quienes las enviaban. Los hay para las cartas de amor (proponiendo una relación, aceptándola o rechazándola), de felicitación, de pésame, de negocios, de gestiones oficiales, etc. Y siempre dentro de un estilo formal y solemne, en la línea de los dos endecasílabos con que se encabeza este capítulo.

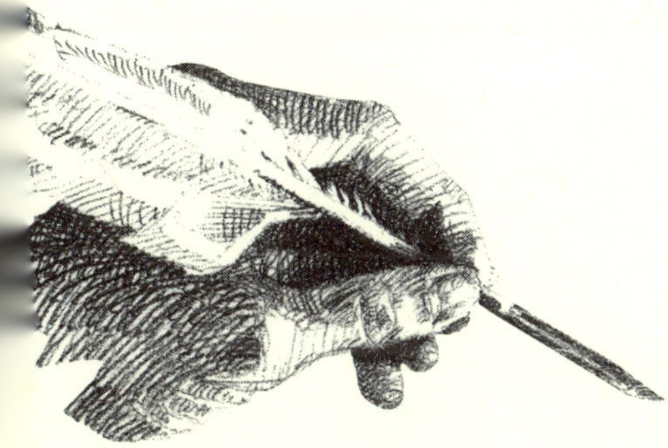

Con el paso del tiempo, el teléfono vino a relegar la carta a un lugar más modesto, rozando lo meramente protocolario, ya que la relación personal, la concertación de una entrevista o esa interesante cita de negocios que pretendíamos se hacen más rápida y cómodamente a través de

Hace cien años fueron muy comunes estos formularios.

un auricular y, más recientemente, por móvil o internet. De manera que en nuestra guía de direcciones figuran los números de teléfono y los correos electrónicos de amigos y conocidos; rara vez sus direcciones postales. El dinamismo y agilidad de la vida moderna así lo exigen.

En otros países es diferente. Sin perjuicio de un uso masivo del teléfono, fijo o móvil, o de los mensajes electrónicos, la carta sigue siendo el vehículo para formalizar una relación empresarial, establecer un contacto o dar las gracias por una invitación a un acto social. La Inglaterra de hoy, los Estados Unidos y Canadá siguen con esta tradición. Algo parecido comienza a generalizarse en España, donde se va imponiendo la costumbre de agradecer por carta las atenciones, obsequios o invitaciones que hemos recibido. Un hábito que debemos cultivar, porque es lo correcto y elegante. Como ya hemos indicado, agradecer una invitación es obligado, en eso que hemos descrito como «hacer las cosas bien», tan importante para el éxito social. Y si lo haces por carta, siempre quedarás mejor.

Además de las ocasiones oficiales y los agradecimientos citados, la carta ha de ser empleada en estas circunstancias concretas, que paso a exponer: cuado queramos dar realce a nuestra comunicación, dejar constancia escrita de cuanto decimos o explicar con precisión lo que deseamos transmitir.

Las cartas, por tanto, no son algo del pasado. De ahí que sea necesario conocer algunos puntos relativos al papel, formato y dimensiones, así como a los tratamientos usados en el encabezamiento y despedida. Sin olvidarse del sobre. Es decir: toda una serie de formalidades que nos ayudarán a proyectar una buena imagen de quien escribe, y que paso a exponer a continuación.

En las comunicaciones formales debe usarse la pluma, no el bolígrafo.

La tradicional pluma de ave.

1.– Para las cartas personales, no sirve cualquier papel. Ni cualquier sobre. Es bueno saberlo y que cada cual, de acuerdo con su posición, elija el que más sea de su agrado. Los funcionarios y cargos oficiales emplean el papel timbrado para sus comunicaciones. Los títulos nobiliarios usan el suyo propio, con los simbolos heráldicos grabados en relieve. Hubo un tiempo en que lo elegante era encargarlo a Harrods, en Londres; ahora, los tenemos excelentes en España. Los profesionales y las oficinas comerciales disponen de impresos en los que, hasta no hace tantos años, se especificaban incluso los datos bancarios de interés para el cliente. En cuanto a los particulares, lo más aconsejable es contar con un propio papel personalizado, donde aparezca su nombre (no la dirección ni el teléfono, que se reservan para las tarjetas de visita o las comunicaciones de negocios) en el ángulo superior izquierdo.

2.– Los formatos y tamaños más empleados para cartas son la cuartilla, aunque el conocido como «octavo», algo más pequeño, puede ser muy elegante, sobre todo en las señoras. Para las comunicaciones privadas no nos sirve el folio, que es el más usado en los despachos oficiales; ni es recomendable la holandesa, si el texto es sólo de dos o tres renglones, como suele suceder con las breves y protocolarias cartas de pésame o felicitación. Porque ese escueto texto quedaría perdido en un soporte de tal envergadura.

A fin de aportar información precisa, paso a especificar las medidas exactas más utilizadas. Son éstas: para los folios (poco usados en las cartas, como hemos dicho) el tamaño normal es de 21 por 29,5. La holandesa, 20 por 25. La cuartilla, 15 por 21. El octavo tendría un centímetro menos, en ambos sentidos. Las tarjetas, tarjetones y otros tipos de papel, obviamente más pequeños, los examinaremos a continuación.

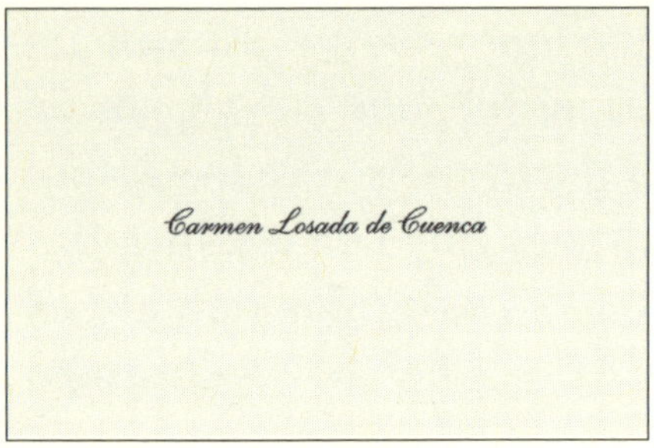

Tarjeta plegada, para agradecer.

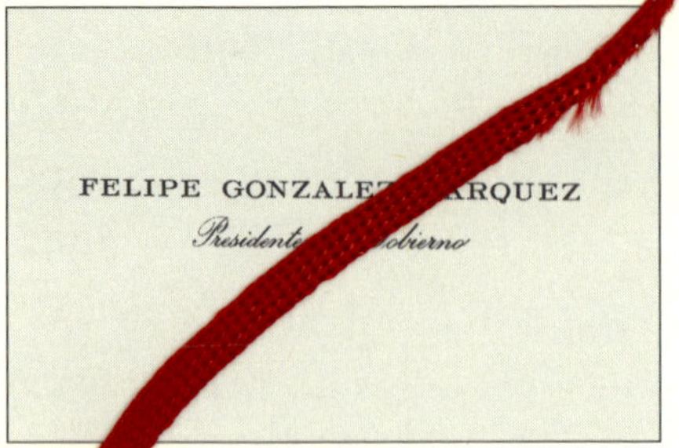

Los presidentes del Gobierno hacen acompañar sus regalos protocolarios (un libro, una caja, un pañuelo de señora) con tarjetas donde sólo figura el cargo.

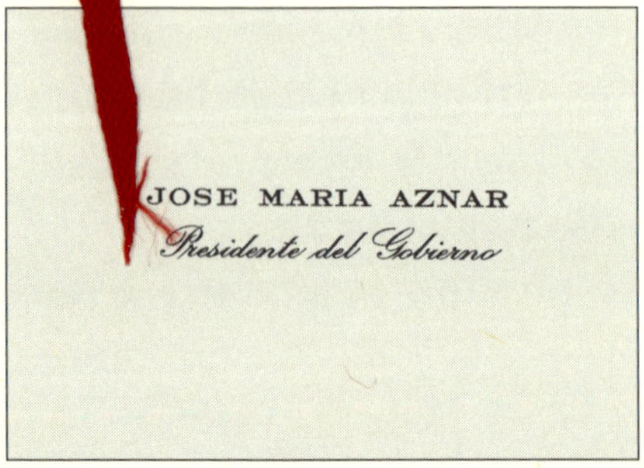

Sobre texturas y colores hay muchas variantes, que permiten dejar margen a los gustos personales. Las imprentas y papelerías disponen de un amplio muestrario, y en él podremos encontrar lo que buscamos. Esencial es elegir una textura de cierta consistencia –no una cartulina, que dejaremos para los tarjetones–, que añada a nuestra carta un toque distinguido y personal. En lo que atañe a los colores, el blanco sigue siendo el más usado, pero también caben otros matices dentro de los tonos claros –caña, marfil, crema, etc–, discretos y perfectamente utilizables. En Inglaterra, he podido comprobar que las damas sienten una clara predilección por el color azul claro y por el formato en medio folio, con el papel doblado.

En lo tocante al sobre, los hay impresos en el dorso –para funcionarios y cargos oficiales–, donde figura simplemente el rango (por ejemplo: «el Embajador de España») o «El Presidente», en el caso de una compañía o entidad comercial. Y los hay en blanco. En ese caso, por detrás escribiremos el remite, con nombre, apellido y dirección de quien envía.

Y ahora, dos observaciones:

- El sobre va en consonancia con el papel de carta. De hecho, en las buenas papelerías te los suministrarán de los mismos colores y calidades que las cuartillas elegidas, y con forro en papel de seda. No por razones de seguridad, como se hacía antaño, sino porque es más elegante.
- En las cartas personales, nombre y dirección han de escribirse a mano, con buena letra y con pluma o rotulador. Los sobres escritos con bolígrafo causan ya una mala impresión antes de abrirlos.

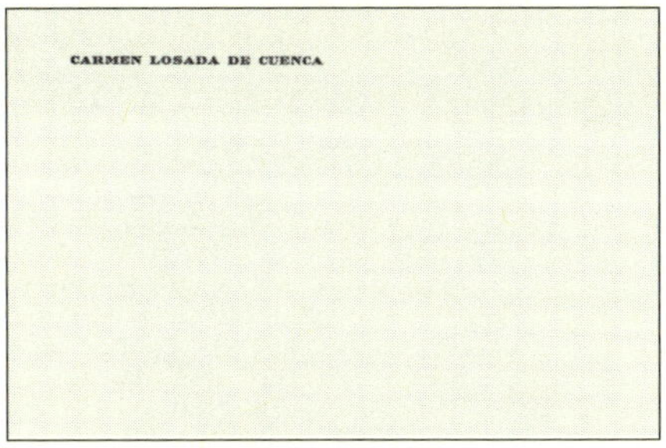

Tarjetón, para escribir.

Lo de escribir con letra clara es fundamental, así como el consignar los datos necesarios, incluyendo el código postal, si queremos que los mensajes lleguen a su destino sin problemas. Los servicios de correos están informatizados, y las máquinas no se andan con bromas: rechazan lo que no sea perfectamente legible. Mi suegro me contaba que, en los años veinte, llegó una carta a su destinatario a pesar de llevar escrito el sobre solamente con esta dirección: «Al hijo de mis entrañas que está sirviendo al Rey». Entonces teníamos –es bien sabido– el mejor Servicio de Correos del mundo. Hoy, la máquina de turno –impuesta por las exigencias de la modernidad–, habría resuelto el caso devolviéndolo con un frío «desconocido».

3.– En las cartas se reflejarán los tratamientos pertinentes, tanto en los encabezamientos como en las despedidas. Todo dependerá del objeto perseguido y del grado de amistad que tengamos con la persona a quienes vayan dirigidas.

En los casos no oficiales, las cuatro fórmulas más frecuentemente utilizadas para los encabezamientos, de menor a mayor nivel de conocimiento y amistad, serían éstas:

- «Muy señor/a mío/a», cuando no existe ninguna relación particular y se trata de una comunicación formal.
- «Mi distinguido amigo», en casos también formales pero con una mayor proximidad hacia el destinatario.
- «Mi querido amigo», si hay una relación entre el que escribe y quien recibe, pero no una amistad.
- «Querido Pedro», si escribimos a un amigo (que se llame Pedro, claro).

Tarjeta para agradecer un regalo. Va plegada y en relieve.

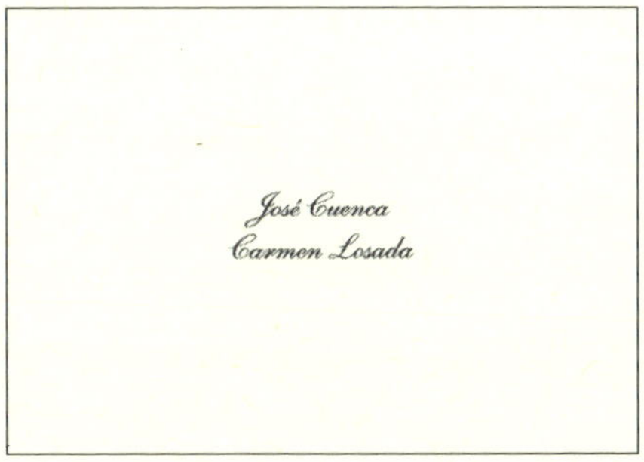

MONTERÍA EN EL BERROCAL DE LOS ROMERO
21 ENERO 2006

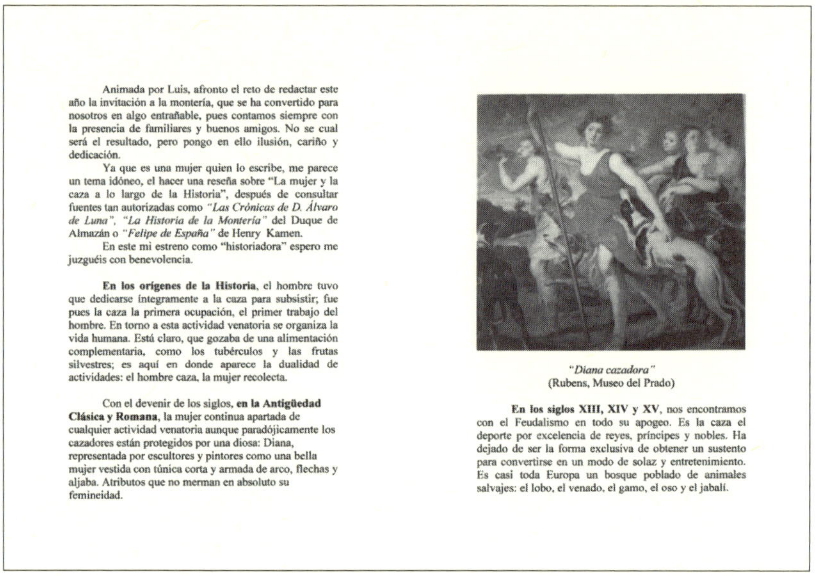

Animada por Luis, afronto el reto de redactar este año la invitación a la montería, que se ha convertido para nosotros en algo entrañable, pues contamos siempre con la presencia de familiares y buenos amigos. No se cual será el resultado, pero pongo en ello ilusión, cariño y dedicación.

Ya que es una mujer quien lo escribe, me parece un tema idóneo, el hacer una reseña sobre "La mujer y la caza a lo largo de la Historia", después de consultar fuentes tan autorizadas como *"Las Crónicas de D. Álvaro de Luna"*, *"La Historia de la Montería"* del Duque de Almazán o *"Felipe de España"* de Henry Kamen.

En este mi estreno como "historiadora" espero me juzguéis con benevolencia.

En los orígenes de la Historia, el hombre tuvo que dedicarse íntegramente a la caza para subsistir; fue pues la caza la primera ocupación, el primer trabajo del hombre. En torno a esta actividad venatoria se organiza la vida humana. Está claro, que gozaba de una alimentación complementaria, como los tubérculos y las frutas silvestres; es aquí en donde aparece la dualidad de actividades: el hombre caza, la mujer recolecta.

Con el devenir de los siglos, **en la Antigüedad Clásica y Romana**, la mujer continua apartada de cualquier actividad venatoria aunque paradójicamente los cazadores están protegidos por una diosa: Diana, representada por escultores y pintores como una bella mujer vestida con túnica corta y armada de arco, flechas y aljaba. Atributos que no merman en absoluto su femineidad.

"Diana cazadora"
(Rubens, Museo del Prado)

En los siglos XIII, XIV y XV, nos encontramos con el Feudalismo en todo su apogeo. Es la caza el deporte por excelencia de reyes, príncipes y nobles. Ha dejado de ser la forma exclusiva de obtener un sustento para convertirse en un modo de solaz y entretenimiento. Es casi toda Europa un bosque poblado de animales salvajes: el lobo, el venado, el gamo, el oso y el jabalí.

Invitación, muy elegante, para una montería. El texto y los grabados se refieren a la mujer cazadora.

La carta que enviamos a un cargo público, y en función de ese grado de amistad que decíamos, la podremos encabezar con un «Excelentísimo señor Ministro» (o Ministra, en su caso), si no hay conexión alguna; un «Respetado señor Ministro y querido amigo», si se da una cierta relación; diríamos «Querido Ministro, querido Pedro», cuando existe amistad pero queremos, por respeto a su cargo, guardar la preceptiva formalidad; y un simple «Querido Pedro» en caso de que estemos ante un amigo.

Para los Reyes y las Personas Reales, la manera más correcta, a mi juicio, es «Señor» o «Señora», aunque pueda utilizarse el «Majestad» o «Alteza», respectivamente.

En las despedidas, la fórmula dependerá de la que hemos utilizado en el encabezamiento, pero guardando la lógica concordancia. Si la carta comienza diciendo «muy señor mío», la terminaremos con un «le saluda atentamente», y no enviando un fuerte abrazo. Si es para una amiga y la comenzamos con un «Querida Carmen», la despedida será «un fuerte abrazo» o cualquier otra expresión que denote amistad, pero no un «le saluda atentamente». Parece ob-

Tintero de cerámica.

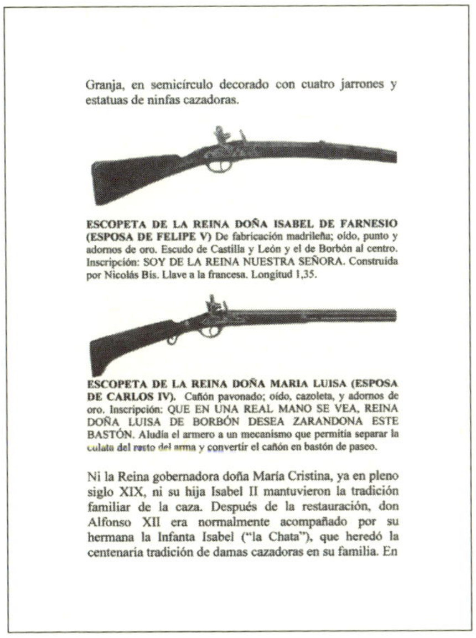

Granja, en semicírculo decorado con cuatro jarrones y estatuas de ninfas cazadoras.

ESCOPETA DE LA REINA DOÑA ISABEL DE FARNESIO (ESPOSA DE FELIPE V) De fabricación madrileña; oído, punto y adornos de oro. Escudo de Castilla y León y el de Borbón al centro. Inscripción: SOY DE LA REINA NUESTRA SEÑORA. Construida por Nicolás Bis. Llave a la francesa. Longitud 1,35.

ESCOPETA DE LA REINA DOÑA MARIA LUISA (ESPOSA DE CARLOS IV). Cañón pavonado; oído, cazoleta, y adornos de oro. Inscripción: QUE EN UNA REAL MANO SE VEA, REINA DOÑA LUISA DE BORBÓN DESEA ZARANDONA ESTE BASTÓN. Aludía el armero a un mecanismo que permitía separar la culata del resto del arma y convertir el cañón en bastón de paseo.

Ni la Reina gobernadora doña María Cristina, ya en pleno siglo XIX, ni su hija Isabel II mantuvieron la tradición familiar de la caza. Después de la restauración, don Alfonso XII era normalmente acompañado por su hermana la Infanta Isabel ("la Chata"), que heredó la centenaria tradición de damas cazadoras en su familia. En

Elegante modelo de pluma estilográfica.

vio, pero es una correlación que debemos cuidar. En cuanto a los Reyes y Personas Reales, la mejor despedida es «Con el mayor respeto».

Las cartas que se escriben a mano irán con nuestra propia caligrafía y en letra clara y fácilmente legible, pero no usando sólo mayúsculas o «letra de molde», como si se tratase de un anónimo vergonzante. Y nunca con tachaduras o borrones. Con un requisito adicional: usemos la pluma estilográfica. Si no disponemos de ella, existen rotuladores de punta fina, amén de otros productos, en este amplio mercado, que pueden suplir a la estilográfica, aunque no igualen, ni de lejos, su caligrafía. Pero usar el bolígrafo –esa corruptela impuesta por la comodidad y las correprisas–, es algo a lo que conviene dar de lado.

Si las escribimos –o nos las escribe la secretaria– a máquina, es indispensable poner el encabezamiento y la despedida a mano, como símbolo de proximidad y calidez. De otro modo, habremos convertido la carta en un mero documento, frío y distante, como esas comunicaciones que nos mandan con anuncios las agencias de viajes, o con ventajas y ofertas suculentas los grandes almacenes.

También es preciso buscar una determinada estética en la composición, distribuyendo el texto de manera equilibrada, tanto en los espacios superior e inferior como en los márgenes. Las buenas secretarias saben muy bien que una carta presentada de forma elegante predispone favorablemente a quien la lee.

Las tarjetas de visita cumplen, además de las tradicionales funciones protocolarias (enviar una flores, por ejemplo) un muy importante cometido: darse a conocer. A tal fin, deben contener todos los datos necesarios, que son éstos: nombre y uno o dos apellidos, profesión o cargo, dirección, número de teléfono y correo electrónico. Es muy útil disponer de estas tarjetas, especialmente entre los

Soberbia caligrafía en el sobre que contenía la tarjeta del Presidente Mitterand.

Estuche de viaje, en plata, con tintero incorporado (siglo XIX). El modelo de plumilla es de los llamados «de pico de pato».

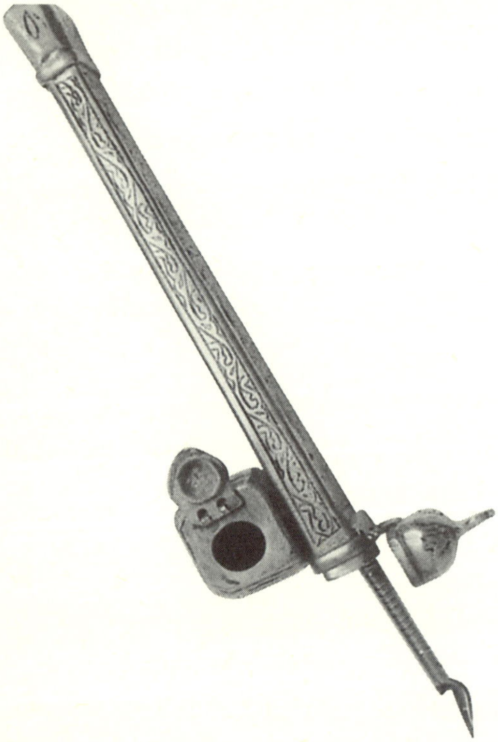

hombres de negocios (son las llamadas «tarjetas de trabajo»), para facilitar contactos personales o relaciones comerciales; y entre funcionarios, a fin de establecer una relación profesional con los colegas de los restantes ministerios o de otros países, con los que hemos coincidido en jornadas de trabajo o en reuniones internacionales.

Pero, ojo: no resulta apropiado irrumpir en un acto social, o en una conferencia internacional, repartiendo tarjetas a voleo, con lo que, además de dar una imagen bastante pobre de nosotros mismos, parecería que estamos llevando a cabo una intromisión en la vida de los demás.

Aparte de estas tarjetas de trabajo y relación, podemos usar otras en las que sólo figura el nombre, el título o el cargo. En este caso, estamos ante una forma de significar que deseamos subrayar algo directo y personal, sin poner el énfasis en los vínculos profesionales que existan o podamos establecer. Así se actúa cuando queremos destacar el carácter institucional de quien hace un obsequio, protocolario y de no mucho valor. En los viajes oficiales (por ejemplo, de los Presidentes del Gobierno) los Jefes de Protocolo son portadores de unos cuantos regalos (cajitas, bolígrafos, pañuelos), que se envuelven en «papel institucional» y se acompañan de una etiqueta para el destinatario, o destinataria, y de la tarjeta de quien envía el obsequio, donde figurará «El Presidente del Gobierno». Recuerdo un caso en que se hizo llegar a nuestra cocinera uno de estos modestos presentes, con el enorme valor añadido de la tarjeta en que constaba quién hacía el regalo, algo que siempre nos halaga. Fue muy feliz al recibirla, y la guarda como un tesoro.

Si nos hacen llegar un libro como regalo de Navidad, o como agradecimiento por el trato y atenciones que hemos dispensado con ocasión de una visita, la tarjeta que lo acompañe será de este último tipo, y en ella se consignará

Tres modelos de tarjetones con sus elegantes sobres.

escuetamente el cargo, que podrá ser, por ejemplo, «El Alcalde de Sevilla»; o el más modesto de «El Concejal de Cultura» de esta o aquella Corporación Municipal. En estos casos, no se añade ni el nombre ni los datos relativos a direcciones o teléfonos, sino sólo esa señal para saber la procedencia del regalo.

También existe otra variante: las tarjetas donde aparecen los dos nombres del matrimonio, usadas en los regalos entre amigos. Igualmente pueden mandarse como agradecimiento por una invitación en el campo, en un barco o en un fin de semana. Suelen ser plegadas, y de tamaños intermedios entre el tarjetón y la tarjeta de visita.

Los tarjetones, de uso muy frecuente, presentan varios tipos. Los más utilizados son los relativos a las invitaciones para cócteles y cenas, que hemos descrito detalladamente en el apartado segundo de este libro. Pero igualmente se utilizan en sustitución de la carta, para la correspondencia personal. En ese caso, en ellos no aparece «Los señores de...», ni los datos relativos a la ocasión social citada, ni las direcciones y teléfonos. Sólo llevan, en el ángulo superior izquierdo, el nombre, el cargo o el título nobiliario, con la corona heráldica que le corresponda.

Es muy elegante que las tarjetas y los tarjetones vayan grabados en relieve. Se trata de un pequeño gasto adicional, pero redunda en beneficio de tu imagen. Algunos Ministerios cuentan, además, con tarjetones en los que no consta ningún nombre, ni otro signo de identificación que el Escudo de España grabado en seco, en el centro de la parte superior. Sólo pueden usarlos quienes estén autorizados.

Dejando a un lado las invitaciones de boda, ya descritas, existe una amplia selección de otras participaciones, tanto para felicitar como para recordatorios de aniversarios, onomásticas, cumpleaños y acontecimientos festivos.

Por Navidad, se suelen enviar fotografías para ver cómo va creciendo la familia.

No te dejes embaucar por estas tarjetas ya impresas, con leyendas tales como «para la mejor abuela del mundo», o las usadas para el Día de la Madre o el de los enamorados, con su corazón en rojo bien visible. Nunca las envíes. Son cosas de chiquillos, que gustan de mandarlas a sus amiguitos, con su Micky Mouse incluido, en las fiestas infantiles.

Particularmente elegantes son las invitaciones para algo tan tradicional en este país como son las monterías, en las que se reproducen bellísimas ilustraciones de códices antiguos dedicados a la caza. En las fotografías anejas se adjunta una de ellas, que considero muy afortunada.

Dentro de este apartado, merecen consideración las felicitaciones de Navidad. Hubo unos años en que, a partir de mediados de diciembre, los populares «christmas» invadían nuestras casas, siguiendo una costumbre muy americana. Luego, sin llegar a caer en desgracia, entraron en una cierta crisis; y ahora, de nuevo, han vuelto a remontar el vuelo. Y con fuerza.

Yo estoy muy de acuerdo con esa tradición. No sólo se trata de desear felicidad en unas fechas señaladas –la Navidad y el Año Nuevo–, cuando en el mundo entero se entrecruzan parabienes, sino de mantener un contacto epistolar con amigos y conocidos una vez al año. En el fondo, esas felicitaciones han venido a llenar el vacío dejado por nuestra pereza epistolar. Respecto a ellas, apuntemos dos obligaciones: enviarlas a comienzos de diciembre, para que lleguen a tiempo, a pesar de los agobios de esas fechas; y contestarlas siempre, aunque sea tarde.

Los tarjeteros vuelven a ser necesarios.

Múltiples son los objetivos que se logran con una felicitación de Navidad, desde enviar fotografías para ver cómo va creciendo la familia, hasta desear «Felices Pascuas» por parte de unos grandes almacenes. En todo caso, creo que conviene anotar estas reflexiones.

Felicitación enviada por diputados del Congreso en la navidad del año 2005.

- Las felicitaciones más elegantes son siempre las que, a las fórmulas acostumbradas, añaden un toque personal. Tales son las que me hace llegar todos los años Antonio Gala.
- Entre familias de tradición cristiana, se eligen escenas relativas a la Natividad o reproducciones de páginas de códices miniados. Las hay maravillosas.
- Nuestros hijos nos las mandan con fotos de los niños. Es una buena idea. Así vamos viendo cómo aumenta la familia y cómo van creciendo.
- Los organismos oficiales suelen enviar grandes y espectaculares cartones. Las que compuso para el 2004 el Ministerio de Asuntos Exteriores, con reproducciones de cuadros colgados en el viejo Palacio de Santa Cruz, son preciosas.
- Los tarjetones personales resultan igualmente apropiados. Además, permiten singularizar cada felicitación, a condición de que sepamos transmitir desos de paz y felicidad con algo más que el consabido «Felices Pascuas y próspero Año Nuevo».

Tarjetero de plata.

A fin de concurrir a las ofertas de trabajo, es muy importante saber redactar un «currículum vitae». No soy partidaria de hacerlos demasiado extensos, incluyendo títulos problemáticos y datos sin valor. Se trata de informar, no de confundir a quien lo lea. Por tanto, nos concentraremos en dejar constancia de nuestro nombre, edad, estado civil, lugar de nacimiento y DNI. Y añadiremos los estudios cursados, títulos académicos, experiencia de trabajo, conocimiento de idiomas (especificando el nivel en que se hablan, leen o escriben), ocupación actual (con el grado de responsabilidad en la Administración o la empresa), dominio de la informática y cuanto pueda interesar a quien haya de tomar una decisión que desea-

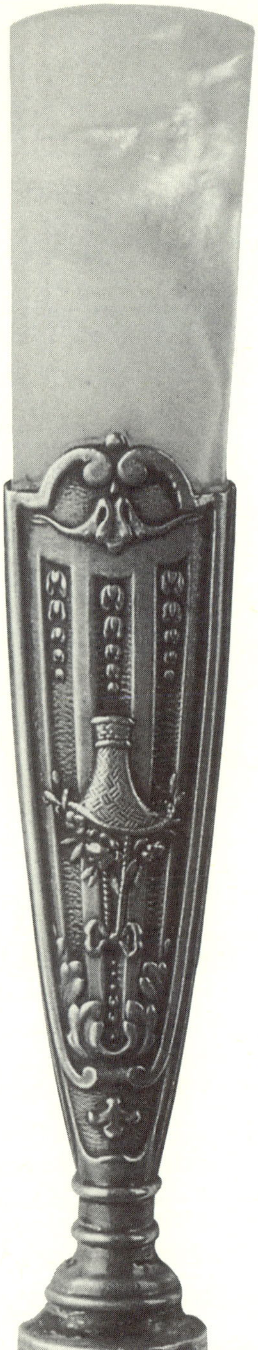

Sello antiguo para lacrar cartas.

mos favorable. Insisto: no busques rellenar muchos folios, sino suministrar información atractiva y fiel a la verdad, para lo que incluirás referencias serias que se puedan consultar. Y un punto sustancial: hacerlo con una buena presentación, que supone ya un primer tanto a tu favor.

Para concluir este apartado, haremos mención de las comunicaciones oficiales que enviamos a los altos cargos de la Administración. En los tiempos actuales, tan marcados por la burocracia, tendremos que escribir a las autoridades (nacionales, autonómicas, universitarias) en más de una ocasión. En este caso, no se trata de cartas de las que ya hemos hablado, sino de documentos que necesitan cumplir estos requisitos:

- Han de ir dirigidos al cargo, y no a la persona, aunque su titular sea conocido o incluso amigo nuestro.
- Siguen una formulación tradicional, en que han de especificarse, por orden y con toda claridad, (me refiero a las Instancias) estos elementos: nombre, apellidos y DNI del solicitante, seguido de un «A V.E., con el debido respeto, expone». En ese Expone, que irá en párrafo separado, se describen los fundamentos que apoyan la solicitud. A continuación, en punto y aparte, se anota el «suplica», con la petición que se eleva. Las palabras EXPONE y SUPLICA, que abren los dos párrafos sustanciales de la solicitud, se escriben con todas sus letras en mayúscula. Finalmente, se consigna el lugar y fecha en que se firma la solicitud.
- Es frecuente pedir un acuse de recibo, para dejar constancia de la fecha, con vistas a los plazos que empezarán a correr desde ese momento. Para algunos documentos oficiales, es imprescindible hacerlo.

Sello de madera.

Sello de ágata y plata.

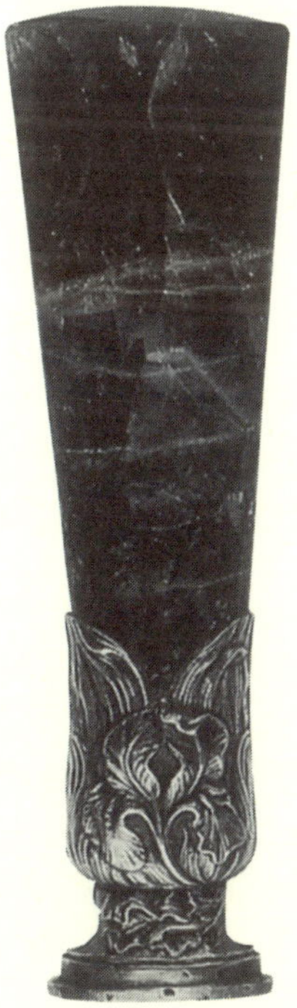

Vivimos en la era del internet, el fax y los correos electrónicos. Una era en que los avances de las nuevas tecnologías condicionan y dominan la vida cotidiana. Por tanto, dentro del mundo de relación existe un dato novedoso, muy a tener en cuenta: el impacto de las comunicaciones electrónicas. Se trata de medios menos formales, más flexibles y versátiles, pero que, en mi opinión, requieren un tratamiento de buen gusto, para huir de la vulgaridad o de la rutina.

- El fax es la mejor y más rápida forma de adelantar el contenido de una carta de negocios o de un documento. Pero habremos de hacer seguir por correo –ordinario o mensajero– el original, porque la telecopia –o fax– no tiene carácter oficial ni se acepta como prueba.
- El e–mail se ha impuesto en el quehacer de cada día. De hecho, todas las mañanas visitamos nuestro buzón electrónico para leer los mensajes. Son más informales que las cartas, pero no por ello hemos de caer en el descuido.
- Los correos electrónicos que enviamos serán minuciosamente releídos, para corregir posibles erratas y, además, estar seguros de que decimos lo que realmente deseamos. Las prisas no son buenas consejeras, porque una vez apretada la tecla de «enviar», ya no cabe corrección ni marcha atrás.

Como hemos dicho, el «fax» ha de ser utilizado con ciertas precauciones. Al menos, en dos casos: cuando se trata de documentos oficiales y en la relación con los bancos. Y no sólo porque no se acepten como prueba, sino porque se manipulan con facilidad. Y si esa manipulación afecta a nuestra cuenta corriente, el resultado puede convertirse en una auténtica catástrofe.

Sello de ébano.

Sello de plata.

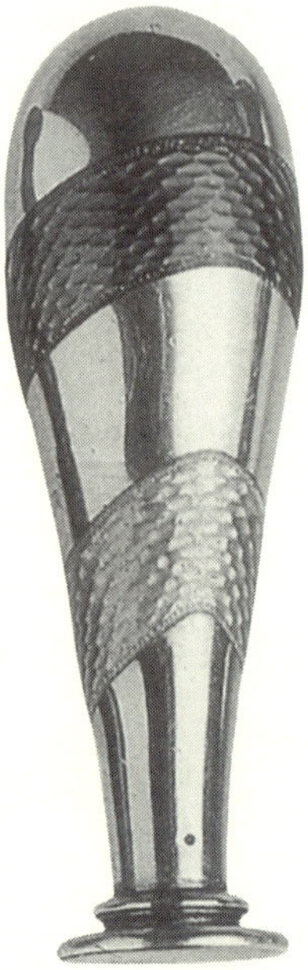

Conozco más de un hecho en que un tipo avispado –y ladrón– dejó en números rojos las cuentas de los señores a los que servía, ordenando a sus bancos, por fax, el traslado de los depósitos hacia un rumbo desconocido y no fácil de localizar. Lo hizo, naturalmente, horas antes de dejar la casa en que prestaba los servicios. En uno de estos casos, mi marido tuvo que hacer una gestión para tratar de recuperar lo sustraído. Se trataba de los ahorros de toda una vida de trabajo de un honesto funcionario, robados por un profesional del timo mediante una telecopia con falsa firma, aceptada con demasiada ligereza por el banco.

Hoy en día, las entidades bancarias han redoblado sus cautelas, introduciendo códigos secretos y otras sofisticadas precauciones para evitar tales asaltos. Pero también la picaresca de los que antes se llamaban «amigos de lo ajeno» ha progresado. Existen verdaderos expertos, encuadrados en mafias y redes del crimen organizado, capaces de entrar en nuestras cuentas y llevar a cabo movimientos fraudulentos en su propio beneficio, mediante comunicaciones electrónicas, compras por internet o manipulación de las tarjetas de crédito. Tanto el internet como el llamado «dinero de plástico» son una necesidad, claro es; pero hemos de usarlos con mucho cuidado, porque acechan los ladrones. Incluso en las gasolineras o los cajeros automáticos, donde cualquier distracción nos va a costar muy cara.

Y un consejo más: tanto los mensajes electrónicos como los que llegan por teléfono, sean fijos o móviles, tienen que ser contestados. Es de pésima educación no darse por aludido.

Vamos ahora con los análisis finales, de acuerdo con la práctica seguida en capítulos anteriores.

1.– La correspondencia escrita es algo que merece ser cultivado. Una carta oportuna, bien redactada y con una elegante presentación, contribuirá sin duda a nuestro éxito social.

2.– Los encabezamientos y despedidas se escriben siempre a mano. Además, no olvidemos que ha de existir una interrelación entre ambos. No se puede iniciar una misiva con un «Querida Carmen», para despedirse luego de manera fría y formal.

3.– El papel para cartas, tarjetas y tarjetones tiene que ser de calidad. Y la impresión, en relieve. Es algo más caro que un papel normal, pero vale la pena. En fin de cuentas, se trata de nuestra presentación hacia el exterior, que debemos cuidar.

4.– Un tratamiento equivocado predispone negativamente a quien recibe una carta. Parece obvio, pero se siguen cometiendo errores imperdonables en este campo. A mi esposo le llegó un día un sobre dirigido a «Don Pepe Cuenca».

5.– El tarjetón no es de uso exclusivo de los altos cargos de la administración, o de los miembros de la nobleza. Todos podemos usarlo. Y quedarán muy bien quienes lo hagan.

6.– Las comunicaciones oficiales deben plegarse a unas fórmulas concretas y contener determinadas precisiones. Si no estamos seguros de cómo redactar una Instancia, mejor dejarlo en manos de profesionales.

7.– Las nuevas tecnologías han puesto a nuestra disposición posibilidades casi ilimitadas. Sepamos aprovecharlas, pero sin caer en lo vulgar o en lo grosero.

8.– Los correos electrónicos son mensajes personales, que debes cuidar. Existe un protocolo del e–mail. Toda comunicación, por razón de su origen y por respeto hacia su destinatario, debe plegarse a las normas de la cortesía y la buena crianza.

9.– Las felicitaciones de Navidad mantienen vivo el espíritu de paz, fraternidad y buenos deseos, en la familia y en el círculo de amigos más cercanos. No dejemos que se pierda esta tradición. En Estados Unidos son buena ocasión, además, para añadir una nota informando sobre los acontecimientos familiares desde la última Navidad.

10.– Sus Majestades los Reyes han decidido, para sus felicitaciones de Navidad, enviar fotos familiares. Me gusta ver en esas fotos cómo, con el paso de los años, nuestros Reyes han ido madurando y la Casa se ha llenado de niños y alegría.

Y con esto terminamos los apartados relativos a la comunicación, tan importantes. Entramos en una materia complicada y divertida: el vestido en el hombre y la mujer. Algo visible e inmediato, que contribuye a trasmitir esa imagen de elegancia que queremos cultivar.

VIII
El vestido en la mujer

«En tiempos de nuestras abuelas, lucir brillantes por la mañana se consideraba una ordinariez.»

(Lina Sotis)

Se piensa que los trajes de etiqueta, los vistosos uniformes y las lucidas condecoraciones son coto exclusivo de los varones, que han buscado con estos deslumbrantes paramentos transmitir una imagen de poder y majestad. Es un error. También la mujer viste de etiqueta, luce el uniforme –los de la Carrera Diplomática son particularmente elegantes– y usa de esas condecoraciones mencionadas,(ver un Lazo de Dama en la información gráfica) en las circunstancias de las que hablaremos en el capítulo siguiente.

La entrada de la mujer en determinadas carreras y, en los últimos años, en las fuerzas armadas, ha revolucionado el concepto moderno de los uniformes. Hoy, esa vestimenta, tradicionalmente reservada a los hombres, es también cosa de mujeres. Basta darse una vuelta por la ciudad para ver, en la Policía Municipal y en los Cuerpos y Fuerzas de Seguridad del Estado, una notable cantidad de chicas de uniforme. Y lo mismo sucede en las filas de la Armada. Du-

Traje largo con Banda y Lazo de Dama.

rante nuestra estancia en Atenas, mi marido pudo comprobar cómo los griegos se extrañaban del número de mujeres que iba en la dotación de las fragatas españolas, ancladas en el puerto de El Pireo, donde fondeaban durante las operaciones de vigilancia del Adriático, en los años que duró el tremendo conflicto de los Balcanes. Hoy, una de estas mujeres está al mando de un buque de la Armada. Igual sucede con el resto de las fuerzas encargadas de la defensa nacional, en las que aumenta cada día el número de chicas enroladas, algunas ya con responsabilidades de mando.

Al margen de estos casos, la etiqueta en la mujer tiene un componente esencial: el traje largo. Y hay que estar seguros del momento y la ocasión en que lo debemos utilizar, para no pecar por exceso o por defecto. Es decir: para no caer en el error de usarlo en casos en que no es recomendable, o no llevarlo cuando sea obligatorio. Y lo es en estos dos supuestos:

- Cuando los anfitriones, deseosos de realzar un evento especial, indican en la invitación que las señoras han de ir de largo. Nadie te lo va a exigir, pero no llevarlo sería una descortesía.
- En las cenas y actos de gala, sobre todo en el Palacio Real. Si la cena es en honor de un Mandatario extranjero y su señora, tanto Su Majestad la Reina como la invitada de honor irán de largo. Quedarías muy mal si no lo hicieras tú.

Aparte de los ya dichos, hay no pocos eventos en los que el traje largo es el más indicado. Así sucede en los bailes de gala con motivo de las presentaciones en sociedad, que vuelven a estar de moda; o si la anfitriona de una cena, aunque no lo haya pedido a las asistentes, decide ponérselo para recibir a sus invitados. En tal caso, vestirá de largo ella sola.

Pero esas ocasiones solemnes, salvo para las esposas de políticos, miembros del Gobierno, altos cargos de la Administración y muy señalados estamentos sociales, se nos van a presentar muy de tarde en tarde. Mientras que el bien vestir en la mujer es tarea de todos los días: en la casa, el trabajo, la calle, y los diferentes ámbitos de la vida cotidiana. De ese bien vestir al que aspiramos depende, en gran medida, nuestra imagen. Por eso, saber cuáles son los trajes apropiados, y cómo utilizarlos, es tan importante: porque nos ayudará a conseguir el éxito social. Y a ello vamos a dedicar toda la atención, tratando de ofrecer información actual y concreta, que nos será muy útil para conseguir lo que deseamos.

Vestido con Lazo de Dama.

- El ámbito doméstico es de la mayor importancia y, por desgracia, no siempre está lo atendido que precisa. La ropa de casa debe realzar el papel de la mujer en su entorno familiar. No tiene por qué ser cara o sofisticada, pero sí cómoda, discreta y atractiva.
- El trabajo requiere especial atención. Al decir trabajo me estoy refiriendo también a la Universidad. Aquí, la comodidad es determinante, puesto que vamos a llevar la misma ropa durante muchas horas. Por lo demás, existen tareas en que es obligatorio el uso de una determinada ropa o uniforme (por ejemplo, las azafatas). Si se trata de personal sanitario, la pulcritud en la bata blanca, o verde, es fundamental.
- Moverse por la calle forma parte del diario quehacer de la mujer. Aunque salgas sola, ve siempre bien arreglada, no sólo por tu propia estimación y prestigio social, sino porque es seguro que te tropezarás con alguien conocido.
- Las ocasiones formales no de gala (almuerzos, cenas, meriendas) se presentan con frecuencia y merecen ser

La «Petite robe noire», que hizo famosa a Cocó Chanel.

cuidadas. Ya hemos visto cómo vestirse para asistir a ellas, sabiendo que siempre serás observada, y que la valoración final que hagan los demás (por ejemplo, en una cena) va a depender, también, de cómo vayas vestida.

Como aclaración en este último punto, y siempre conforme a mi propósito de orientar a mis lectoras, me voy a permitir apuntar dos criterios que me parecen relevantes:

1.– La mujer no debe ir sobrevestida; pero, en caso de duda, siempre es preferible pecar por más que por menos. Si vas a una merienda, aunque sea con amigas muy amigas, y apareces con un buen traje de tarde, nunca quedarás mal. Pero si las restantes señoras lo llevan y tú te presentas de trapillo, es seguro que te vas a arrepentir de no haberte puesto algo más formal.

2.– Una cosa es la elegancia y otra muy distinta llamar la atención. Lo segundo es más fácil de lograr que lo primero. Llevar sombreros, postizos o abalorios llamativos está al alcance de cualquiera. Vestir de manera sencilla y elegante es otra cosa, y requiere adaptarse a ciertos criterios.

Esto nos conduce a la parte central y más difícil de este apartado: definir esos criterios de elegancia, siendo muy conscientes de que no estamos ante una materia que podamos acotar con normas rígidas.

Se ha escrito tanto sobre la elegancia, que parece ya estar dicho todo. No es verdad. Porque hay casos muy difíciles; y, al contrario, en otros estamos ante un atributo natural –he visto campesinas, vestidas pobremente, que se mueven como reinas–, que se tiene o no se tiene. De ahí que tales normas sean muchas y flexibles, dependiendo de las personas y las situaciones en que deban aplicarse.

Sencillos o sofisticados, más oscuros o más claros, el pantalón vaquero ocupa un lugar de privilegio en la ropa de hombres y mujeres.

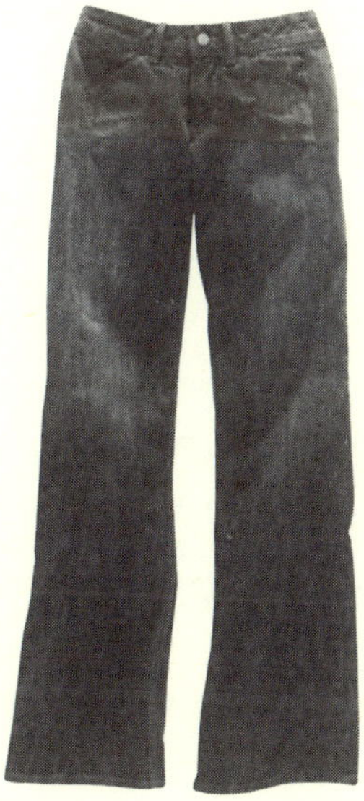

En efecto: la elegancia puede ser innata –el estilo es otra cosa–, pero se pule y se mejora, siguiendo algunas pautas y corrigiendo ciertas actuaciones. Por tanto, es algo que cabe cultivar. A tal fin, propongo unas orientaciones que considero convenientes. Son éstas:

1.– En la naturalidad está el más sólido basamento de la elegancia. Y en saber llevar, sin estridencias ni toques artificiales y efectictas, tanto un vestido de diario como el más sofisticado modelo de alta costura.

2.– Una cosa es que el atuendo elegante se haga notar y otra que llame la atención. Lo que buscan las grandes modistas es que se fijen en las señoras a quienes visten, no en el vestido que llevan puesto.

3.– Elegancia y precio de la ropa son conceptos diferentes. Un vestido caro no siempre es elegante. Y uno sencillo sí puede serlo, y mucho. La buena ropa está al alcance de cualquiera que pueda pagársela. Que resulte elegante es otro tema, que dependerá en gran parte de ti. Antonio Machado lo dijo muy bien: «sólo el necio confunde valor y precio».

4.– Ser muy conscientes de las características personales a la hora de elegir la indumentaria. Es decir: tomar en cuenta particularidades como la edad, el aspecto físico y la estructura anatómica, con factores tan importantes como el peso o la estatura. Una señora mayor vestida de jovencita quizá resulte vistosa, pero jamás ira elegante. Incluso bordeará el ridículo.

5.– Está bien seguir las modas, pero manteniendo siempre nuestro estilo personal. La elegancia no se compra: acom-

En 1953, Dior midió la altura exacta de la falda.

paña a quien sabe cultivarla, combinando saberes, estilo y toque individual.

La buena ropa no es barata. Sin embargo, acabamos de decir que elegancia y precio son conceptos diferentes. Por eso hemos de manejar inteligentemente los recursos disponibles, sin renunciar por ello a la elegancia. Los modistos, las buenas tiendas y las secciones exclusivas de los grandes almacenes se esfuerzan por cambiar los tejidos, los cortes y diseños, las formas y colores cada temporada, con una sola finalidad: vender más. Por mi parte, pienso que está bien seguir los criterios de la moda, con las limitaciones más arriba señaladas; pero no debes caer en la esclavitud de sus dictados, ni plegarte siempre a sus últimas tendencias. Entre otras cosas, porque no hay bolsillo que lo aguante.

Para disponer de un ropero suficiente, eso que se conoce como «un buen fondo de armario», sin caer en la más completa ruina, tienes que contar con prendas informales –de uso cada vez más frecuente–, con ropa de calle, vestidos para lo que hemos llamado ocasiones especiales y con algún traje largo para cenas de gala y otras invitaciones que exijan la etiqueta. Dicho así, parece excesivo. No lo es, si tomamos en consideración ciertas claves que nos ayudarán a resolver el problema económico y que, conforme a lo que me aconseja la experiencia, podrían estar incluidas en los siguientes recomendaciones:

- La regla de oro es ésta: más vale poco y bueno que contar con abundante pacotilla que, a la larga, resultará más cara.
- Elegir prendas que se combinen fácilmente y sean intercambiables, como sucede con los conjuntos de blusa, jersey y pantalón.

- Buscar tonos lisos y nada llamativos, que no pasen de moda. Los franceses dicen que un color «muy de moda» estará en poco tiempo, irremediablemente, «pasado de moda».
- Echar mano de diversos complementos individuales (bolsos, zapatos, cinturones) con los que dar un toque diferente a un mismo atuendo de base, actualizando nuestra indumentaria.

En última instancia seremos nosotras, y no la cuenta corriente, las responsables de la propia elegancia. Una elegancia que, como ya se dijo, estará directamente conectada con la personalidad.

En este punto, y para suministrar información a mis lectoras, creo conveniente aportar unos datos de interés sobre ese mundo apasionante, que da trabajo a miles de personas y mueve millones de euros: la alta costura.

Dior ahuecó la falda con cinturas muy ceñidas.

En los años cincuenta, Balenciaga fue el gran arquitecto de la moda, revolucionando la alta costura con su visión innovadora. A comienzos de los setenta tuve la suerte de poder contemplar en Nueva York una soberbia muestra de ropa suya, en la que me llamaron la atención sus trajes de caza, creados para señoras conocidas de la alta sociedad madrileña. Hoy, en Guetaria, existe una exposición permanente con las creaciones del maestro.

Él fue el más grande, seguido por todos los demás. Dior cambió la moda con su «new look», que adoptaron las mujeres más elegantes. Con el paso de los años, ampliaría sus creaciones a una línea de complementos y perfumes, que siguen muy de actualidad. En los setenta, Yves Saint Laurent se convirtió en un experto en la selección de tejidos para sus elaborados diseños. Más tarde, a comienzos de los noventa, tomó una decisión: salir del taller para inspirarse en la calle, dando a su ropa un toque distendido.

Balenciaga fue un gran arquitecto de la moda.

Décadas antes, Cocó Chanel –Gabrielle era su verdadero nombre– ya había introducido su personal estilo: el traje de chaqueta, sin cuello, cerrado y en tejido de lana o tweed; y el llamado «petite robe noire», que ella creó. Ahí estuvo su principal aportación: diseñar modelos cómodos y libres, inspirados en líneas masculinas. Y algo más: dignificar la bisutería (sus cinturones de cadena, sus collares de perlas) y añadir a sus creaciones una línea de fragancias –su Chanel nº5 se aproxima ya a los cien años, y todavía sigue ahí– mil veces imitada. Por cierto: también eran falsos los collares de perlas de Jacqueline Kennedy y, sin embargo, han alcanzado en las subastas altísimas cotizaciones.

Coco Chanel, con sus famosos collares de bisutería.

Traje «Vintage» que lució Julia Roberts.

Las miradas se fijan de nuevo en lo que se lleva por la calle. Según Elvira Lindo, las aceras de las grandes ciudades son el mejor escenario para empaparse de las tendencias del vestir moderno. Lejos de los «ateliers», de las maniquíes esqueléticas y sofisticadas y de la jerga esnob de este mundillo, una enorme pasarela, viva y actual, –la calle– se despliega ante los ojos de quienes quieran mirarla. Algo que deberíamos exigir a los creadores.

Las últimas tendencias apuestan por la originalidad y la personalidad. Pero también ha surgido una mirada atrás: la ropa «vintage», que se cotiza a un alto precio, sobre todo en los Estados Unidos. Allí se han puesto de moda los atuendos, los detalles y la bisutería de los años setenta. Todos recordamos el precioso vestido de Valentino –un modelo de hace veinte años– que lució Julia Roberts en los Ángeles, cuando recibió el Oscar a la mejor interpretación femenina.

Los «Manolos» son obras de arte.

Modelos de otros zapateros.

O el que llevó Nicole Kidman en la ceremonia del año 2006: una fabulosa creación de Balenciaga.

Algo hay que decir de los vaqueros. Patentados por Levi Strauss hace casi siglo y medio, los «tejidos vaqueros», base del famoso pantalón, siguen ahí. Y con más fuerza que nunca. Confeccionados en tela de algodón, y en tonos predominantemente azules, los pantalones vaqueros han evolucionado, plegándose a las exigencias de la moda. Hoy constituyen una pieza imprescindible en nuestro armario, que han sabido adaptarse al gusto de los tiempos –más oscuros o más claros, anchos o estrechos, cortos o largos, impecables o artificialmente gastados– hasta constituirse en la más importante de nuestras prendas informales.

Esa informalidad significa que, como ya hemos dicho, a una cena oficial o a un teatro jamás se va en vaqueros, por muy costosos y de altas firmas que sean.

Vestir con elegancia no sólo depende de la ropa –de casa, de calle o de fiesta–, sino que se conecta con el uso de los complementos. Y aquí resulta más verdad que nunca la regla de oro que acabamos de enunciar: más vale poco y bueno que la abundante pacotilla. Aunque, como después veremos al tratar de las joyas, hoy contamos con una excelente bisutería, cada vez más apreciada –estoy pensando en Cadoro o Keneth Lane–, que ocupa un muy digno lugar en sustitución de las joyas, a ciertas horas del día.

Zapatos, pañuelos, bolsos, guantes, cinturones: una buena selección nos ayuda, como antes se ha dicho, a mejorar y enriquecer nuestra indumentaria, con vistas a cuidar la imagen que deseamos transmitir.

El calzado no sólo es imprescindible –se puede salir sin bolso o sin pañuelo, pero no sin zapatos–, sino que constituye el más variado y enriquecedor de los posibles complementos.

Distintas formas de colgar el bolso de fiesta.

Bolso Lady Dior, que se creó en homenaje a Diana de Gales.

El clásico *Kelly*, creado por Hermés en honor de Grace Kelly, ahora renovado y en versión «mini».

Baguette en piel de cocodrilo, de la casa Louis Vouiton.

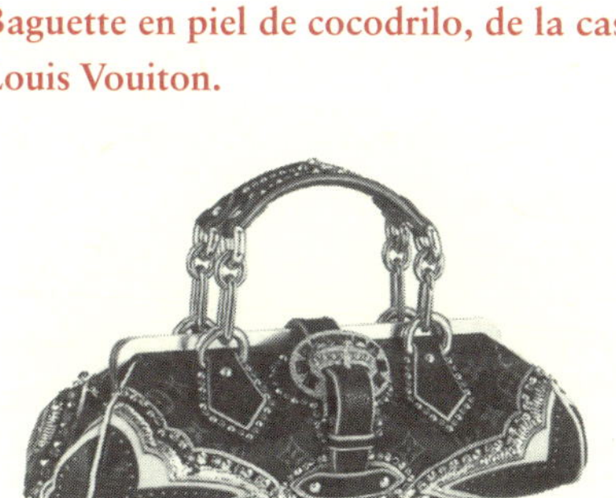

Variado, porque todas disponemos de zapatos agrupados en tres grandes familias, según su uso principal: calzado de campo y deportivo, de calle o de diario y, finalmente, de fiesta y de vestir. Su uso dependerá de esas condiciones antes apuntadas. La estatura recomendará tacones diferentes en las altas y bajitas; la edad impedirá a las señoras usar, para calle y para diario, el zapato deportivo; en fin, la solemnidad del acto te impondrá un tipo concreto de calzado.

Y enriquecedor, porque completa con el traje o el vestido el toque personal de elegancia y distinción. El color, la horma o la textura te ofrecen muchas posibilidades de elegir, siguiendo tus criterios de buen gusto. Por no hablar de los zapatos a medida que se confeccionan con la misma tela del vestido, para muy marcados actos, que en España hacen muchos y magníficos artesanos. Hoy, los buenos zapateros llegan a gozar de un prestigio que se acerca al de los grandes modistos, aunque el producto no sea más que un complemento. Manolo Blahnik, por el que siento una gran admiración, es uno de los maestros. Los «manolos» son obras de arte, de increíble confort, de manera que puedes llevar un zapato de tacón muy alto y no sentir la más mínima incomodidad. Desgraciadamente, sus precios no están al alcance de todos los bolsillos.

El bolso constituye otra de las piezas esenciales. Son siempre muy ayudadores, en sus múltiples usos (para viajes y fines de semana) e incluso insustituibles en ciertos casos. En función de esas características, los hay de diversos tamaños y materiales, de las más finas pieles a las lonas estampadas que te ofrecen selectas y exclusivas casas comerciales.

Sus usos son muy diferentes, según la hora, la función que han de cumplir y otras circunstancias. Y de ello va a depender tanto el material del que estén hechos como la forma y el tamaño. Así, un bolso de calle suele ser de piel o de las antedichas lonas estampadas. El de viaje, también de

El clásico Chanel, renovado.

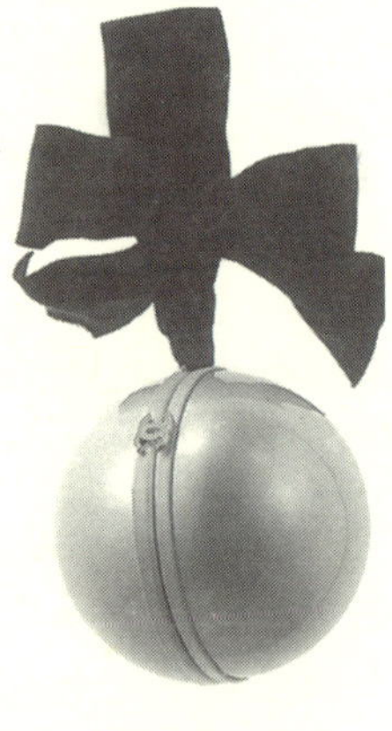

Bolso de fiesta de Chanel.

Original idea de adaptar un mismo diseño al gusto de diferentes países (Dior).

cuero, lona o una combinación de ambos elementos, tendrá un mayor tamaño, siguiendo un lógico criterio funcional. Y los de fiesta han de ser pequeños, para llevarlos en la mano y no colgados. Nunca serán de piel o lona, por costoso que sea el modelo, sino de tela (terciopelo o seda, por ejemplo), metálicos (malla o «mesh» de plata) o de otros materiales nobles, como el oro, el nácar o el carey. Hay bolsos de fiesta que son verdaderas joyas, como los que gustaba de lucir la Duquesa de Windsor, en los años cincuenta.

La moda de los bolsos está llegando a límites inauditos. Hace años, con un buen bolso de piel, negro o marrón, podías hacer varias temporadas. Hoy, las grandes casas luchan por crear modelos cada vez más costosos y atrevidos, incluso en ediciones limitadas, donde la cliente estará en lista de espera hasta que le llega su turno. A tal extremo, que en Estados Unidos, el país de las ideas peculiares, se pueden alquilar por internet, para usarlos unos días. Tal es el caso de una empresa que cede las grandes creaciones de Chanel, Prada, Moschino, Gucci o Louis Vouitton –se trata de piezas auténticas–, por una cantidad mensual. Transcurrido el tiempo concertado, lo devuelves y todos tan contentos.

Pañuelos, cinturones y guantes son imprescindibles para vestir con elegancia. Los pañuelos de buenas firmas –me encantan los de Hermès–, nos ayudarán, como hemos dicho, a dar un toque diferente a un mismo vestido. Aquí es muy verdad lo ya dicho: más vale tener un par de buenos pañuelos (tampoco tienes que arruinarte, porque los hay absurda e innecesariamente caros) que una docena de trapillos. Los cinturones constituyen un adorno que contribuirá tanto a cambiar el aire de una indumentaria (un vestido, un pantalón), como a darle un enriquecedor toque de elegancia. Respecto a los guantes, hay toda una industria encargada de poner en el mercado un amplio abanico de formas y diseños –más cortos o más largos–, pieles y colores.

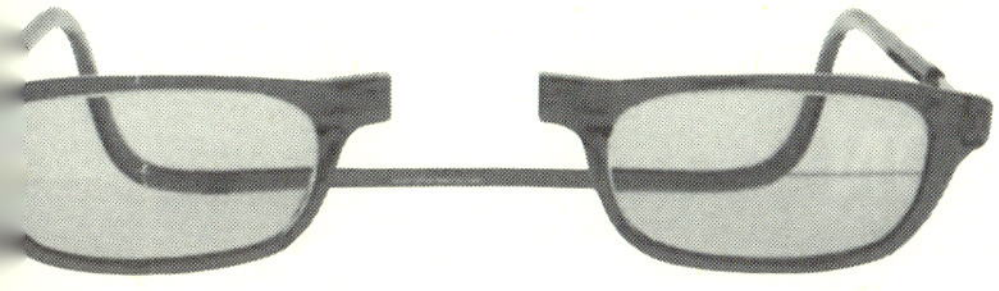

Originales gafas, con cierre frontal.

Y ahora que hablo del término abanicos, quiero señalar que, desde siempre, soy muy aficionada a ellos. Por eso me complace verlos otra vez de moda. Ya no son cosa de majas y manolas, sino un detalle que, en función del artista que lo pinte, puede convertirse en una obra de arte. Su empleo, en un país tan caluroso como España, está muy indicado para darse aire –hay incluso abanicos para hombres–, amén de permitir a las damas, sobre todo en el siglo XIX, un cierto juego en los salones.

Debo añadir que también les he sacado otra aplicación: utilizarlos, en muy marcadas ocasiones y con éxito, en el ornato de una mesa de comedor, en cenas muy protocolarias. En tal caso, se colocan entreabiertos en los lugares que corresponden a las señoras, con la tarjetita de mesa sobre ellos. Así sucedió en una cena ya citada: la que ofrecimos, al salir de Ottawa, en honor de la Gobernadora General de Canadá (representante de la Reina de Inglaterra en ese país). Puedo asegurarles que tan distinguida dama lo apreció de manera muy particular.

Perfumero con espejos en forma de tiovivo, en madera y cristal.

En España están volviendo los sombreros de señora. Los hay para diario, especialmente los de hule y telas enceradas, usados contra la lluvia. Los hay de campo y playa –muy diferentes los unos de los otros–, incluyendo una gran variedad de gorras deportivas para chicas. Y los hay para los actos solemnes, tales como bodas, cuando tienen lugar por la mañana. En estos y otros casos, el sombrero permite ser sustituido por un tocado, como más adelante se dirá.

De entre todas las prendas que componen el vestuario femenino, ninguna tan azarosa como la pamela. Porque con ella es fácil traspasar esa delgada línea que separa lo elegante de lo llamativo, lo vistoso de lo excéntrico, lo espectacular de lo ridículo. Pienso que entre nosotros, han empezado a estar pasadas de moda. En Inglaterra y en Francia, su uso está más extendido y abarca actos sociales

Ciertas marcas comienzan a ofrecer perfumes personalizados, como la casa Daum.

El famoso *Chanel nº 5* pronto cumplirá cien años.

de tarde y de mañana, tanto en las recepciones a cielo abierto como en las carreras de caballos. En España son reemplazadas por sombreros, de uso casi exclusivamente limitado a las bodas mañaneras, donde quedan muy lucidos. Aquí, más que con ningún otro atuendo, lo importante es que nos miren a nosotras, no al adorno que llevamos.

Los tocados, menos arriesgados que la pamela o el sombrero, podrán ponerse con trajes de mucho vestir, en bodas y fiestas, y no sólo por la mañana. Para que realcen nuestra elegancia, es indispensable que combinen bien sus formas y colores con el vestido que llevemos.

Las gafas de sol, deportivas, graduadas o para leer- han preocupado siempre a los diseñadores y constituyen un obligado componente de los complementos femeninos. Hoy, todas las casas importantes presentan sus monturas exclusivas, plegándose al cambiante influjo de las modas. Dos consejos me permito sugerir:

- En las gafas graduadas y para leer, debemos prestar atención muy principal a la calidad de los cristales, sobre la base de las recomendaciones de un profesional. Es decir: hay que tener en cuenta al oftalmólogo, más que a la montura.
- En cuanto a las gafas de sol y deportivas, pensemos que no sólo están para adornar –y pueden adornar mucho– sino para proteger nuestros ojos, sobre todo en el verano y en la nieve, cuando los rayos UVI pueden dañarte seriamente.

Y una nota más: no es elegante llevar gafas de sol con los anagramas de las tiendas de lujo ostensiblemente visibles –grandes letras doradas, por ejemplo–, en una especie de alarde que, pienso yo, está de más.

El perfume abre un inmenso mundo, sofisticado y

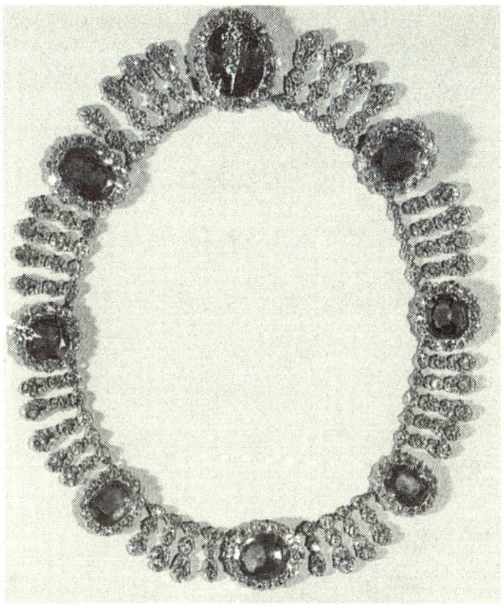

Collar de zafiros, regalo de Napoleón a Josefina.

Los perfumes personalizados pueden caer en la exageración, alcanzando precios astronómicos. En la foto, el «Nº. 1 Perfume», creado por Clive Christian, con envase de Baccarat y un diamante de 5 quilates.

complejo, conocido desde antiguo y que algunas civilizaciones vinculan con los misterios divinos. Los palitos de incienso del budismo se enmarcan en esa significación. Como sucede en la India, un país donde se dice que el perfume no nos pertenece, de forma que si aspiras el jazmín se lo estás robando a los dioses.

Por desgracia, este mundo refinado es proclive a la más completa confusión. En determinadas fechas, nuestro país vive obsesionado por la fuerza irresistible del perfume, y los anuncios dc la televisión promocionan las más seductoras fragancias, apoyadas en una pueril propaganda que les atribuye cualidades casi milagrosas. Y ahí surge la primera dificultad: qué elegir entre ese bosque de ofertas tentadoras.

La primera nota a retener es que el perfume será siempre personal. Por tanto, deberíamos utilizar no «un perfume», sino «nuestro perfume», insistiendo en que su uso depende de la hora, el ambiente y la ocasión.

De momento, podemos precisar que existen dos familias de fragancias:

- Las frescas y ligeras, fundamentalmente aguas de colonia de uso cotidiano, para cualquier hora del día.
- Las más intensas, que incluyen las esencias concentradas, de aroma permanente, usadas por la noche.

Aunque siguen vigentes los aromas florales, la tendencia actual mira hacia Oriente. El sándalo, el jazmín de la India y el láudano forman parte de no pocos perfumes. Sin olvidar el ámbar: esa resina petrificada que las grandes marcas usan cada vez más, tanto para dar fijación a sus fragancias como para añadirles un toque original.

Refiriéndome a los avisos y recomendaciones sobre esta materia, comenzaré por una advertencia general:

La talla «Marquesa» debe su nombre al brillante que Luis XV hizo tallar para la Pompadour. El Monarca pidió que se inspirase en la forma de los labios de su amada.

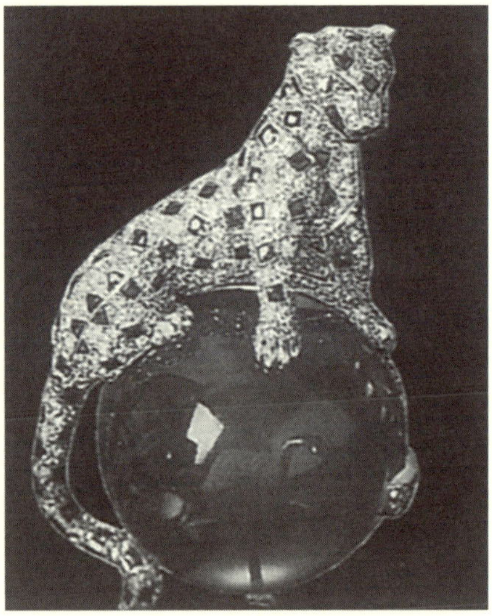

Cartier diseñó una serie de joyas con figuras de animales.

El famoso Excelsior I, de 69, 68 quilates. Su talla es de pera. Su valor actual es de unos dos millones de euros.

atención al perfume, que nos puede jugar –por su exceso, su falta de calidad o su incorrecto uso– una mala pasada. Y añadiré una serie de reglas que nos ayudarán a seguir ese uso acertado que acabo de señalar.

En mi opinión, los normas básicas referentes a perfumes son estas cuatro:

1.– El perfume se aplicará con discreción. Su exceso, aunque sea de buena calidad, constituye uno de los peores pecados contra la elegancia.

2.– Jamás se mezclan dos aromas, porque se confunden y neutralizan entre sí. Si te pones uno sobre otro, puedes llegar a despedir un cierto olor a droguería.

3.– Pocas cosas hay tan personales como el perfume. Por tanto, es cada mujer quien elige el que va con su estilo y manera de ser.

4.– No olvides que los perfumes tienen caducidad. Si los compras o te lo regalan, úsalos. No los guardes para mejor ocasión, porque perderán frescura.

Y pasamos a uno de los apartados más difíciles: el de las joyas. Al igual que el vestido, el sombrero y el tocado, su uso depende de tres circunstancias: las horas del día, la edad y la naturaleza del acto. Quizá el más importante de esos puntos sea el tercero, porque hay joyas vistosas que sólo son para momentos señalados. Hacerlo en la vida cotidiana, deja de ser elegante para convertirse en ostentoso.

En lo que se refiere a los otros dos criterios, y aunque sería un error clasificar rígidamente las joyas en «de jóvenes y mayores», y en «de tarde y de mañana», sí debemos tomarlos en cuenta para evitar su utilización inapropiada. Porque los años y las horas del día son datos relevantes.

Abanico chino en marfil finamente trabajado. Siglo XIX.

Abanico chino en plata y papel. Siglo XIX.

Abanico de concha y plumas de oca salvaje. Hacia 1925.

Las joyas de alto precio se reservan para las señoras, y no están aconsejadas para las jovencitas. Con una excepción: cuando son casadas y asisten a eventos muy formales, en que podrán lucir las pulseras, sortijas de pedida u otros adornos similares. En lo que concierne a las horas, las joyas importantes se llevan por la noche, en cenas de gala y otros actos oficiales. Probablemente es excesivo pensar, como hacían nuestras abuelas, que el uso matutino de un brillante sea una ordinariez; pero hay un fondo de verdad en esta tajante y divertida afirmación, con la que he abierto este capítulo.

Los joyeros más conocidos –Tiffany, Cartier, Bulgari, Chopard, Suárez, Van Cleef–, a los que a mí me gusta añadir los griegos Zolotas y Lalaunis (a quienes he conocido personalmente), son auténticos artistas, que dan a sus diseños una particular belleza, con independencia del valor y la nobleza de las piedras y soportes empleados. Los diamantes componen un singular mundo de fábula y leyenda, donde jamás existen dos exactamente iguales. Los hermanos De Beers clasificaron, hace muchos años, su valor en función de «las cuatro C»: claridad, calidad, color y «carats» (quilates). Sus tallas, donde los holandeses tienen la exclusiva, pueden adoptar las siguientes variedades: talla ovalada, lucida, princesa, esmeralda, redonda, pera, rosa, marquesa, moderna, «cushion» y «ashota». La más complicada quizá sea la «cushion», muy usada a finales del siglo XVIII, de brillo suave y elegante. Por su parte, la talla redonda, la más utilizada, fue diseñada en 1919 por Marcel Tolkowsky, con un facetado de 58 caras.

En lo que atañe al significado de las joyas –pasión en el rubí, eterno amor en los brillantes, fidelidad en las esmeraldas–, sólo son lugares comunes que estaban ya recogidos en los lapidarios medievales y que nada tienen que ver con el protocolo o la elegancia, sino con los reclamos de las casas comerciales.

Pinceles y lápices para maquillarse.

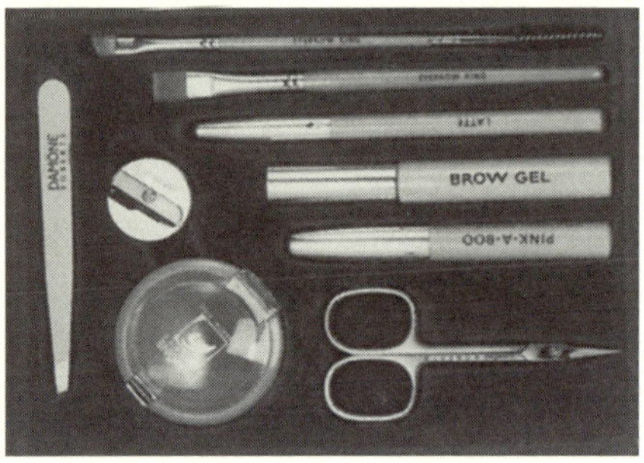

Kit para cejas, de Damone Roberts.

Estuche de viaje para maquillaje.

Algo hemos dicho ya sobre la buena bisutería. Sólo me queda dejar constancia de que las marcas ya citadas, juntos a otras semejantes, se llevan cada vez con más frecuencia, incluso por señoras muy encopetadas. El enorme valor de algunas grandes joyas, junto a los riesgos que entraña su extravío o un posible robo –existen, y no sólo en las divertidas películas de la «Pantera Rosa», mafias especializadas en este menester–, hacen que, en la mayoría de los casos, las buenas piezas se mantengan bien guardadas en las cajas fuertes, pudiendo incluso usarse copias exactas en bisutería.

No quiero terminar este capítulo sin dedicar un amplio apartado a las pieles. Hoy vuelven a llevarse, tras unos años de fuertes campañas en su contra. La piel abriga, adorna y embellece. Y ha sido utilizada desde los tiempos prehistóricos (no olvides que ésta fue la primera indumentaria que llevaron las mujeres) y en todas las prendas de vestir, del gorro a los zapatos.

Una vez más, la edad, la hora y la ocasión serán determinantes para su uso. Una chica universitaria no se abriga de astracán. Una señora mayor no se presenta en una cena con una chupa de cuero claveteada. Ninguna de las dos va al campo vestida de visón.

Para proceder a su cuidado, una observación: la piel es más delicada que cualquier otra prenda de vestir. El grado de humedad y las temperaturas la afectan y, a veces, de manera irreversible. Para evitarlo, me permito sugerir las siguientes medidas prácticas:

- Las pieles han de conservarse en lugares frescos. Si la prenda es de alto precio, conviene entregarla a un guardarropa profesional, que la mantendrá en perfectas condiciones, particularmente en verano.
- Los abrigos se guardan en fundas de seda o algodón. Y no debes colgarlos en el armario entre otras prendas

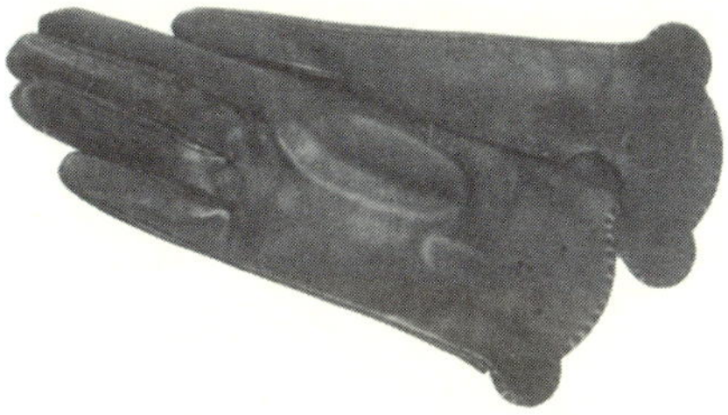

Guantes de piel, con un perfil de oso en la muñeca.

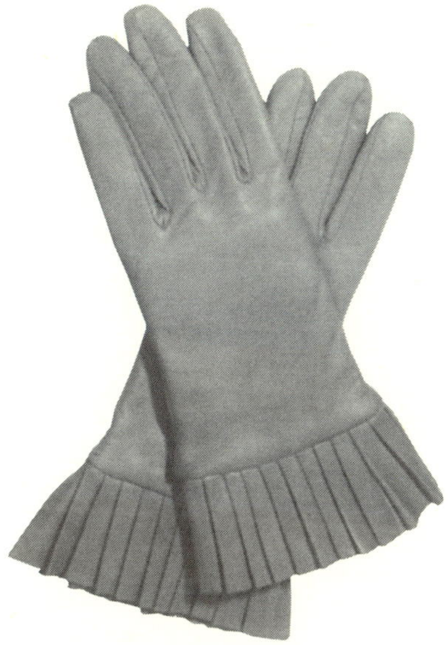

Guantes de piel en tonos claros.

Guantes de cuero, con la palabra «Coco» sobre los dedos, de Chanel.

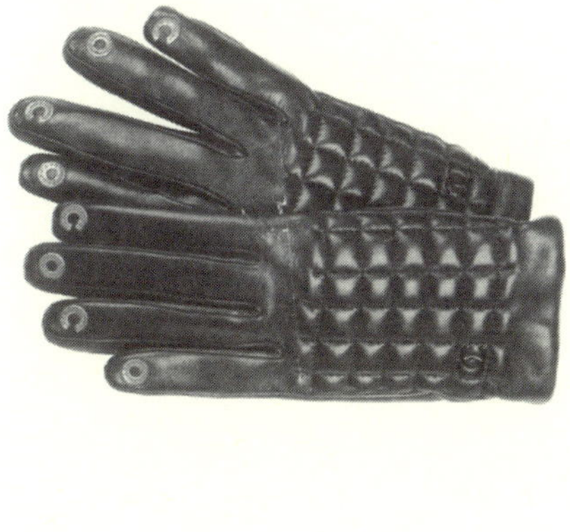

que puedan oprimirlo, porque con esa presión perderá brillo y lozanía.

- Es bueno sacar los abrigos a la calle, para que la piel se ventile y cobre vida. Si esa piel es blanca, cuida de que no adquiera un tono amarillento, que le resta vistosidad.
- Si una prenda de piel se mancha, sobre todo si es de tonos claros, no se te ocurra tratarla con remedios caseros o productos de limpieza que tú tengas. Hay que enviarla a una tintorería especializada. El ahorro, en este caso, podría salirte muy caro.

Concluimos este apartado haciendo unas consideraciones que, aunque nos movamos en un terreno muy particular, también tiene su técnica y su protocolo: el maquillaje y los peinados.

El maquillaje es un elemento sustancial en toda mujer que aspire a estar guapa y elegante. Es cuestión muy personal, y cada una sabe bien como usar el suyo propio, dependiendo –como ya se ha dicho para el caso de las joyas– de la edad, las modas, la solemnidad del acto y las horas del día. Para una jovencita de veinte años será suficiente un sencillo «gloss» en los labios y un ligero toque de colorete para marcar los pómulos; mientras que una señora madura necesitará un buen fondo de maquillaje, de acuerdo con el tono y textura de su piel, amén de un «eyeliner» de ojos, sombras en los párpados y cejas bien cuidadas. En el punto de las cejas debemos ser prudentes. En Los Ángeles hay un famoso especialista, Damone Roberts, que desde su estudio de Beverly Hills trata a las actrices de Hollywood y a señoras muy famosas, y no sólo americanas. Es un artista, y ellas bien lo saben. Porque una depilación mal hecha puede cambiar los rasgos de tu cara.

Hace años se ponía más énfasis en los ojos; hoy, se centra la atención sobre los labios. Es muy importante es-

El camafeo es un adorno milenario, que participa de su doble condición de joya y retrato.

Guante de látex para proteger las manos.

tar al tanto de las corrientes modernas, y usar los productos más acordes con tu personalidad –hay una gran oferta en el mercado–, y ser conscientes de que no por más costosos van a ser mejores. En lo tocante al momento del día y la solemnidad del acto, una primera observación: de noche se va más maquillada. Por último, es preciso aplicar el maquillaje en concordancia con la ropa: no cabe hacerlo de una misma forma si vas a utilizar un vestido sencillo que un traje largo, exigido en una cena de gran gala. En una reunión con amigos puedes arregarte de forma más ligera; pero esos trajes largos, que luces en cenas muy protocolarias, requieren de joyas, perfumes, maquillajes y peinados.

Aquí es bueno dejarse aconsejar por los expertos. Y si el acto es muy importante –por ejemplo, una boda en la que eres la novia o la madrina–, recurrir a los servicios de un profesional. No sólo te aplicará el tratamiento más idóneo, para sacar el mayor partido a tu belleza, sino que lo conservarás varias horas sin el menor deterioro. En eso se nota la mano del artista.

Con el peinado sucede algo parecido: cada una tiene que buscar el que más le favorezca, teniendo muy presente las posibilidades del cabello, las tendencias actuales –cambiantes, como todas las modas– y la ceremonia para la que lo requerimos. Y una advertencia más: el pelo estará brillante y limpio. Obviamente, también cuentan la hora del día y la ocasión para la que debamos ser peinadas –una boda, una cena de gala–, donde son obligados los servicios de un buen peluquero, siempre dentro de la naturalidad y el respeto a tu propio estilo. En los peinados para novias, se añaden las flores como adorno, los complementos sencillos y, en casos muy especiales, las diademas y los velos.

Aunque no se trate solamente de cosmética, porque afecta de manera principal a la higiene y la salud, es preciso prestar atención sobresaliente a la dentadura. Las sonrisas

Concede a tus manos una a tención muy especial.

Así se cuidaba el cabello una famosa actriz del París de la «Belle Époque».

que exhiben las actrices y modelos son la combinación de dos elementos: una impecable higiene y un proceso de progresivo blanqueamiento. Se dice que la blancura de los dientes rejuvenece, y es verdad. Pero no sirve cualquier pasta, por mucho que lo pregonen los reclamos publicitarios. Hay que pedir la opinión de un especialista, porque existen productos muy agresivos, que dañan el esmalte. Además, es recomendable cambiar de cepillo con frecuencia y, en algunos casos, usar la seda dental para una limpieza perfecta.

Las manos son otro punto delicado. Porque las llevamos muy a la vista y, por así decirlo, constituyen nuestra tarjeta de presentación. Tema fundamental es hidratarlas suficientemente, protegiéndolas del sol cuando estemos en el campo y en la playa. Esas manchas prematuras, que las afean y envejecen, no son sino el precio que la piel nos hace pagar por descuidos del pasado. Las uñas, por su parte, han de estar igualadas de tamaño y cubiertas con el esmalte que sea más de tu agrado. La visita a la manicura, de vez en cuando, es muy acertada. Si queremos que se mantengan impecables, al hacer los trabajos de la casa hemos de usar guantes. Los mejores son de latex, impermeables y que guardan la sensibilidad de nuestros dedos. Los he visto en color negro, adornados con una rosa, que te cubren hasta el antebrazo.

Apoyaremos las últimas notas con unos cuantos consejos prácticos, que completan la información que hemos ido facilitando en este capítulo.

Para empezar, una regla de oro: el elemento realmente decisivo es tu personalidad. Los apartados antedichos contienen una fuerte carga de notas personales: los perfumes, el vestir, el maquillarse o el peinado los decide cada mujer muy de acuerdo con su estilo. Pero eso no impide que tratemos de encuadrarlos dentro de unas directrices que, conforme al protocolo social, establecen lo oportuno y acertado.

La casa Fiskin & Parker ha creado joyas, en oro de 18 quilates, con animales pertenecientes a especies en peligro de extinción.

Reloj-joya realizado por la casa Jaeger-Le Coultre.

1.– En el ámbito doméstico, es absurdo moverse con ropa sofisticada, zapatos de tacón alto o densos perfumes. Pero tampoco debes hacerlo con un atuendo descuidado. Andar desaliñada por la casa suele tener muy desagradables consecuencias, como tantas veces se señala en el ámbito del cine o la literatura.

2.– En el trabajo hemos de vestir con seriedad, por propia estimación y para hacernos respetar. Y ser muy cuidadosas con el desodorante: un aviso que se extiende a todas las actividades, en una vida tan dinámica y ajetreada como la nuestra.

3.– Como más adelante veremos, al campo se llevan, con la mayor naturalidad, prendas ya usadas, que son las más elegantes. En Inglaterra, he visto señoras en una cacería con bolsos y chaquetas que fueron de sus abuelas.

4.– Fue Cocó Chanel, la gran revolucionaria de la alta costura, la primera que dijo que vestía a las señoras para que se fijasen en ellas, no en sus trajes.

5.– Una vez vi un retratista, en una feria de pueblo, que al pie de una máquina de fuelle tenía un cartelito que rezaba: «con las feas hago primores, y con las guapas locuras». Salvando las distancias, esa es la aspiración de los grandes modistos.

6.– Jovencitas y mayores, altas y bajitas, delgadas y rellenas: no a todas les sienta bien la misma ropa, ni el mismo calzado. Pero unas y otras pueden vestir elegantemente, si son conscientes de sus propias cualidades y adaptan a ellas los atuendos.

7.– No siempre lo adecuado es ir a la última moda. Al revés: hay caso en que lo elegante es llevar con gracia lo ya usado, y no lo que acabas de adquirir en unos grandes almacenes.

8.– Las joyas, como los vestidos, tienen sus horas. Es cierto que hoy se acepta una mayor flexibilidad, pero hay trajes y aderezos que no se deben lucir por la mañana.

9.– Con la acumulación excesiva de joyas, incluso por la noche y en actos formales, se corre un alto riesgo de caer en la ostentación y en el mal gusto. Las joyas, pocas y buenas: ése es el secreto.

10.– Los perfumes se guardan en lugar fresco y oscuro, con el frasco perfectamente cerrado. Es la manera de que conserven toda su fragancia.

Y pasamos a tratar de estos temas en el caso de los hombres. Son cuestiones diferentes, bien lo sé. Pero hay criterios de elegancia que se aplican, por igual, a hombres y mujeres. Quizá, el más importante sea éste: la naturalidad.

IX

El vestido en el hombre

«La manera de vestir denota muchas veces al hombre.»

(William Shakespeare)

El vestido en el hombre ha tenido, desde los más remotos tiempos, una relevancia singular. La influencia, el dinero, el poder y el tratamiento del misterio han requerido ropajes y ornatos especiales, de los que son herederos muchos de los símbolos y trajes oficiales todavía utilizados. Con ellos, los hombres han cumplido ritos y tradiciones, marcado diferencias o requerido espectaculares paramentos que los investían de boato y majestad.

Hoy sigue siendo así. En determinados actos, Reyes, Cardenales, Gobernantes, Militares y Diplomáticos se atavían siguiendo tradiciones milenarias. Y esas formas de vestir incluyen los hábitos, uniformes y, en el caso de los comunes mortales, los trajes de etiqueta usados en las más solemnes ocasiones.

Decidirse por el traje de etiqueta, el uniforme de gala –en aquellos estamentos que tengan derecho a usarlo– o el simple traje oscuro, no es un hecho banal. Igual sucede en una cacería o fiesta campera. Porque de esa decisión dependerá que acertemos plenamente o que nos sintamos muy incómodos, en un entorno donde nuestra ropa llamaría la atención si no fuera la apropiada. Por eso vamos a fijar con precisión cuándo, cómo y en qué casos procede vestir de esa manera.

En determinadas circunstancias, lo tendremos más fácil, porque se nos evita la responsabilidad de la elección. Tal sucede si en la invitación se fija –ya vimos que cabe hacerlo– el traje que se exige o recomienda, tanto a los caballeros como a las señoras, por parte de los anfitriones. Naturalmente, la última decisión siempre será nuestra; pero, en mi opinión, deben seguirse tales indicaciones, aunque sólo sea por cortesía hacia quienes nos las piden.

Usar el traje de etiqueta depende de varios factores, que analizaremos con detalle. Por lo que atañe al hombre, que es de quien ahora tratamos, los puntos a considerar son éstos: la ocasión, las horas del día y el lugar al que debamos concurrir.

La tradicional capa española se sigue viendo todavía en las noches de Madrid.

1.– La ocasión. Existen acontecimientos en los que es obligado vestir de acuerdo con la tradición y el protocolo. A veces, se ofrecen diversas alternativas, dejando en nuestras manos la posibilidad de elegir entre el uniforme, el frac o un traje formal. Así sucede en uno de los actos más solemnes que puedan darse en el mundo: la Presentación de las Cartas Credenciales, una ceremonia con la que los Embajadores comienzan oficialmente su misión ante el país en el que están acreditados. Lo habitual es que el Estado receptor marque el ritual y el vestido para esa ceremonia. Pero en no pocos países, se permite a los Jefes de Misión la posibilidad de optar por el uniforme de la Carrera Diplomática, el vestido nacional –que es el que suelen utilizar los asiáticos y los africanos–, el traje de etiqueta o hacerlo de chaqué o de traje oscuro (en Grecia o Canadá, por ejemplo). Si las normas locales imponen un obligado protocolo, el Embajador (o la Embajadora, en su caso) las aceptará sin objeciones, por cortesía hacia el Jefe del Estado que recibe las Cartas. En España, las normas sobre indumentaria son las siguientes: para señoras, vestido largo, uniforme de gala o traje nacional, con condecoraciones. Para señores, frac (corbata y chaleco blancos), uniforme de gala o traje nacional, con condecoraciones.

En las bodas, esta imposición afecta al novio, al padrino y a los testigos. En su momento, vimos que puede elegirse entre el uniforme de gala y el chaqué. Lo más indicado es el previo acuerdo y que los testigos vayan de igual forma, los del novio y los de la novia, para que no parezcan unos «de primera» y otros «de segunda». Porque esas diferencias crean no pocas rencillas. Dentro de cada grupo, es conveniente que se observe una cierta uniformidad, evitándose que unos vistan de chaqué y otros de oscuro. En cuanto al resto de los caballeros, especialmente si el enlace se celebra por la tarde, es protocolario el traje oscuro.

En audiencias y entrevistas oficiales, (son bastante frecuentes las audiencias colectivas) siempre es aconsejable el traje completo, de color discreto y de un tono que estará en función de la hora en que S.M. el Rey –que propicia estos encuentros con deportistas, ONGs y asociaciones culturales–, el Presidente del Gobierno o los Ministros te reciban. Nadie te va a exigir, a la entrada del recinto, una determinada vestimenta; pero hay que hacer las cosas bien. Si no, estás en peligro de ganarte un comentario como el que el President Tarradellas, tan elegante, pulcro y cuidadoso en el vestir, le dirigió a un pintoresco personaje de los tiempos de la transición, que se presentó ataviado de zamarra y pantalón guerrero, como si fuera al campo a por una cesta de rovellones.

El vaquero está de moda y se lleva, por igual, por hombres y mujeres.

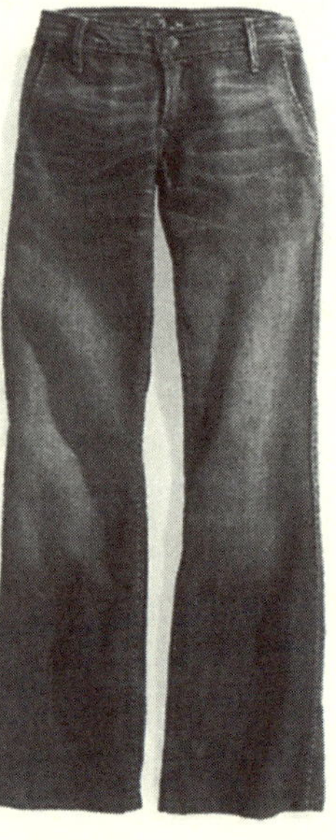

El traje oscuro es el atuendo en las cenas oficiales, salvo que en la invitación se exija la etiqueta. En los países anglosajones, y muy particularmente en los Estados Unidos, el esmoquin está a la orden del día. En tal caso, debe indicarse así en la invitación, para evitar que cada cual vaya a su aire.

Los bailes de gala, casi desaparecidos durante años, vuelven a estar de moda. Y no sólo en tan lucidas ocasiones como el Baile de la Rosa, en Mónaco, o el Vals de las Debutantes, en Viena, colmados de encanto y elegancia, sobre los que hablaremos más adelante. Lo es también hoy en señaladas reuniones festivas, en tantas y tantas ciudades españolas. Se trata de brillantes veladas con miras a recaudar fondos para fines benéficos. Las muchachas aprovechan para, como decían las antiguas crónicas de sociedad, «vestir sus primeras galas de mujer» –los tradicionales y vaporosos trajes blancos– y los jóvenes para pavonearse con su flamante frac, siguiendo los pasos y movimientos ensayados por un maestro de ceremonias. Hace poco fui invitada a uno muy bien organizado, en el Casino de Madrid.

El protocolo de la Casa Real exige el frac, o el uniforme (será el de Gran Etiqueta para los militares), en las cenas oficiales ofrecidas en Palacio. Los funcionarios que forman parte del alto personal de La Casa llevan un frac especial, de paño azul oscuro y botones dorados. En otras recepciones –por ejemplo, la Fiesta Nacional o la Onomástica de Su Majestad el Rey–, las señoras van de corto y los caballeros con traje oscuro.

2.– También las horas del día condicionan el vestir. Incluso en comidas formales, los hombres se atavían de manera diferente según se trate de asistir a un almuerzo o una cena: colores más claros en el caso del almuerzo (sobre todo si es

Camisas y lazos para esmoquin.

verano), y marengos y azules marino para las cenas. Lo importante es saber que un mismo o parecido acto social –almuerzo, merienda o cena– puede permitir varias formas de vestir. No es el hecho programado, ni son los anfitriones el dato decisivo: son las horas las que marcan estas diferencias, recomendando o exigiendo una determinada indumentaria.

Esto es más evidente todavía en el caso de las señoras, como acabamos de ver en el capítulo anterior. Aquí sí que se impone el cambio, no sólo de colores –más claros durante el día, más cálidos por la noche–, sino de hechuras, de diseños y de telas.

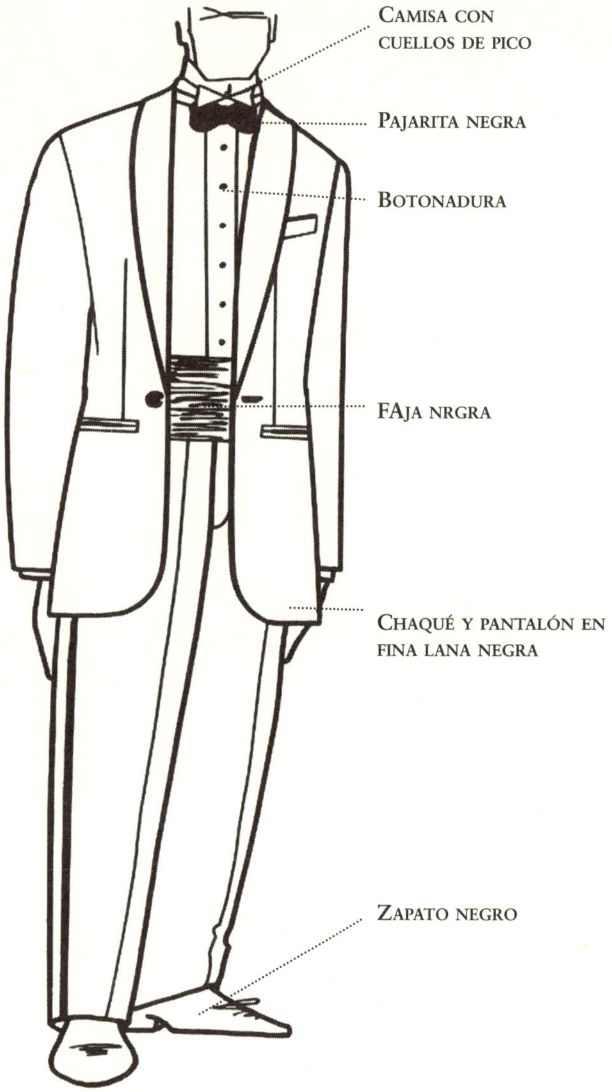

ESMOQUIN

Diseños realizados por «Protocolo» (www.protocolonovios.com).

CHAQUÉ

FRAC

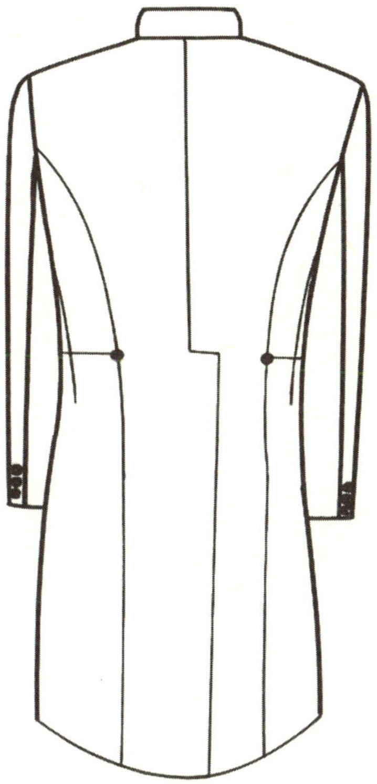

FALDÓN PARTIDO

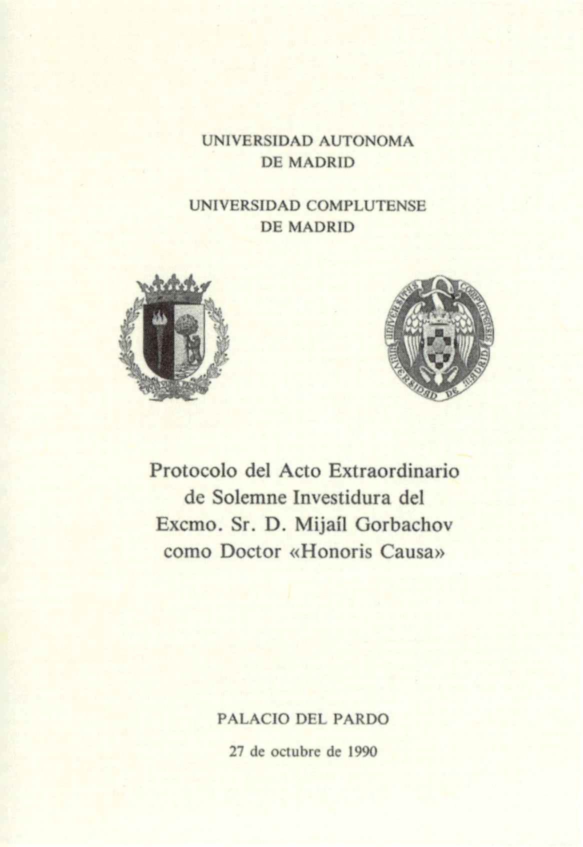
UNIVERSIDAD AUTONOMA
DE MADRID

UNIVERSIDAD COMPLUTENSE
DE MADRID

Protocolo del Acto Extraordinario
de Solemne Investidura del
Excmo. Sr. D. Mijaíl Gorbachov
como Doctor «Honoris Causa»

PALACIO DEL PARDO
27 de octubre de 1990

Programa con los actos protocolarios en la investidura de Mihail Gorbachov como Doctor «Honoris Causa» por dos universidades de Madrid.

3.– Según el lugar en que se celebre el acontecimiento, el traje puede variar. En los Actos Académicos, los participantes llevan atuendos muy formales, que son de uso exclusivo para ese recinto y circunstancia. El Rector Magnífico y los catedráticos de una Universidad, que usarán la toga y la muceta con los distintivos y colores de su Cargo y Facultad, para tales ocasiones –la apertura de curso, la concesión de un Doctorado Honoris Causa–, no pueden vestir así al margen de ese evento concreto; ni fuera del lugar –el Aula Magna– donde su uso es preceptivo.

El lugar impone, además, otras obligaciones. Hay ámbitos que, por su naturaleza (un templo), o por la seriedad del entorno (una ópera, una velada musical), o debido a tradiciones centenarias (algunos edificios históricos), reclaman que la vestimenta sea particularmente respetuosa o requiera una mayor solemnidad. Es decir: el traje oscuro. No es lo mismo arreglarse para ir al cine de tu barrio que para asistir a una representación en el Teatro Real. Aunque se trate de una misma persona y de parecidas formalidades –la asistencia a un espectáculo público–, el lugar y la naturaleza del acto imponen unos condicionantes a la hora de elegir cómo ir vestido. Es verdad que actualmente existe una tendencia hacia la simplificación de las indumentarias, como expresión de la actitud más relajada y distendida que prima en la sociedad moderna; pero tienes que guardar las formas. Por respeto a nosotros mismos, y por respeto a los demás. Al cine puedes ir en vaqueros; a un concierto en el Real, no.

Los trajes de etiqueta, y sin perjuicio de lo que digamos sobre los uniformes, existen en el ámbito internacional para todos los gustos y colores. Los occidentales mantenemos una parecida uniformidad, pero hay países

Frac.

Esmoquin.

celosos de sus tradiciones, muy antiguas y refinadas, que imponen vestimentas enteramente diferentes –por ejemplo, los tartanes escoceses– a las nuestras. Aparte de los trajes nacionales africanos, ya mencionados, hay que citar las regiones europeas orientales, algunas zonas del Caribe –recuerdo a García Márquez recibiendo con un elegante traje blanco el Premio Nobel– y muchos países asiáticos, de la India hasta Tahilandia. En la alta sociedad de Filipinas he visto preciosas blusas de organdí o de lino bordado, que llevan los altos mandatarios hasta en los actos de mayor solemnidad.

En lo que a España se refiere, los trajes de etiqueta para caballeros son tres: el frac, el esmoquin y el chaqué. Cada uno tiene unas características, que voy a intentar resumir:

El frac, que los anglosajones llaman «corbata blanca», suele ser de fina lana negra. Lleva una chaqueta con ocho botones (que no se abrochan), solapas de raso y el corte delantero horizontal, a la cintura. Por detrás, va rematada con dos faldones (el chaqué lleva un faldón partido). Pantalón negro, sujeto con tirantes, con galón estrecho, de seda, a lo largo de la costura exterior. Zapato negro liso y de cordones (jamás los mocasines), con calcetín de ese color. Camisa de pechera almidonada. Antes, se usaba el cuello duro, sujeto por delante y por detrás con pasadores de hueso, de oro o de marfil. Hoy, ese cuello ha sido sustituido por camisas con los picos realzados, más cómodas y funcionales, pero menos elegantes. Corbata blanca, de pajarita, y chaleco blanco de piqué. Las condecoraciones deben llevarse, como se dirá con más detalle, en el lado izquierdo de la chaqueta, dejando la parte alta de la solapa para un prendedor con miniaturas. Las bandas, correspondientes a las grandes cruces, se llevan de derecha a izquierda, bajo la chaqueta y por encima del chaleco en presencia de S.M. el Rey.

Real Cuerpo de Alabarderos, con sus uniformes diseñados en 1875.

El chaqué lleva chaqueta de lana negra, de corte curvo, con faldón trasero. Pantalón de rayas grises y negras, zapato negro de cordones y sombrero de copa (chistera negra o gris), hoy muy raramente usado, salvo en Inglaterra y para actos concretos (las carreras de Ascot, por ejemplo). Chaleco liso, de paño y color gris (que puede ser negro con ribetes blancos, para actos muy importantes), con camisa blanca y corbata gris perla. Los guantes, también grises, serán de cabritilla. También los hay negros, para luto y actos en Viernes Santo.

El esmoquin (llamado por los anglosajones «corbata negra», para distinguirlo del frac) se compone de chaqueta negra, recta o cruzada, con solapas de raso. Pantalón también negro, con o sin galón. Zapato negro y sin dibujo (puede ser de charol) con calcetín fino, del mismo color. La camisa es blanca, fruncida a ambos lados del pecho, con rica botonadura y puños para gemelos. La corbata, de lazo, es negra y va sobre cuello normal o con los picos pequeños y realzados. En tal caso, el cuello va tratado con almidón. El esmoquin lleva un ancho fajín de seda, también negro y con pliegues longitudinales, que cubre el cinturón.

El uso de uniformes militares es sencillo, porque las Ordenanzas lo regulan minuciosamente; o de muy difícil protocolo, cuando salimos del ámbito puramente castrense y somos nosotros quienes debemos decidir. Los profesionales saben que los hay de diversas variantes: el de campaña, el de diario, los de gala, etiqueta y Gran Etiqueta; y que son de colores, cortes o formas diferentes, según el Cuerpo, Arma, empleo o graduación del que lo lleva. En los compromisos solemnes y no puramente castrenses –una boda, una cena en Palacio–, se llevará el de gala. Pero así como hoy son muy pocos los militares que se deciden a ponérselo en las bodas, salvo en casos muy particulares

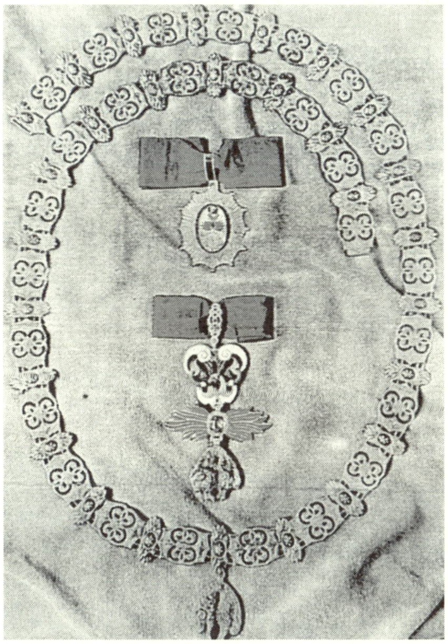

Collar e insignias de la Orden del Toisón de Oro.

Placa de la Gran Cruz de Carlos III.

(que sean novios, padrinos o testigos), en las cenas del Palacio Real, por el contrario, son obligatorios, en su variante de Gran Etiqueta.

De las restantes profesiones, hay unas cuantas en las que los uniformes están establecidos hace siglos. Así sucede con el Cuerpo Diplomático español, donde es preceptivo poseerlo (los más jóvenes empiezan a pasar de él) y se puede utilizar, con las condecoraciones, para acontecimientos muy marcados, como la presentación de Credenciales, en las circunstancias anteriormente señaladas. En otras Carreras son de uso menos corriente, por más que lo autorice el Cuerpo al que se pertenece. Tal es el caso de ciertas profesiones muy tradicionales –incluyendo la judicatura y los ingenieros de montes o caminos–, que los implantaron hace mucho tiempo. Lo normal es no ponérselos, fuera del ámbito académico o de actos muy solemnes en su marco profesional.

Varias veces he mencionado el uso de condecoraciones, algo muy honroso para quien ha sido distinguido con ellas, pero estrictamente regulado y sometido a determinados requisitos. Por cierto: existe un esnobismo que consiste en aparentar darles de lado, como si fueran exponentes de costumbres trasnochadas y rancias herencias de otros tiempos. Es un error. Las condecoraciones siguen de plena actualidad, forman parte de los Honores recogidos por nuestra Constitución y son el cauce habitual que tiene Su Majestad el Rey –amén de la concesión de títulos de nobleza–, como Canciller de esas Órdenes, para premiar conductas ejemplares y hechos relevantes al servicio del Estado. En Francia se lleva con orgullo la Legión de Honor, que Napoleón creó como distintivo de una nueva aristocracia. Hasta el extremo de que hay quien la menciona en sus tarjetas de visita, como si de un título nobiliario se tratara.

En España, las condecoraciones sólo es correcto usarlas con el frac y los uniformes, dejando los «botones» y

Uniforme completo de la carrera diplomática, con las plumas blancas de Embajador.

Encomienda de Carlos III.

Encomienda de Isabel la Católica.

miniaturas para situaciones muy concretas, que son éstas: las miniaturas –sólo una– pueden prenderse (en las bodas, por ejemplo) en la solapa del chaqué; los «botones» se ponen en el ojal de un traje oscuro. Especialmente apropiado es lucirlos cuando asistes a una recepción en la Embajada del país que te concedió la condecoración, sobre todo el día de su fiesta nacional. Por otra parte, no hay inconveniente en llevarlos incluso diariamente; pero, por favor, nunca en el ojal de una chaqueta de sport.

La forma protocolaria (ver la información gráfica adjunta) de llevar esas condecoraciones, de acuerdo con las normas en vigor, es la siguiente:

- Los Grandes Collares se colocan sobre el traje de gala o uniforme. Es distinción casi en exclusiva reservada a los Monarcas y Jefes de Estado.
- Las Grandes Cruces, haciendo reposar la banda sobre el hombro derecho, cruzada sobre el pecho y con la cruz en el lado izquierdo, bajo el corte horizontal de la chaqueta del frac.
- Las llamadas Placas, correspondientes a Grandes Cruces o a Encomiendas de Número, se prenden sobre el frac o el uniforme en el lado izquierdo de la chaqueta. Han de ir más bien bajas, para dejar la parte alta para los pasadores con las miniaturas.
- Las Encomiendas sencillas, llamadas popularmente «corbatas», se llevan al cuello, luciendo visible la venera. Con el frac, están muy indicadas para cubrir el elástico que rodea la garganta.
- Las Cruces de Oficial y Caballero se prenden sobre el lado izquierdo del frac o el uniforme, para que compongan un conjunto equilibrado con las Placas, si se dispone de varias.

Placa de Gran Cruz del Mérito Civil.

Orden de Isabel la Católica. Banda y venera de la Gran Cruz.

Orden de Carlos III. Banda y venera de la Gran Cruz.

No se debe lucir, aunque se nos hayan concedido y estemos muy orgullosos de ello (salvo en el caso de las miniaturas), un excesivo número de condecoraciones, porque produce una sensación de agobio. Mi marido, que estuvo en los funerales de Breznev, me cuenta que cuando se expuso el féretro en el Salón de Columnas del edificio de los Sindicatos –según era entonces la costumbre–, al pie del catafalco se puso un gran cojín, de terciopelo rojo, con todas las medallas del Primer Secretario fallecido: más de cuatrocientas.

Pero, insisto: la condecoración es un honor que se nos hace, para mostrarlas en las solemnidades. En caso de que se nos hayan concedido varias, se puede organizar un pasador donde llegan a prenderse hasta una docena de «miniaturas». La llamada miniatura, a la que me vengo refiriendo, no es más que una pequeña insignia, de poco más de un centímetro cuadrado, pendiente de una cinta con los colores de la Orden (por ejemplo, azul claro en el caso de la cruz de Carlos III, y algo más oscuro en la del Mérito Civil). Ese pasador se lleva al lado izquierdo y en la parte alta del pecho, lo que deja espacio libre para lucir, además, alguna Placa de Gran Cruz o de Encomienda de número. En los uniformes militares, esos distintivos van incorporados a la parte alta de la chaqueta.

Analizadas ya las condecoraciones y sus usos, de conformidad con las exigencias del protocolo, me voy a permitir dar unos consejos prácticos sobre los trajes de etiqueta. Además de añadir la oportuna información gráfica, para que se aprecie visualmente la diferencia entre cada una de las prendas que acabo de describir. Aunque todos conozcamos los atuendos de que hablo, su fotografía nos ayudará a resolver alguna duda.

Esas recomendaciones, basadas en la experiencia de largos años, podrían ser los siguientes:

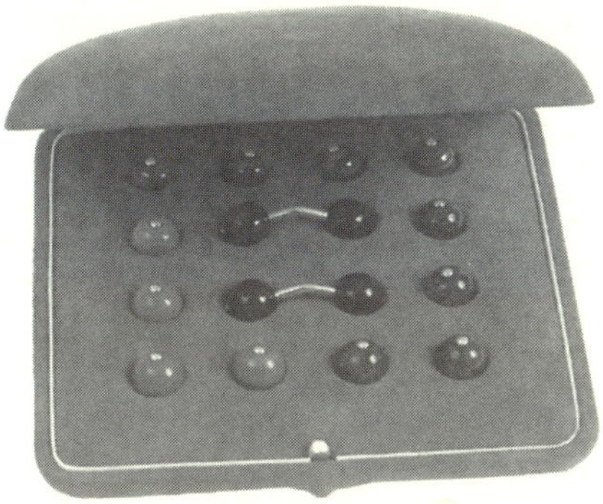

Un estuche para gemelos en diferentes piedras duras.

- Comprobar minuciosamente que todos los componentes de los trajes de etiqueta están ordenados y dispuestos. Como hemos visto, contienen varias piezas. Y si a última hora te pones a buscarlas, es seguro que llegarás tarde al acto al que debas asistir, porque la confusión irá en aumento a medida que vaya creciendo tu nerviosismo.
- Las condecoraciones han de estar previamente colocadas en el frac o el uniforme. Sólo las bandas y «corbatas» se anudarán a última hora. Y serán muy útiles para disimular ciertos problemas: por ejemplo, el cuello duro del uniforme, que no ajusta bien. La cinta de una Encomienda simple puede cubrir piadosamente los estragos que nos causa el paso de los años.

Tras el apartado de los trajes de etiqueta, vamos a pasar revista a los atuendos de diario. Vestir correctamente de etiqueta es muy importante, dada la solemnidad de la ocasión en que participamos. Pero hay algo que debemos atender con especial cuidado: nuestra vestimenta cotidiana.

La elegancia no es preocupación exclusiva de la mujer: también los hombres tienen que ocuparse de ella, dentro de la sobriedad y el buen gusto. Se cuenta de Sir Anthony Eden, considerado el hombre más elegante de la Inglaterra de su tiempo, que al regreso de una recepción entregó a su mayordomo el terno que había usado, pidiendo que lo retirase en el armario, con estas palabras: «no es elegante; ha gustado demasiado».

Ese buen gusto en el vestir, tanto para el hombre como para la mujer (y dejando para más adelante el tema del ocio) abarca tres ámbitos: el hogar, el trabajo y las invitaciones formales en que no se exija la etiqueta.

- En casa, el hombre vestirá con prendas cómodas y funcionales, pero siempre dentro de la pulcritud y la correc-

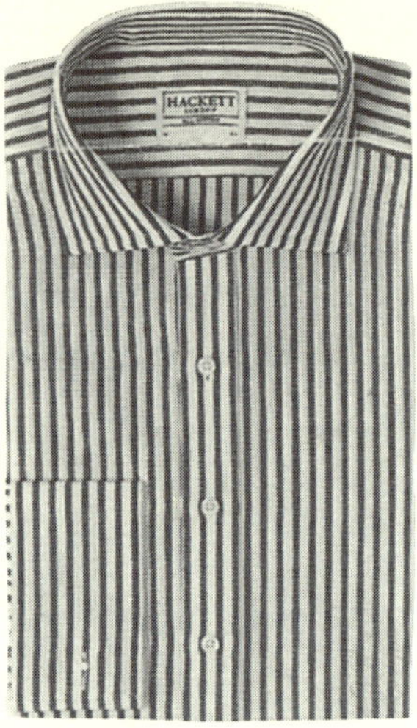

Distintos modelos de camisas para diario.

El clásico zapato de cordones está y estará siempre ahí.

ción. El desaliño no es justificable en ningún caso, aunque sólo sea por respeto a su esposa y a sus hijos, de quienes pide una conducta de la que él debe dar ejemplo.

- En el trabajo, la ropa estará en consonancia con el entorno (un ministerio, una oficina, un comercio) en que nos movamos. A veces se llevan prendas especiales, como sucede con el personal sanitario. En tal caso, la exigencia de limpieza será tenida en cuenta de manera muy rigurosa. No hay nada más horrendo que una bata blanca no bien limpia.
- En las comidas, cócteles y cenas formales, pero no de gala, lo correcto son los tonos oscuros (no el negro), camisa de puños con gemelos y corbata en consonancia con el acto.

La norma, como ya se dijo para el caso de la mujer, es bien sencilla: más vale pecar por más que por menos. Y tener muy en cuenta una advertencia que he escuchado muchas veces en mi casa, y que se refiere al bien vestir, de acuerdo con la propia estimación: «vístete como quien eres, o te trato como te vistes».

Finalmente, recomiendo poner atención en dos puntos: la camisa y los zapatos. Las camisas requieren de cuellos impecables y pecheras bien planchadas. Los zapatos, colores convenientes (los negros predominan) y estar limpios y lustrados. Un cuello visiblemente gastado o unos zapatos sucios son capaces de arruinar el efecto favorable que podría producir el mejor de nuestros trajes.

Solemos olvidar algo que, a mi juicio, necesita ser cuidado: la concordancia en el vestir entre hombres y mujeres. En las cenas de gala, la concordancia está muy clara: la etiqueta para ambos. En los actos sociales ya mencionados (almuerzos, cócteles y cenas), la coordinación entre los trajes, siempre deseable, deberá ajustarse a diversas cir-

Corbata de rayas.

Corbata de pata de gallo.

Es muy recomendable dejar el traje en un «galán de noche», que plancha el pantalón y mantiene la chaqueta bien colgada.

cunstancias de edad, horas diferentes y días de la semana. Porque no siempre aciertan las parejas cuando concurren juntas, por ejemplo, a un cóctel o a una cena.

Por consiguiente, paso a sugerir mis habituales observaciones concretas, que estimo muy actuales y conformes con el espíritu de los tiempos que vivimos.

- Si la señora es de una cierta edad, y se viste en consonancia con ella, su acompañante tiene que adaptarse a esa particularidad y no acudir a una cena o un acto social con un atuendo juvenil. Porque haría el ridículo
- Igual sucede en lo que respecta a las distintas horas del día. Aquí existe una mayor flexibilidad, porque los hombres no estarán tan pendientes de acomodar su traje a la tarde, la noche o la mañana. El azul oscuro lo utilizan muchos caballeros para almuerzo y para cena, y se adapta con facilidad a cualquier atuendo femenino. Pero si la mujer va muy vestida, el hombre no puede ir de sport.
- Respecto a los días de la semana, el sábado y el domingo permiten mayor informalidad en el vestir, sobre todo en los caballeros, salvo que el anfitrión indique otra cosa. En tal caso, la mujer llevará también un traje «de menos vestir», acorde con el de su acompañante. En las casas de campo, el almuerzo suele ser informal y la cena, en lo que a los hombres respecta, de chaqueta sport azul oscuro.
- Hay ocasiones en que esa concordancia es obligada. Para una comida en el campo, al aire libre, se impone para ambos el atuendo deportivo, al igual que los trajes formales en las cenas. No puede vestir la mujer de sport y su acompañante con un traje oscuro; y aún menos al revés: que una señora asista a un acto muy vestida, acompañada por quien no lleve un traje de pareja solemnidad.

Modelos de sombreros.

Al canotier de hace cien años le ha sucedido el panamá, que vuelve a estar de moda.

El traje es esencial, pero igualmente lo son los complementos. Los más usados contemplan cuatro tipos: zapatos, corbatas, calcetines y carteras de trabajo. El sombrero de nuestros abuelos, casi no se lleva; aunque se convierte en esencial, como luego veremos, en la caza, la equitación y otras actividades deportivas. Y llega a ser imprescindible, para hombres y mujeres, cuando lo requiere el rigor de algunos climas. Después de haber vivido durante diez años en Moscú y en Canadá, les aseguro que es así. En Moscú, si sales en invierno sin sombrero todos se fijan en ti, tomándote por persona de poco juicio; y si el que va con la cabeza descubierta es un niño, puede llegar a intervenir la policía, porque está en juego su salud.

Hubo un tiempo, sin embargo, en que el empleo generalizado del sombrero imponía unas normas de obligado protocolo. A la gallarda cortesía del chapeo, de tanta galanura, sucedieron otras reglas en tiempos de pelucas y tricornios, que culminaron en el siglo xix con una serie de gestos en torno a la chistera. Hoy se podrían resumir en sólo dos: descubrirse al entrar en una casa o una iglesia, y levantarlo o usar un leve toque de la mano en el momento del saludo.

Una moda parece regresar, en lo que a prendas de cabeza se refiere: la del sombrero de paja. El canotier y el panamá, modelos de otros tiempos y de otras latitudes, han vuelto a nuestra vida cotidiana, y pueden verse hoy, por igual, tanto en las ciudades como por la playa.

- La corbata sigue siendo necesaria, aunque exista una tendencia a prescindir de ella en los atuendos deportivos. Lo adecuado es llevarla, incluso en el campo, como veremos al tratar de las cacerías. Las hay sobrias y elegantes, y las que buscan sobre todo una nota de color y de originalidad.

- Los zapatos apropiados dependerán del acto, pudiendo ser deportivos (especialmente entre los jóvenes), de diario (negros o marrón oscuro) o de vestir (siempre negros). Con los conjuntos de sport, se llevan mocasines, o zapatos de ante marrón. En la caza existe una vieja tradición en la manera de calzarse, como más adelante se verá.
- Los calcetines son el complemento del calzado (salvo en la playa) y pueden ser de campo y de deporte, de diario y de vestir. Estos últimos, de seda o hilo, son negros para la etiqueta y de tonos muy oscuros para cenas y otros eventos formales. Llevar un traje oscuro con calcetines blancos o claros es un horror. Como lo es llevarlos cortos o arrugados, dejando al descubierto un trozo de las piernas al cruzarlas.
- Los hombres que trabajan en ministerios y oficinas acostumbran a llevar carteras. Pueden ser negras o de tonos oscuros, siguiendo diversos modelos y diseños. Salvo que lo exija tu trabajo, no serán muy grandes; no todos son ministros o viajantes de comercio. Y, por favor, deja de lado las mochilas, propias de los niños que van a los colegios.

Acerca de la historia del calzado se han escrito unos cuantos libros, que tratan de sus diferentes aspectos y materiales. De las tiras de piel del hombre de las cavernas a los zapatos de lazo de los salones del siglo XVIII, pasando por las recias botas del guerrero medieval, sus funciones han variado. Hoy se admite una flexibilidad mayor que la usada por aquellos caballeros de pelucas empolvadas –charol, punteras cuadradas y grandes hebillas de plata–, pero dentro de unas normas. Porque he visto quien llevaba un traje azul, con zapatos marrón claro, en recepciones oficiales. Y unas raras combinaciones de pieles y colores, que incluían el tono blanco y me recorda-

Distintos zapatos y zapatillas deportivas.

Gemelos en platino, ónice y brillantes, de Bárcena.

Los muy jóvenes prefieren la mochila a la cartera.

ban los botines de George Raft en las películas de gansters.

Recuerdo un caso que no me resisto a relatar. Estábamos destinados en Atenas, y había venido en visita oficial el entonces Secretario General de la OTAN: un hombre amable y educado, gran amante de la música. Entre los actos programados, y como cortesía hacia su encomiable afición musical, se le invitó a dirigir, nada menos que en el teatro Hirodou Atticou, un concierto de la Orquesta Nacional. Al aparecer en el escenario, entre los aplausos de los presentes, notamos que llevaba zapatos de rejilla. Al final, alguien me diría en tono muy confidencial: «no es serio confiar la defensa de Occidente a quien es capaz de presentarse, en público, con un frac y zapatos de rejilla».

Sobre joyas y perfumes, debo hacer una advertencia: cuidado con su abuso. Los hombres han de ser muy prudentes en el manejo de ambos. Como anillo, aparte de la alianza en los casados, cabe un sello con las armas, en las familias de abolengo; como es preceptivo en el caso de las altas jerarquías eclesiásticas. Fuera de esos supuestos, están muy en desuso. En todo caso, una puntualización: así como la alianza puedes llevarla en ambas manos, el anillo –salvo el episcopal– se llevará en la izquierda.

En los gemelos, preferentemente de oro, puede ir una piedra oscura (por ejemplo, el lapizlazuli), aunque lo habitual es que sean lisos. Los hay de mil diseños y variantes. Antes eran de cadenita, pero se van imponiendo los rígidos y articulados, de colocación más fácil y rápida.

Las corbatas solían sujetarse con un prendedor de oro. Cada vez se llevan menos. Hoy se puede lucir, por cortesía, cuando te invitan a una ceremonia relacionada con la institución, civil o militar, que te lo regaló; pero yo no recomiendo su uso generalizado. Sólo el del alfiler que, rematado con una perla, se puede utilizar con el chaqué.

La famosa «cloche» de Cartier (1906) que acaba de reproducirse en una edición limitada (sólo cien piezas).

El clásico Rolex.

Reloj Piaget, con maquinaria visible.

Si las joyas en el hombre reclaman una cierta cautela, los perfumes la exigen mucho más. Porque el abuso puede ser muy peligroso. Las casas comerciales, con motivo de la Navidad, la fiesta de los Reyes Magos y oras fechas señaladas –el Día del Padre o el de los Enamorados–, anuncian, con cálidas palabras insinuantes, una enorme variedad de aromas que prometen un impacto irresistible. Naturalmente, no causan los efectos arrasadores que proclaman. Lo que sí suelen causar es un intenso olor que tira para atrás, con el que tu vecino, a veces, deja contaminado el ascensor para toda una semana.

Los relojes de pulsera participan de una doble condición: son imprescindibles y, al mismo tiempo, constituyen un obligado complemento a nuestro atuendo, pudiendo llegar a convertirse en un adorno o una joya. El ideal es combinar ambos aspectos: usar relojes fiables y elegantes. No es preciso recurrir a esas piezas sofisticadas –alguna se reproduce en las ilustraciones que adornan este libro–, cuyo precio rebasa cumplidamente los cien mil euros, que pueden caer en la extravagancia y que, desde luego, entran de lleno en la pura ostentación.

Los caballeros deben perfumarse, claro está; pero con aromas suaves, discretos y personales. Y teniendo muy presente esa regla de oro, aplicable a hombres y mujeres, que ya hemos mencionado: el exceso de perfume es de mal gusto.

Y vamos con los habituales resúmenes, informaciones complementarias y puntualizaciones eminentemente prácticas.

Cronómetro moderno.

Maleta de viaje.

1.–El chaleco blanco del frac no ha de asomar, bajo los cortes horizontales de la chaqueta, más de uno o dos centímetros. Los que asoman cuatro o cinco parecen –y frecuentemente lo son– alquilados.

2.– Los calcetines de los trajes de etiqueta –siempre negros, por favor– serán muy finos, de hilo o seda. No pensemos que, como no se ven, podemos jugar con ellos. Porque no sé qué pasa, pero acaban viéndose.

3.– El chaqué puede ser gris, en vez de negro. Es costumbre muy de los ingleses, sobre todo en las carreras de Ascot. En cuanto al chaleco, hay quien usa los de fantasía, algo que no aconsejo.

4.– Las condecoraciones están para lucirlas con orgullo. No nos dejemos influenciar por quienes, no teniéndolas, las critican.

5.– Cierto número de países hacen reposar la banda de las grandes cruces sobre el hombro izquierdo. En España, se llevan sobre el derecho, como hemos dicho, quedando la cruz bajo la cadera izquierda.

6.– Las condecoraciones no se llevan nunca prendidas en trajes de calle. En Rusia y otros países se permite. Por ejemplo: en Moscú desfilan los veteranos de la Gran Guerra Patria con las pecheras –ambos lados– de sus chaquetas de diario cuajadas de medallas.

7.– No olvides lo que acabo de decir: el hombre bien vestido cuida especialmente zapatos y camisas. No hacerlo así causaría la peor de las impresiones: la del abandono.

8.– La corbatas admiten toda serie de variantes, de acuerdo con la personalidad del que la lleva. Lo que no admiten es ir «a juego» con el pañuelo del bolsillo superior de la chaqueta, una vulgaridad que, si caes en ella, hará que tu prestigio se resienta.

9.– Y un tema importante: en la ropa del hombre, esa elegancia significa sencillez y naturalidad. Huye de todo lo chocante y estridente. Y busca los tejidos de calidad, que se notan a la legua.

10.– Las modas van cambiando, pero la elegancia permanece. Las sedas, jubones y cadenas de oro del Renacimiento dieron paso a golas y ropones sobrios, casacas de brocado y pelucas empolvadas en el siglo XVIII, y levitas y chisteras en la revolución industrial. Hasta llegar a los trajes funcionales de hoy en día.

Sobre este último punto, me permito recordar la frase que Giuseppe Tomasi di Lampedusa, en su «Gatopardo», pone en boca del Príncipe de Salina. Nostálgico de un mundo que veía agonizar ante sus ojos, y refiriéndose a Tancredo, señaló que no era posible conseguir la elegancia y distinción de aquel muchacho sin que sus mayores hubieran «dilapidado una docena de grandes patrimonios». Para él, esa cualidad se transmitía por herencia, y se llevaba desde generaciones, frente a las rudas maneras y los ficticios oropelas de la nueva Italia adinerada. Eso dijo, pero no tenía razón. La elegancia no es patrimonio de una época, ni de una clase social. Es de siempre, es de ahora, y puede ser de todos.

X

Comportamiento en la calle, transportes, espectáculos y lugares públicos

«Al anochecer, hora en que dejaban el trabajo los obreros, se convertía aquella acera en paseo, donde era difícil andar sin pararse a cada tres pasos.»

(Leopoldo Alas «Clarín»)

España es, en términos generales (y con muy destempladas y heladoras excepciones), un país de clima suave, sobre todo en el Sur, Levante y los archipiélagos. De ahí la existencia de una larga tradición: pasar muchas horas en la calle. En ella tienen lugar citas y encuentros, comidas y aperitivos al aire libre –nada tan español como las terrazas en aceras y plazuelas–, además de juegos de entretenimiento (baraja, dominó) sobre esos entrañables veladores de mármol, que conocían bien nuestros abuelos y que aún siguen animando los atardeceres de los jubilados. En fin, es en la calle donde se desarrolla esa irrenunciable y secular práctica, de antes y de ahora: el paseo.

En nuestras ciudades –las de climas favorables, pero también las de lluvias pertinaces o vientos de cuchillo–, existe la costumbre de salir a la calle por el simple placer de estar en ella, yendo y viniendo sin ningún destino concreto. Los españoles van «de compras», a lo que caiga –si

Un paseo tradiciomal: Las Ramblas.
Dibujo de Josep Arnat.

es que cae algo–, que es una forma de moverse sin un objetivo predeterminado; y circulan por las anchas aceras de los barrios comerciales, pasando entre terrazas y mesas de quienes, en otoño y primavera, se han sentado precisamente para eso: para ver desfilar a los demás. Estamos, pues, ante el distendido y sosegado transitar de unas gentes –jóvenes y mayores– que caminan por placer, sin ir a parte alguna. Simplemente, pasean.

Hoy, con el incremento espectacular de la esperanza de vida, hay un sector de la población que cumple el rito de salir todos los días, durante un cierto tiempo, incluso por prescripción facultativa. Se trata de los jubilados. Ellos, más que nadie, mantienen viva la tradición de esas salidas, encontrando solaz y pasatiempo en el simple hecho de andar sin rumbo fijo. Y no sólo lo hacen por zonas verdes y espacios reservados a tal fin, sino que pueblan nuestras calles con su lento andar inconfundible, convirtiendo el centro de las ciudades en un espectáculo concurrido y variopinto, impensable para esos millones de extranjeros que nos visitan cada año y desconocen, en sus países de origen, las mansas y muy confortadoras artes del paseo.

Por unas razones u otras, noruegos y alemanes, japoneses y norteamericanos no están habituados a tales usos; pero, una vez entre nosotros, también ellos se incorporan –lo bueno se aprende pronto– a la españolísima costumbre de pasear. Y a la de tomar su cervecita en las mesas esparcidas por la acera. Y a la de moverse como bandadas de pájaros, jubilosos y asombrados, por las zonas peatonales. Es decir: aprenden a vivir en la calle.

Estas artes del paseo imponen unas formas de relacionarse que, sin pretender agotar todos los casos posibles, contemplan los siguientes puntos.

1.– Si un hombre camina acompañado, la señora irá a la derecha. Entre un caballero y una dama, la prioridad –ceder el asiento, cruzar una puerta, entrar en una habitación– corresponde siempre a la señora. De ahí que también al pasear deba colocarse en el lugar que, protocolariamente, resulta preeminente: la derecha.

2.– Ceder la acera tiene dos variantes prácticas, en el supuesto de que se trate de un caballero y una dama. Si la señora avanza en dirección contraria al hombre, particularmente en lugares angostos, éste se desplazará hasta el bordillo, cediéndole la parte interior. Si ella acompaña al caballero, circulará también por el interior, incluso cuando eso le suponga situarse a la izquierda de su acompañante.

Se trata de una larga tradición, basada en el hecho de que la parte interna de la acera se consideraba más segura y resguardada. De esta forma, el caballero quedaba en el lado que bordea la calle, de donde podría venir cualquier emergencia imprevista, o un ataque del que la señora debería quedar a salvo y protegida. Aunque no se tratase de un asalto o peligro similar, sino de un carruaje que pasara y pudiera salpicarle su vestido.

Tal norma general –la señora a la derecha, o por el interior de la acera– tiene un ligero correctivo, dictado por el sentido común. Es éste: por calles cortas y tortuosas, es aconsejable mantener la posición de la pareja con los menores cambios posibles. No se trata de instrumentar sobre una angosta callejuela una especie de baile entre la dama y el cumplido caballero. Un «baile» que se complicaría, aún más, si está lloviendo y él sostiene, como debe ser, el paraguas.

3.– Las terrazas son otra de las agradables atracciones de esos climas bonancibles, a los que antes nos hemos referido. Existen tradiciones, que algunos añoran todavía, caídas en desuso por las exigencias del mundo moderno. Tal era el caso de situar, en las calles peatonales o en las aceras espaciosas, los sillones de casinos y círculos culturales o mercantiles –estoy pensando en poblachones que conozco–, en los que se sentaban los señores de sombrero de ala ancha «a ver pasar la vida», como se dice en una famosa novela, decadente y provinciana. En los pueblos y en barrios populares de esas capitales, las noches de calor se sacaban sillas y butacas «para tomar el fresco», cuando no existían otros procedimientos para combatir el angustioso agobio de las altas temperaturas veraniegas.

Los sillones en la calle, las frescas neverías y los cines de verano pertenecen al pasado. Pero no así las terrazas. En las grandes ciudades, como Madrid, o en los pueblos sureños, –estén o no junto a las playas–, las tardes y las noches se llenan de terrazas. En ellas se charla, se cena o se sigue esa costumbre tan nuestra de tomar unas copas con sus tapas. Son lugares alegres y desenfadados. Allí, el proceder es menos rígido que en un restaurante cerrado, pero sin olvidar un necesario buen hacer, basado en reglas como las que apunto a continuación:

- Las terrazas, por estar al aire libre, son siempre más ruidosas. Pero no se debe caer en la algarabía o el alboroto, que pueden molestar a tus vecinos, sobre todo en determinados casos (niños que duermen, enfermos que reposan, trabajadores que precisan el descanso porque han de madrugar).
- El vestido será menos formal. Pero salvo en los entrañables «chiringuitos» de la playa, en que cabe casi todo, esa informalidad no puede llevarnos a vestir con desaliño. También la terraza veraniega exige un cierto tono en el atuendo, si bien admite colores más atrevidos en las prendas juveniles, ausencia de corbata en los seño-

res y un aire distendido que contribuye a disfrutar de la noche.

- Ese «pasarlo bien» tiene unos límites. Por ejemplo: no invadir por completo las aceras, observar las reglamentaciones municipales y, en definitiva, no causar perjuicio a nadie. No olvidemos que nuestras libertades terminan donde empieza la libertad de los demás.

La calle es para todos, y en ella transcurre una parte importante de la vida. Pero el anonimato en que te mueves no pude excusar la falta de respeto al otro. Por eso, en el pasear se impone una determinada cortesía, que te obliga a pedir perdón en caso de tropezar con alguien por la calle; y en las terrazas, actuar dentro de los límites de la buena educación.

En ese contexto del respeto por "el otro", hemos de tener en cuenta también a los vecinos. Aunque seamos amos y señores de nuestra propia casa, y protejamos celosamente lo que ocurre de paredes para adentro, no todo nos está permitido en ella: es de obligada cortesía pensar en los que viven al otro lado de un delgado tabique de ladrillo. Por tanto, debemos tomar muy en cuenta los derechos de "los otros" al descanso, al silencio, a su propia intimidad. Si hemos de hacer una obra (por ejemplo, renovar un cuarto de baño), hay que tomar en consideración las horas de sueño de nuestros vecinos, a los que informaremos previamente del trabajo que vamos a realizar, sin ponerse a dar martillazos a las ocho de la mañana. Cuando nos propongamos organizar una fiesta, que puede ser ruidosa, eligiremos la noche del viernes o del sábado, procurando además no pasar de ciertas horas, ni bloquear los ascensores, ni causar más incomodidades que las estrictamente necesarias. Y lo mismo –ya lo hemos visto-, si montamos una barbacoa en el jardín de nuestra casa, o subimos y bajamos con perros en el ascensor. La buena relación con los vecinos exige comprensión, respeto mutuo y solidaridad: ése es el secreto de una sana y educada convivencia.

4.– El vestido en la calle también necesita de atención. En general, las mujeres pasamos en ella más tiempo que los hombres, solas o acompañadas. De ahí que debamos adaptar nuestro atuendo a esa circunstancia, tomando en cuenta dos cuestiones prácticas:

- La primera, que existen los llamados «vestidos de calle», que no son sino prendas cómodas y sencillas que se llevarán con naturalidad. Gran atención tienes que prestar a los complementos: los zapatos, que han de ser muy cómodos; los bolsos, de tamaño suficiente; y los pañuelos, que completan nuestro equipo con un toque de elegancia.
- A la calle no se sale de cualquier manera, sino vestida con una «informalidad cuidada». La razón ya la hemos dicho: no sabemos con quién nos vamos a encontrar. Y este libro persigue un solo fin: ayudarnos a proyectar una mejor imagen, más moderna y elegante. Por tanto, tengamos muy presentes la calle, la terraza y el paseo.

El respeto a los demás se complementa con otros dos apartados, relativos al entorno en que nos vamos a mover: el respeto por la naturaleza y el respeto a tu ciudad. Son ámbitos en los que necesitas desplegar tu cortesía y tu buena educación.

1.– El respeto por la naturaleza exige una especial sensibilidad hacia un espacio que todos tienen derecho a disfrutar. Por fortuna, esos sentimientos de respeto y atención van en aumento, gracias a las campañas que se vienen repitiendo en radios, periódicos y televisiones, que emiten excelentes programas educativos. El medio ambiente requiere, por encima de todo, una pedagogía. Y así se viene haciendo. La agresión contra los árboles de parques y jardines y la persecución de las palomas y gorriones que alegran nuestras plazas, se está convirtiendo en algo del pasado.

Y no sólo en las ciudades. Arrojar en el campo botellas y bolsas de plástico, emporcando con nuestra negligencia y mala educación el medio natural, está empezando a ser una actividad no sólo perseguida por guardas o vigilantes, sino censurada por quienes contemplan tales agresiones. Hoy es muy frecuente ver cómo los grupos y familias que toman un picnic en la montaña, en la playa o junto a un río, en el que se usan envoltorios, plásticos, latas y bebidas, se levantan al final del refrigerio para recoger los desperdicios y depositarlos en lugares apropiados. No se trata solamente de una cuestión de estética, sino de una necesaria precaución. Una bolsa de plástico movida por el viento, hasta detenerse junto a otras contra el primer obstáculo –una cerca, una cuneta, una planta natural–, siempre es una inmundicia, que hiere nuestra vista. Pero una botella vacía, arrojada entre las hierbas secas, es algo más peligroso: como ya hemos señalado, constituye una seria amenaza para el bosque, sobre todo en el verano.

2.– El respeto por la ciudad. No me cansaré de repetir que la buena educación tiene una primera y obligada regla de oro: el respeto a los demás. En lo que concierne a la ciudad, son varias las prácticas en que se manifiestan no pocas conductas inciviles. Las más corrientes agresiones son éstas:

- Colillas, desperdicios y papeles. También aquí se han hecho grandes progresos. Ahora es raro ver un conductor maleducado que aprovecha la parada del semáforo

«Dacha» y «Perestroika» me han acompañado, desde Moscú, durante muchos años.

para vaciar el cenicero de su coche. O una persona que tira bolsas o papeles por la calle.

- El mobiliario urbano es patrimonio común, costeado con dinero público, y cualquier acto de vandalismo contra él constituye un atentado contra todos. Hubo un tiempo en que no era fácil encontrar una cabina telefónica utilizable, con el auricular en su sitio y los cristales sin romper. Pienso que ya no es así; pero queda todavía mucho camino por andar.
- También parece haber pasado de moda la manía de rayar la pintura de los coches estacionados junto a las aceras, quizá porque quienes antes los vandalizaban tienen ya sus propios vehículos. Quien daña o mutila un automóvil, porque es caro o bonito, está a dos pasos de convertirse en un sicópata.
- Las pintadas, por el contrario, son cada vez más frecuentes y agresivas. Los «graffiti» se han generalizado, y no sólo en las tapias del extrarradio. En ellos se mancilla, por igual, la propiedad pública y la privada, con mensajes hirientes para la sensibilidad del ciudadano.
- Los propietarios de perros tienen todo el derecho del mundo a sacar sus mascotas. Con dos limitaciones: que no supongan un riesgo o amenaza para nadie, y que no ensucien las aceras por las que van a transitar los demás. Los excrementos deben recogerse, y a tal fin existen lugares adecuados para tomas unas bolsitas de plástico que se depositan en los sitios preparados para ello.
- Incluso cuando están en casa, has de evitar que molesten al vecino con ladridos destemplados. Un perro –tengo y he tenido siempre varios– es una maravilla, pero también una responsabilidad.
- Respecto a la seguridad, hay razas peligrosas –no me sirve que sus dueños y criadores me digan «es muy noble, no hace nada»– que reclaman extremadas precau-

ciones. Conozco varias personas que han perdido sus pequeños perrillos de compañía, despedazados por el ataque de esas fieras. Para impedirlo, están los bozales y las correas de seguridad. Y la prohibición de que vayan sueltos.

Las mascotas viajan muy cómodamente en estos carritos.

Bolsa de viaje para mascotas.

Respetemos la ciudad, y el campo, y los espacios compartidos. Y olvidemos ese nefasto «el que venga detrás que arree», que tanto daño nos ha hecho. Aunque sólo sea porque esos que vienen detrás podemos ser nosotros mismos.

Los transportes públicos, auténtico sistema circulatorio de las ciudades, también requieren que mostremos en ellos respeto y cortesía. Aquí, por desgracia, no estamos haciendo avances significativos. Más bien al contrario: se están perdiendo ciertas formas que, erróneamente, se piensa que corresponden al pasado. Con muy contadas excepciones –por ejemplo, una madre que lleva un niño pequeño–, ya no es frecuente ver que un hombre (iba a decir un caballero) cede el asiento a una señora, un joven a un anciano, o una persona saludable a un enfermo, impedido o discapacitado. Sin tener que recurrir a estas prácticas tradicionales, en las que fuimos educados, creo que la vida moderna nos exige una manera de actuar en los transportes urbanos, incluyendo los taxis, que no podemos pasar por alto.

A continuación, y consciente de que estamos ante un tema que admite múltiples matices, voy a señalar algunas recomendaciones para los usuarios.

- Una elemental educación impone la prudencia en el manejo de los teléfonos móviles, como ya se ha indicado. Cuando vas en el autobús, puedes hacer o recibir una llamada urgente, pero no compartir con los demás, a voz en grito, cuestiones personales. Ni, menos aún, airear tus rencillas.

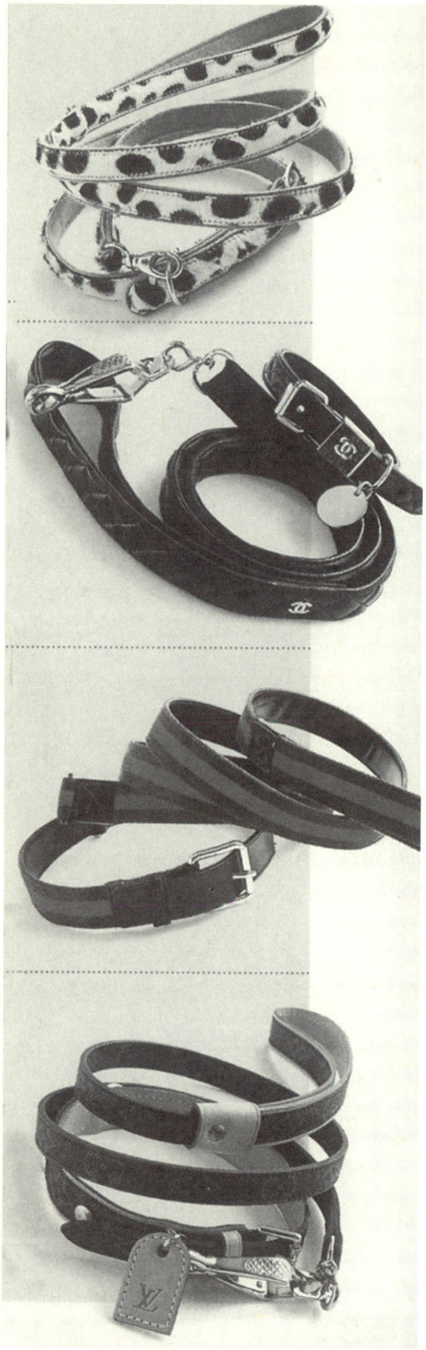

Los grandes diseñadores también hacen complementos para nuestros animales de compañía.

- En los transportes públicos no puedes molestar a los demás con paquetes voluminosos, carteras o mochilas. Ni, claro es, con toses, estornudos o empellones. Y si alguien va leyendo, abstente de hacerlo tú por encima de su hombro. Es de muy mala educación.
- No sólo no podemos molestar a los que van en metro o autobús, sino que debemos intentar ayudar a quien, por su edad o sus circunstancias personales, claramente lo necesita.
- En el metro, has de sujetar la puerta batiente al entrar y salir de la estación, para no estampársela en la cara a la persona que te sigue. En los Estados Unidos se escandalizarían si no lo hicieras, tanto en centros oficiales como en los grandes almacenes.
- Incluso las conversaciones deben mantenerse en voz baja, si vas acompañado. Y no bloquear las puertas. Y no entorpecer la circulación por los pasillos, haciendo perder tiempo al conductor del autobús, que aguardará hasta que saga el último viajero.

En los taxis, es preciso que observemos determinadas reglas de cortesía. La primera, no precipitarse violentamente para ver quién lo toma antes; ni quitárselo a la señora, al anciano o al honrado padre de familia que ya lo está ocupando con sus hijos, abusando de nuestra rapidez o mayor vigor físico. Aquí pienso que viene a colación una anécdota divertida que me contaron hace años. Se atribuye a don Segismundo Moret, famoso político liberal que pasó por casi todas las responsabilidades de gobierno, a finales del siglo XIX y comienzos del XX. Cuentan que, a la salida del Congreso, se dirigió a tomar un coche de punto. En el momento de hacerlo, un eclesiástico se adelantó y, con un empellón, se le interpuso diciéndole desde el pescante: «es que soy Prelado Domésti-

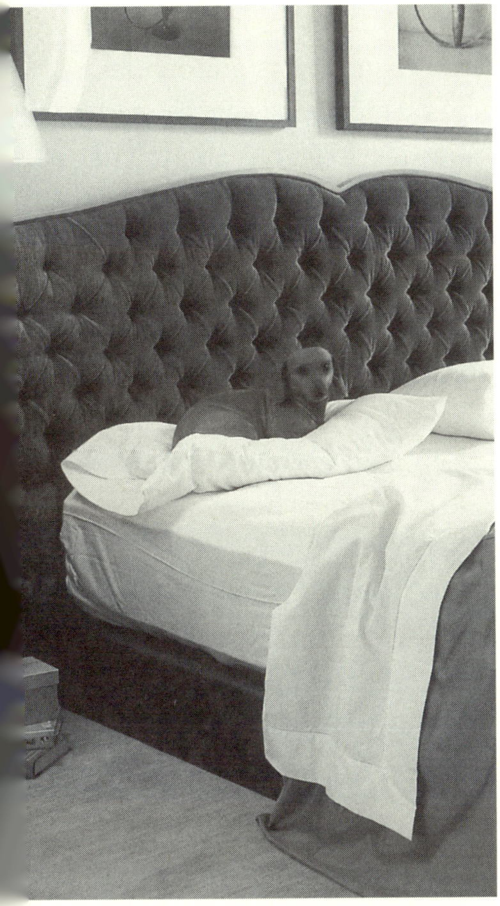

co». A lo que Moret le respondió: «Prelado, sí; pero por domesticar».

Llegados a este extremo, y en el amplio capítulo que hemos llamado «el respeto a los demás», creo que es hora de tratar una cuestión transcendental: cómo conducir un automóvil. No se trata, claro está, de hablar sobre los detalles técnicos, que todos conocemos, sino de las normas de buena educación que deben gobernar las actuaciones al volante, tanto en la ciudad como en la carretera. Porque también reclaman un saber estar y una determinada cortesía.

Hace años, durante mi estancia en los Estados Unidos, dos parejas de diplomáticos salimos un domingo de excursión. Nuestro amigo, que conducía un soberbio automóvil, pisó el acelerador más de la cuenta, quizá para mostrarnos las extraordinarias prestaciones del modelo que llevaba. No tardó en presentarse la policía de tráfico. Y el agente, en términos correctos pero firmes, le dijo:

> «La placa diplomática que lleva no le da derecho a conducir a esa velocidad. Porque está poniendo en peligro su propia vida; y, lo que es peor, la de los demás».

Por muy mimados que los tengas, hay licencias que no puedes permitir a tus perros.

Nunca olvidaré esa reconvención, tan prudente y acertada. Porque de eso se trata: de la seguridad tuya, y la de quienes puedan pagar las consecuencias de tu temeridad. Todos los coches de ahora, sin excepción, son capaces de superar los límites de velocidad impuestos o recomendados en autovías y carreteras. Pero hay ciertos modelos que se creen en la obligación de «dar una pasada» a los demás, olvidando que el exceso no sólo es un peligro, sino algo peor: es una horterada. Como lo es ese cambiar constantemente de carril en los atascos. Los que tal maniobra hacen, no consiguen adelantar sino unos metros (resuelto el «tapón», esos metros significan a lo sumo medio minuto), arriesgándose a dar un coscorrón al de delante o al de atrás. Lo cual, dicho sea de paso, sucede en las entradas a Madrid todos los fines de semana. Son los famosos «alcances», responsables no de graves accidentes –dada la reducida velocidad a que se producen–, pero sí de considerables daños y de esos atascos que, con no poca frecuencia, son fruto de una colisión causada por las impaciencias de un maleducado.

En resumen: conducir siempre sobrios y descansados, guardar la línea en las aglomeraciones y mantener los límites de velocidad (especialmente en ciertas travesías urbanas), junto a la observancia de las normas que impone el Código de la Circulación, que todos conocemos. No sólo se trata de mostrar buena educación, sino que nos va la vida en ello. Y lo que es aún más injusto: con tus imprudencias y descuidos puedes dañar gravemente a los demás.

Una de estas normas consiste en respetar la prioridad de que goza la derecha. La regla se atribuye a Napoleón quien, para evitar que las disputas entre coches de caballos de Embajadas rivales acabaran a cuchilladas –ceder el paso se consideraba una humillación–, decidió cortar por lo sano y reglar este problemas con criterios objetivos. Hoy, esa es la norma general en todo el mundo, con bien conocidas excepciones: las que se refieren a Inglaterra y algunos otros países, donde los automóviles circulan por la izquierda. Aunque sólo sea para llevar la contraria a los demás.

En las ciudades, la descortesía del automovilista suele adoptar diversas formas: desde quien hace sonar insistentemente el claxon, ante el menor atasco o emergencia, hasta el energúmeno que grita al pobre viejo que maniobra de manera desmañada o circula a una velocidad que él estima inferior a la normal.

Las leyes de tráfico se están haciendo cada vez más estrictas, y es bueno que así sea. Sobre todo en lo que respecta al uso del alcohol, donde llegará un día en que se impondrá la llamada «tolerancia cero». Hay miles de familias españolas que han visto su felicidad truncada a causa de un accidente. Y todo, por el capricho y la insensatez de quien se echó a la carretera con unas copas de más, sin pensar en el daño irreparable que podía hacer.

Por último, se nos van a presentar ocasiones en que hemos de cuidar la actuación en los lugares públicos. Me refiero a los espectáculos. Porque ahí, aunque estemos rodeados de cientos o incluso miles de personas, nuestros errores y torpezas nos harán quedar muy mal.

El fútbol y los toros son espectáculos de masas que tienen sus aficionados, su apasionamiento y, en el caso de los toros, sus liturgias.

En el fútbol, la manera de vestir y de actuar es más informal y distendida, en el marco de una conducta colectiva en la que parece caber todo. Y no debe ser así. Al campo se va a ver ganar a tu equipo, claro está. Si, además, juega mejor que su contrario, miel sobre hojuelas; pero lo que importa a la mayoría de los «forofos», por encima de todo lo demás, es el resultado. Y no siempre se sigue o se contempla una partido con auténtica deportividad.

Varios consejos me permito dar:

El arte del toreo a caballo en la Grecia clásica. (Museo arqueológico de Salónica).

- Si vas al palco de honor, invitado por el Presidente del club o la junta directiva, el atuendo será más formal: vestido de calle para la mujer, con algún complemento o toque deportivo, y un «blazer» azul para los hombres.
- No te asocies con los posibles comportamientos inciviles de tus vecinos de localidad. En el campo, incluso en los mayores momentos de euforia, nunca pierdas la deportividad. El fútbol se ha convertido en un espectáculo de masas, cuando no en un negocio. Pero nació como un deporte, y no deberíamos olvidarlo.

- El «hooligan» es una desgracia de los tiempos modernos, que soportan muchos campos. Jamás te dejes arrastrar por sus conductas antideportivas y groseras. Ni te asocies, sobre todo, a un posible gesto racista: la peor de todas las miserias que pueden suceder en un estadio.
- Rechaza la violencia: esa calamidad que no cae dentro del protocolo, sino de la buena educación. Y, a veces, del código penal.

Los toros también son un espectáculo de masas, si bien es cierto que en las corridas concurren otros elementos. Por lo pronto, aquí se discute no solamente el resultado o la actuación de los protagonistas, sino la naturaleza misma del enfrentamiento al que estamos asistiendo. Por eso los toros tienen, con independencia de que los matadores estén bien o mal, sus entusiastas y sus enemigos, sus apoyos y sus detractores.

Sin tomar partido en esa polémica –toros sí, toros no–, lo cierto es que, nos guste o no nos guste, nos encontramos ante una realidad, cuyos orígenes milenarios se remontan a los mitos griegos y las más antiguas tradiciones del Mediterráneo; y ante un acto colectivo que, no sólo en las grandes capitales, sino en miles de pueblos, aldeas y lugares de casi toda la geografía española, cuenta con un enorme apoyo popular, por más que yo haya ido a la plaza sólo un par de veces en mi vida.

Las fiestas de toros están representadas en las más viejas culturas del Mediterráneo, especialmente en Creta (Grecia).

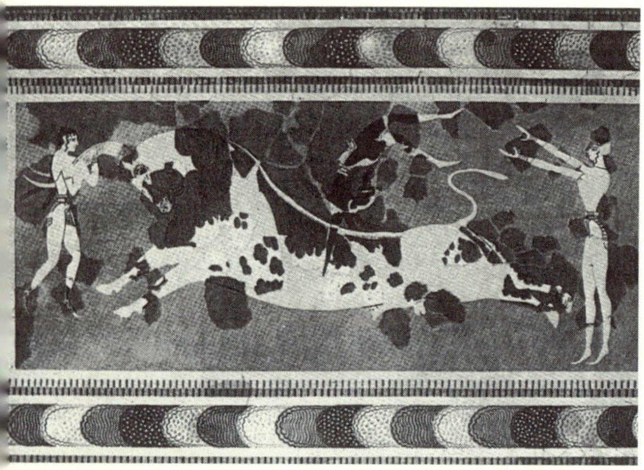

Por eso debemos ocuparnos de cómo vestir y cómo comportarnos en una corrida, particularmente en las grandes ferias – que son siempre acontecimientos sociales– y en determinados casos en que ese impacto al que nos hemos referido reviste su importancia. Es cierto que la creciente asistencia de extranjeros, especialmente en las localidades de sol, está dando a la fiesta una excesiva informalidad –hay grupos de turistas que se despojan hasta de la camisa,

El maestro Rostropóvich, virtuoso del violoncelo y gran director de orquesta.

como si estuviesen en la playa–; pero existen localidades preferentes y corridas oficiales, como la de Beneficencia, donde se exigen unas ciertas formas que afectan no sólo a la conducta de los espectadores sino a la manera de vestir correctamente, tanto en hombres como en mujeres.

Aunque no sea materia fácil, estimo útil citar las siguientes observaciones:

- Como norma general, las señoras nunca visten de amarillo. El color de la fiesta es el rojo, salvo que estés en el tendido 7 de Madrid, en que predomina el verde; y los tonos claros, ligeros y veraniegos en trajes de lino y vestidos camiseros.
- Los caballeros, cuando ocupen palcos o localidades preferentes, deben llevar trajes, a los que cabe añadir una flor en el ojal. Otra cosa será en los tendidos de sol, donde pueden ir en mangas de camisa, pero sin desprenderte de ella, aunque sólo sea por respeto a los demás.
- No olvides un eficaz desodorante. En la plaza hace calor, y estarás casi siempre entre dos personas muy próximas a ti. No las molestes con ese descuido imperdonable.

Sobre qué hacer en una plaza, es claro que los toros se viven con pasión, y que andanadas y tendidos pasan de los aplausos a la bronca, y viceversa, con la mayor facilidad. Un Embajador extranjero, gran amigo nuestro, nos decía que cuando fue a Las Ventas por primera vez, empezó a comprender muchas de las alternativas que gobiernan los mudables humores de los españoles. En todo caso, pienso yo, esos entusiasmos han de administrarse con una cierta medida, muy particularmente –no hay que decirlo– en las señoras. El aplauso o el silencio, en su caso, predominarán; nunca la bronca, los gritos destemplados o el acaloro desmedido.

El cine, los teatros y las salas de conciertos, por su ca-

Mstislav Rostropóvich en una visita durante nuestros años en Grecia.

rácter más formal y recogido, exigen de nosotros ciertas conductas y una forma de vestir que conviene reseñar.

El cine ha perdido parte de sus antiguas solemnidades. Ya no contamos con grandes salas, de más de mil localidades, sino de pequeños y recoletos espacios informales, con apenas unos cuantos espectadores. Algunas de ellas exhiben, en los asientos, una especie de reposavasos para colocar los refrescos; y te facilitan la venta de palomitas de maíz, que ofrecen en grandes –enormes, iba a decir– recipientes de cartón. Confieso que soporto mal que mi vecino o vecina de butaca se dediquen a comer y beber, sin prestar demasiada atención a lo que están proyectando en la pantalla.

En todo caso, la regla de oro, común a cines y teatros, es no molestar a los demás espectadores, tanto privándoles de una correcta visión –en el teatro cabe todo menos los sombreros de señora, decía Bernard Shaw–, como perturbando con risas destempladas o cuchicheos inoportunos el silencio preceptivo y la tranquilidad de la sala.

Las óperas y conciertos son cosa diferente, porque aquí

estamos ante una expresión artística que nos pide entusiasmo y devoción: la música. Para empezar, se trata de actos que deberían exigir un especial proceder en la forma de vestir. Ya hemos dicho que el cine admite el pantalón vaquero, sin mayor formalidad; pero en el teatro y en la ópera se requiere de nosotros un atuendo conforme con ciertas tradiciones. No se trata sólo de sesiones de gala en ámbitos prestigiosos y formales ocasiones –el Teatro Real, el Liceo o las óperas en Bilbao, Valencia o Sevilla–, en que puede ser obligatoria la etiqueta, sino de cualquier velada de ópera donde necesitas un determinado atuendo. La pauta general es ésta: traje, preferentemente negro, en las señoras; y terno oscuro en los caballeros. Además, si somos presentados al director de orquesta, nos dirigiremos a él con el apelativo de «Maestro», no por su nombre o apellido.

Las carreras de caballos vuelven a estar de moda. En Ascot (Inglaterra), la chistera es obligada y de color gris.

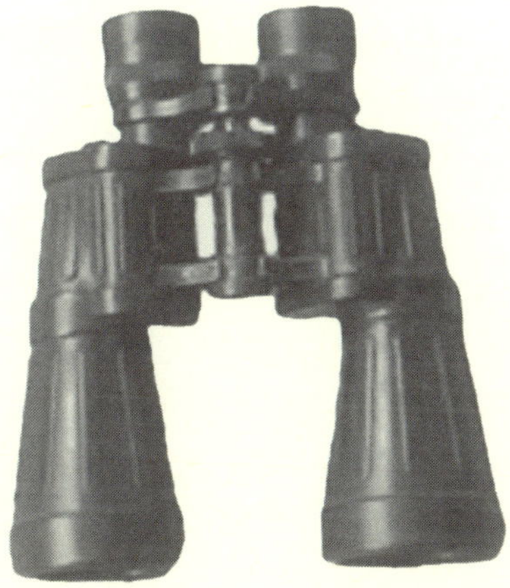

Las veladas musicales y las óperas reclaman de nosotros el silencio más completo durante la representación (los comentarios quedan para el entreacto), aplaudir en los momentos adecuados (nunca al final de sus movimientos, sino al término de la sinfonía) y guardar los ¡bravos! para que los encendidos entusiastas, que nunca faltan, celebren la conclusión feliz de las arias conocidas. En este punto, quiero aconsejar a los melómanos que, por expertos que sean, se abstengan de silbar o musitar entre dientes, tanto en los entreactos como a la salida, los pasajes más populares de las óperas o zarzuelas que acaban de escuchar. Podemos contemplar «El elixir de amor» con deleite, sin necesidad de ir tarareando por la calle, al dejar el teatro, «Una furtiva lágrima».

Para concluir, y ahora que acaba de reabrirse el Hipódromo de la Zarzuela, algo tenemos que decir sobre las carreras de caballos. Son acontecimientos en que confluyen el deporte, el espectáculo, las apuestas y las relaciones de sociedad. Al hablar de los grandes acontecimientos sociales del mundo, me referiré a las carreras de Ascot y al pre-

Elegancia, pasión y duro competir en las carreras.

mio «Arco del Triunfo» de Longchamp, como puntos de reunión de los hombres más poderosos y las mujeres más elegantes de la tierra.

Centrándonos en lo que las carreras tienen de espectáculo, creo conveniente señalar dos puntos a tomar en cuenta. El primero, el vestido. El segundo, la manera de estar y comportarse.

En las carreras, que son acontecimientos al aire libre, predominantemente de otoño y primavera, las señoras visten trajes de entretiempo, con ciertos complementos –en bolsos, guantes y pañuelos– que añadan un toque deportivo. En cuanto a los caballeros, los trajes serán de tonos más bien claros, al que solía añadirse en el pasado un chaleco de fantasía. En Ascot, ya veremos que son obligadas la chistera en los hombres y el sombrero o la pamela en la mujer. Es lo que impone la tradición. En nuestros hipódromos no existe esa costumbre, aunque en hombres y mujeres sigan siendo frecuentes los sombreros. Para los hombres, son muy apropiados los prismáticos, con los que seguir atentamente todas las incidencias de la carrera.

En lo que a comportamiento se refiere, se admite una cierta dosis de entusiasmo cuando se aproxima al poste ganador nuestro caballo –es decir, aquel por el que hemos apostado–; pero sin perder los nervios. Como se acepta una discreta mala cara –pero nunca el enfado, y aún menos la protesta–, al llegar el momento de romper los boletos que jugamos a los pencos que quedaron perdedores.

Sin ánimo de pretender decir la útima palabra sobre una materia tan amplia, vamos a concluir este capítulo con las indicaciones habituales, que considero aportan información adicional.

Las carreras en París, tal como las vio, en 1933, René Bouet.

1.– Ceder el interior de la acera a las señoras es lo correcto. Pero, como hemos indicado, no es preciso interpretar ese «paso a tres» entre la dama, el bolso (que deberá pasar al otro lado) y el caballero, cada vez que cambiemos de acera o dirección. La naturalidad, siempre recomendable, aconseja evitarlo.

2.– A la calle se sale siempre bien vestida. Basta que aparezcas un día «de trapillo», para que te encuentres con tu mejor amiga. Que, por cierto, no dejará de notar que vas hecha un adefesio.

3.– Que gane o pierda tu equipo no justifica que vociferes, destroces las papeleras –que están al servicio de todos– o incluso mutiles las estatuas que adornan la ciudad. La alegría debe ser compatible con la buena educación.

4.– Para los saludos en la calle, los caballeros se despojarán del guante, si lo llevan, antes de dar la mano.

5.– Si un móvil suena en un concierto, se produce la mayor consternación. Como cuando algún inexperto rompe a aplaudir al final del primer tiempo de una sinfonía, sin esperar a que concluya la obra. En el primer caso, se impone mantener el teléfono apagado. En el segundo, actuar con prudencia. Si no se conoce la partitura, lo mejor será esperar para ver lo que hacen los demás, hasta que estemos seguros que ha llegado la hora del aplauso.

6.– En España va arraigando, no sin esfuerzo, una «cultura del medio ambiente». Hoy son mayoría los que se abstienen de ensuciar el campo con desperdicios y despojos. Sigue ese ejemplo, y nunca caigas en la tentación de tirar en el monte una lata o una botella.

7.– Las carreras de caballos tienen un origen aristocrático y, aunque ya se han hecho populares, conservan un cierto aire «belle époque» que conviene respetar. No es que vayamos a vestirnos como Audrey Hepburn en «My Fair Lady», pero sí dar un toque elegante y deportivo a nuestro atuendo.

8.– En espacios de uso común, como los ascensores, no entraremos nunca con un perro de cierto tamaño, salvo que estemos solos. En todo caso, y por pequeña que sea esa mascota, la cortesía nos obliga a pedir permiso a los demás.

9.– El mundo de los toros está lleno de supersticiones. La de evitar el color amarillo en las señoras es una de ellas. Lo indicado es aceptarlas, sin entrar a discutir su fundamento.

10.– La actuación en la calle, los espectáculos o los espacios de uso colectivo debe plegarse a una regla de oro, columna vertebral de la buena educación: respetar a los demás.

Con las últimas recomendaciones que acabo de anotar concluye este capítulo, que abarca muy diversos aspectos del diario acontecer. Y pasamos a tratar un nuevo espacio muy directamente influido por los tiempos modernos. Son los viajes y el deporte: esa bocanada de aire fresco que ha entrado en nuestras vidas.

XI

Los viajes: cómo vestirse y cómo actuar

«Vivimos en la civilización del ocio. Quizá sea ese el dato dominante de los tiempos modernos.»

(Ortega y Gasset)

La civilización del ocio: ésta es, en efecto, una de las notas que definen nuestro tiempo. Se trata de un ancho espacio que cubre, entre otras, dos actividades en auge: los deportes y los viajes de placer. Como ya hemos indicado, en la España de la posguerra salían al exterior unos miles de personas. En nuestros días, somos muchos millones de españoles los que nos desplazamos –por oficio, negocios o diversión–, a los países extranjeros. En cuanto a los deportes, que existen desde la antigüedad –sólo tenemos que pensar en las olimpíadas griegas–, asistimos a una expansión que no dudo en calificar de espectacular, como consecuencia de muchas y muy diversas causas –bienestar económico, calidad de vida, cambio en las mentalidades– que han hecho de este campo un fenómeno con muy amplias repercusiones económicas y sociales.

A unos y otros, viajes y deportes, vamos a dedicar los dos últimos capítulos. Para ver cómo vestir y de qué manera

Licoreras de viaje, en madera de raíz y palo de rosa.

Bolso de viaje de Louis Vouiton.

actuar en unas circunstancias en que, por estar a la vista de todos, es preciso conocer y cumplir determinadas reglas.

Los viajes están en la médula misma de eso que llamamos la mundialización. La Tierra se ha hecho más pequeña, y lo que hasta hace poco constituía una aventura –salir de tu país–, ahora es un dato más de nuestras actividades cotidianas. Por otra parte, las economías son interdependientes, formando un todo regido por las leyes del mercado, hasta el punto que se ha dicho que si el dólar estornuda se resfrían todas las restantes monedas. Y lo mismo puede predicarse de las bolsas, la banca y otras instituciones financieras, pendientes de cómo abre el «índice Nikei» o cierra Nueva York.

Al margen de la economía, hay otros factores que hacen que tengan lugar miles de millones de desplazamientos anuales. Estamos asistiendo a una creciente permeabilidad, en el campo internacional, que favorece el flujo de intercambios y contactos entre personas. A ello hay que añadir las influencias mutuas entre las distintas culturas y, por encima de todo, el ocio organizado. Sabemos que el turismo, fundamental en la España de hoy, tiene muy variados componentes, entre los que destacan las inquietudes culturales, el contacto directo con la naturaleza y la necesidad de descanso y distracción, para escapar del mundo agobiante en que vivimos; amén de dejarnos llevar por ese gusto por la aventura, tan español, profundamente arraigado en nuestro corazón.

Consecuencia: se viaja más que nunca. Y, en lo que a nosotros nos interesa, nos encontramos con una serie de expectativas, imponderables y riesgos ante los que hay que saber cómo actuar. Mi objetivo será recomendar a los viajeros potenciales qué hacer ante ciertas circunstancias, de qué forma vestir y qué precauciones adoptar para que los desplazamientos resulten interesantes y útiles. Y para que esas actividades placenteras que son los viajes de turismo

Hace años, no se concebía que una señora viajase sin sombreros. Ni siquiera en avión.

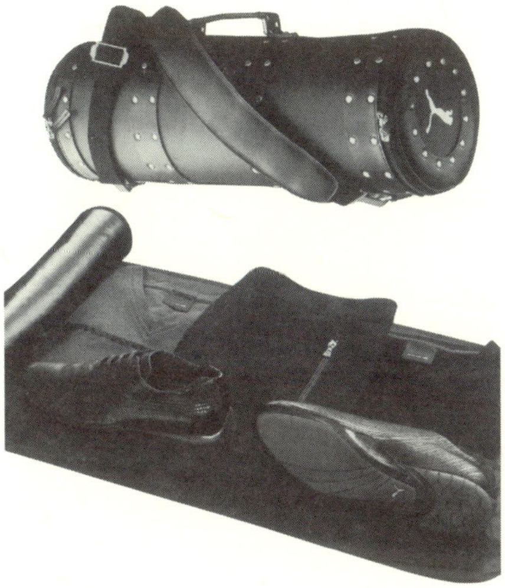

Pequeño y original maletín pensado para un corto viaje.

Cocktelera de viaje. Hecha en piel, con sus copas de martini.

no se conviertan en episodios desafortunados o, lo que es peor, deriven hacia verdaderas pesadillas.

Tres apartados concretos me propongo analizar: preparación de ropas y equipos adecuados (según los climas y el medio natural en que te muevas), la forma de proceder durante los desplazamientos (en barco, automóvil o avión) y la manera de comportarse correctamente en los países visitados. Además, aportaremos una serie de sugerencias prácticas –sobre cuantía de las propinas, uso del tabaco o respeto por las tradiciones locales–, que son de utilidad para evitarnos molestias y algún quebradero de cabeza. Porque todos hemos hecho viajes en los que nos hemos planteado, a su término, si no habría sido mejor que nos hubiésemos quedado en casa.

1.– Equipos y ropas.

Nos harán falta tanto para viajar cómodamente como para hacer más agradable, en lo que a ropas se refiere, la estancia en el extranjero. Si ese destino fuera el frío, no te olvides del zapato con suela de goma (puedes llevarlo puesto, para ahorrar espacio y peso en la maleta), el calcetín de lana y el jersey de mucho abrigo. Amén de una prenda de cabeza. Durante mis años de estancia en Rusia y Canadá, la Embajada se convirtió en una sucursal de préstamos de bufandas, guantes y sombreros. Porque cuando dejas Madrid en pleno marzo, con un tiempo primaveral, no te acabas de creer que en Moscú o San Petersburgo, en Ottawa o Montréal, te puedan esperar temperaturas de varios grados bajo cero. Finalmente, y aunque parezca extraño, debe llevarse el bañador, incluso si visitas un país frío. Los buenos hoteles tienen hoy piscinas climatizadas, y es muy agradable y relajante, incluso para un hombre de negocios que va de paso, darse un chapuzón antes o después de una dura jornada de trabajo.

Juego de maletas de Gritti.

Antiguo estuche de viaje para un plato y una taza.

Como medida previa, tenemos que organizar meticulosamente el equipaje y elegir las bolsas y maletas. Existe una amplísima gama en el mercado, en lo que a formas, calidades y colores se refiere. El problema es elegir. Aquí me permito aconsejar, al menos para el avión, maletas sólidas, ligeras y de colores diferentes a los masificados grises o negros que dominan las cintas transportadoras, porque se dificultará la recogida, una vez llegados al aeropuerto de destino, al tener que decidir con acierto de entre una veintena de maletas iguales. En última instancia, se añade una señal de identificación –una banda de color, por ejemplo– para proceder a esa tarea.

En lo que a ese equipaje se refiere, voy a incluir unas breves notas adicionales, basadas en hechos concretos que he podido comprobar a lo largo de mi vida de viajera:

- No es aconsejable utilizar maletas lujosas, de marcas conocidas. Te llevarás un disgusto cuando veas cómo las tratan. Además, pueden ser una tentación para los amigos de lo ajeno.
- No olvidar añadir una tarjeta donde figure nuestro nombre y dirección. Las maletas, sobre todo en las conexiones de los aeropuertos internacionales, corren un alto riesgo de perderse; y será esa tarjeta la que, en última instancia, facilite su recuperación.
- Los carritos, tan útiles, no serán excesivamente grandes, para poderlos colocar con facilidad en los compartimentos altos del avión. Hay compañías que te obligan a facturarlos, si rebasan determinadas dimensiones.

En cuanto al equipaje para los desplazamientos interiores, mis preferencias van por los bolsos de viaje –en este caso, sí serán de buenas marcas–, colocando los trajes y vestidos en fundas de cremallera, que pueden colgarse en el interior

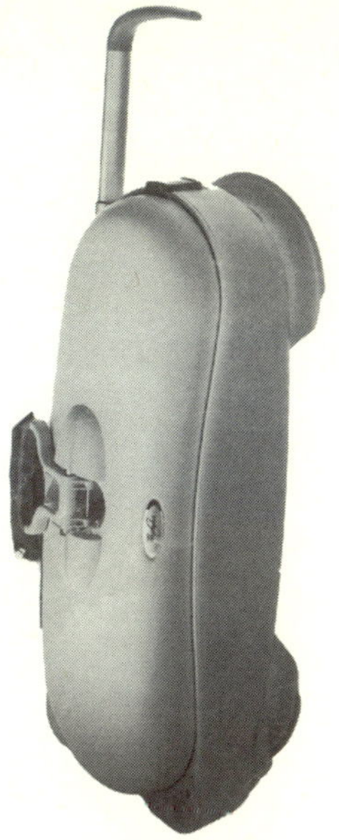

Para los que viajan mucho, pequeña maleta que sirve para planchar la ropa a vapor.

El nuevo carrito de Chanel.

del automóvil o ponerse sobre el resto del equipo, para evitar que se arruguen. Hace años se impusieron los bolsitos llamados «fines de semana» que, a mi juicio, resultan demasiado pequeños para llevar las pertenencias indispensables, y demasiado grandes para sustituir a los estuches de aseo. Hoy, se imponen las bolsas de mano, en tonos sufridos y diseños elegantes, con varios compartimentos separados. Son de piel o de loneta, y presentan espacios independientes para los zapatos y el neceser de las señoras.

En estos desplazamientos, han aparecido recientemente dos novedades.

La primera –ya no tan nueva–, se refiere al turismo rural. Su misión es doble: pasar un fin de semana en una casa que ha sido de labor (una casuca montañesa, un cortijo andaluz, una masía), como forma de adentrarse en un mundo atractivo y poco conocido. Y, en segundo lugar, el disfrute de la naturaleza. Porque este turismo lleva aparejadas las oportunas excursiones, principalmente el senderismo de montaña. De ahí que, entre el equipo necesario, y siempre dependiendo de la estación del año, se encuentren tres piezas que considero imprescindibles: pantalón y camisa de múltiples bolsillos, calzado ligero y resistente y un bastón, al que le sacarás un rendimiento insospechado. Si llevas unos prismáticos –los hay muy económicos, al alcance de cualquiera–, tanto mejor. Confieso que soy una entusiasta del turismo rural, y que todos los años lo disfruto en la Sierra de Cazorla y de Segura, en compañía de mi familia.

Debo advertir contra una práctica que denota la mala educación de algunos usuarios de este tipo de turismo: dejarlo todo patas arriba al marcharse. Una casa rural no es un hotel, con servicio y camareras. Es eso: una casa. Y si en los hoteles habremos de ser cuidadosos y educados, en estos alojamientos mucho más. No cuesta tanto poner de

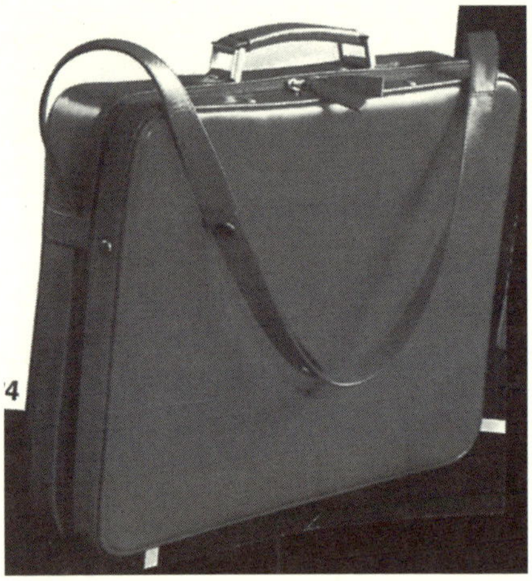

Escritorio de cuero portátil.

Maletín y sombrerera de Escada.

tu parte un pequeño esfuerzo y devolver la vivienda limpia y aseada, como te la entregaron.

La segunda de estas novedades, en los viajes interiores, es lo que podíamos llamar el turismo enológico. No se trata de las tradicionales visitas a las bodegas de fama –recuerdo una que hice, hace años, al Puerto de Santa María–, que siempre han existido, y de las que son buena prueba las botas de roble firmadas en tiza por reyes, artistas y magnates. Es algo más nuevo: una estancia que combina el buen yantar, la cata de vinos y el descanso . Incluso algunas añaden un «spa» de vinoterapia, para seguir la tendencia de los tiempos. Son grandiosos caserones y castillos de viejo sabor aristocrático, o edificios de muy modernas y avanzadas arquitecturas. En ellos se logran varios objetivos: conocer de cerca la técnica del vino, disfrutar de una magnífica cocina y participar en festivales gastronómicos, encuentros de negocios y reuniones culturales.

Sobre ropas para viaje hay no poco que hablar. Ya hemos dedicado toda la atención al tema del vestido en el hombre y la mujer. Ahora nos vamos a concentrar, exclusivamente, en su uso durante los viajes. Vaya por delante que en esas circunstancias, más que en otras, nuestra forma de vestir debe cumplir dos funciones esenciales: elegancia y comodidad.

Hace cincuenta años –puede verse en las películas y reportajes de la época–, las señoras subían al avión con tacones, pieles y sombreros. Hoy hemos caído en el polo opuesto: predominan las zamarras, las mochilas y los zapatos de lona. Ni tanto ni tan poco. El avión tolera una cierta informalidad, pero no lo admite todo. A mi juicio, la comodidad es perfectamente compatible con la elegancia, sin caer en la rutina. Para ello, son recomendables las prendas de colores sobrios, hechuras holgadas –debemos ir sentados durante varias horas, y eso no hay traje que lo aguante– y tejidos de calidad, para evitar las arrugas en exceso. Son muy apropiados los jerseys: una prenda resistente, confortable y que permite una amplia libertad de movimientos; los echarpes y chales, con los que te puedes cubrir si la temperatura es algo baja; los pantalones inarrugables, tanto en hombres como en mujeres; y los zapatos mocasines o de factura cómoda, pero no los deportivos, que sólo están para eso: para hacer deporte.

Cuando se viaja en automóvil han de predominar, en nuestras ropas, los criterios de funcionalidad y elegancia. Quien conduce irá bien calzado, y no sólo por razones de buena presencia, sino por motivos de seguridad. No pocos accidentes de los que ocurren en verano se deben a que, en las cercanías de las playas, el conductor iba descalzo, en zapatillas o alpargatas. El pie ha de estar sujeto, y así lo prescriben las leyes de circulación. En cuanto a la señora que acompaña, llevará zapatos cómodos –una vez más, mocasines y hormas similares–, con los que se sentirá más a gusto.

El resto del atuendo dependerá de la estación del año. En verano, van muy bien los pantalones de algodón inarrugable –hay marcas que consiguen resultados sorprendentes– y las camisas con dos bolsillos, para llevar al alcance de la mano las tarjetas de crédito, el dinero y la documentación. En invierno, pantalón y chaqueta deportiva o cazadora. Para las señoras también predomina el pantalón, aunque a mí me resultan más cómodas las faldas de corte amplio. Evitar arrugas y acaloros, con la ropa funcional que acabo de reseñar, es la única manera de no llegar hecha un adefesio.

2.– Comportamiento durante el viaje.

En el avión, donde la escasez de espacio obliga a una inevitable proximidad con los pasajeros que llevas a tu lado, hay que cuidar escrupulosamente los gestos y actua-

THE TIMES

CUNARD WHITE STAR NUMBER

THE LARGEST FLEET ON THE ATLANTIC

Cunard White Star

Un gran paquebote de la famosa línea «Cunard», fotografiado en 1934

ciones. Todos hemos padecido experiencias desdichadas, en que debimos soportar la impertinencia o la mala educación de nuestro vecino de asiento, y durante varias horas.

Tres notas podrían señalarse, para realizar esos desplazamientos en la forma más agradable posible:

- Los huecos para el equipaje de mano, salvo que se viaje en clase preferente, son muy reducidos. Se impone, por tanto, la solidaridad. No se trata de ocupar abusivamente todo el espacio disponible, porque también los restantes pasajeros tienen derecho a colocar sus cosas.
- Al dejar o volver a ocupar tu asiento, así como al tomar las comidas que se sirven a bordo, procuraremos hacerlo sin molestar al vecino. Si el molestado eres tú –por ejemplo, una copa de vino derramada sobre tu traje–, la azafata se encargará de reparar el desaguisado, sin mayores protestas ni alborotos.
- No es correcto quitarse los zapatos. Quizá quepa una excepción en los desplazamientos muy largos, siempre que te suministre la azafata unos calcetines gruesos que usarás como si fueran zapatillas.
- Es obligatorio seguir las indicaciones de la tripulación y del comandante. Están en juego tu seguridad y la de los demás.

En los viajes en barco, tanto si se trata de un crucero como de un yate privado, la situación es muy otra. Vas a permanecer a bordo durante varios días y, en el caso de los yates y veleros, debes compartir con los demás cabinas estrechas y espacios que nunca serán amplios.

Los cruceros combinan numerosos atractivos: el contacto directo con el mar, la visita a ciudades y centros turísticos y los pasatiempos que ofrecen las veladas. Aunque no se trate del «Queen Elisabeth», los majestuosos trasatlánticos modernos te permiten una serie de actividades –piscinas, solarium, juegos, restaurantes y salones– que harán que tu estancia sea distraída y placentera. Tu equipaje, sin llegar a los elegantes y entrañables baúles de antaño, será más voluminoso, ya que necesita incluir desde el traje de baño a los vestidos para ocasiones formales. Vestidos que usaremos en bailes y veladas, y muy especialmente en el caso de que, a la hora de la cena, seamos invitados por el capitán a compartir su mesa: un honor que deberás agradecer. Los cruceros siguen conservando un romántico y nostálgico aire del pasado, en el que aún perduran las viejas tradiciones marineras. Y es bueno que usemos de la cortesía que merecen, y adaptemos nuestra ropa a esas formalidades que acompañan a «las gentes de la mar».

A bordo has de ser muy cuidadoso, tomando en cuenta que vas a convivir largo tiempo con extraños, con los que irás adquiriendo un cierto grado de amistad conforme vaya pasando los días. La regla de oro será, como siempre, no molestar a los demás. Como sucede en el avión, debes obedecer las instrucciones del capitán y los miembros de la tripulación, responsables de tu bienestar y seguridad. Y cumplirlas a rajatabla, en particuar si se presentase una emergencia.

Los baúles de nuestros abuelos vuelven a estar de moda en los cruceros.

Unas cuantas recomendaciones concretas nos pueden evitar algún problema:

- A los barcos se llega siempre con mucho tiempo por delante. El serviciose encargará de conducirte a tu camarote, pero facilitaremos su tarea subiendo a bordo sin agobios de última hora. Se crearía un completo caos si un millar de pasajeros llegasen a la vez.
- Si se viaja con niños, trataremos de que se adapten a los programas y pasatiempos infantiles, procurando que no molesten al jugar o desplazarse. Y ser muy conscien-

Los Perini están entre los veleros más elegantes del mundo.

Blaser marinero, muy apropiado para cruceros y yates.

tes de los peligros a que se expone un chiquillo que corre o juega en la cubierta.

- En los turnos de cenas y comidas sería prudente no producir aglomeraciones, para que el pasaje no vaya al restaurante a la misma hora. Si acompañan niños, la familia entera debería utilizar el primer turno.
- Por grande que sea el barco –a veces, una auténtica ciudad flotante, con miles de personas– y avanzados y eficaces sus sistemas y mecanismos de estabilización, no te olvides de llevar la biodramina o cualquier producto similar. Si te mareas el primer día, probablemente has echado a perder todo el crucero.
- Jamás se da propina a un miembro de la tripulación, pero es imprescindible hacerlo con los camareros o las chicas que atendieron tu camarote durante la travesía.

Las embarcaciones privadas son otra cosa. En ellas, el grado de intimidad es siempre mayor, porque hablas, tomas el aperitivo, comes o te bañas en el mar o en una playa en compañía de un grupo reducido, en el que predominan los amigos. Surcar el Mediterráneo a bordo de un velero o recorrer las islas griegas en un yate privado es un privilegio al alcance de muy pocos; pero también te expones a ciertos emprevistos que conviene evitar. Una periodista italiana tiene ya escrito que «acaban más amistades a bordo de un barco que durante la lectura de un testamento».

Para evitar estos peligros, y salir al paso de cualquier riesgo innecesario que se pueda correr, recomiendo adoptar unas cuantas precauciones:

- A bordo es aplicable lo ya dicho sobre la forma de mantener una conversación inteligente y divertida. Las muchas horas juntos propician las ocasiones para charlar de manera distendida. Y ahí desplegarás tus artes de buen conversador, conforme a las pautas ya marcadas en capítulos anteriores.

- A los propietarios de los yates se les aplica todo lo ya señalado sobre los anfitriones. Son ellos los responsables de ocuparse del bienestar y entretenimiento de unos invitados que lo han sido «a su casa», y de hacerlo dentro de las normas de la más exquisita cortesía.
- A los dueños de los barcos les gusta que sus invitados se mueven por ellos sin zapatos, para preservar de cualquier huella –imaginen las que harían unos tacones en un yate– los interiores y cubiertas, de maderas muy costosas. No esperes a que te insinúen que te los quites. Ni alegues que tus zapatos son muy livianos y no dejan marcas.
- En los yates, y cuando se baja a tierra por la noche, se viste de forma muy cuidada. La combinación de blancos y azules, con vistosos bolsos y pañuelos, es lo más correcto.
- En esos casos, es muy probable que se cene en un buen restaurante. No permitas que el dueño del barco pague la cuenta.
- Cuando termines la travesía, no olvides dejar una buena propina. Siempre, claro está, que sea con el consentimiento de quienes te han invitado. Si fuera así, la entregas en un sobre a la anfitriona, que sabrá cómo distribuirla.

3.– Cómo comportarse en los países visitados.

El viejo adagio de que «en Roma, compórtate como un romano» envuelve una gran verdad. No pocos sinsabores que nos sobrevienen en el extranjero se derivan de no seguir esa prudente recomendación. Porque nos empeñamos en llevar puestas no sólo nuestras ropas, sino nuestras costumbres; y eso, muy frecuentemente, causa un choque del que podemos quedar muy malparados.

Ajedrez de piel plegable para viajes.

Por cercano que sea tu punto de destino –Francia, Portugal–, piensa que siempre existen diferencias en los hábitos foráneos. Aún más si viajas a lejanos países exóticos; o llevas a cabo un turismo predominantemente cultural, en el que visitarás lugares de contenido religioso que merecen respeto, sean cuales sean tus creencias.

Ante todo, pon atención en la manera de vestir. En los espacios típicamente turísticos, como las playas del Caribe, casi todo está permitido. Pero hay otros países donde ciertas licencias son una temeridad. Tal es el caso de los de tradición islámica, en los que te impondrán ciertas medidas –por ejemplo, despojarse de los zapatos para entrar en una mezquita– a las que no te puedes negar; te aconsejarán algunas limitaciones (no usar pantalón corto, sobre todo las mujeres), porque así lo exige su moral; o establecerán rigurosas prohibiciones, como la de llevar descubierta la cabeza: lo que impone el velo en las mujeres y el sombrero en los hombres. Es el caso de Israel, en recintos sagrados y frente al Muro de las Lamentaciones. No son rarezas ni antiguallas: sucede en nuestros días, y no en épocas remotas. Y en zonas de gran interés, y muy frecuentadas, de la cuenca mediterránea, con un turismo de muy larga tradición, establecida ya por los viajeros del siglo XVIII, y que constituye su primera industria nacional.

Estuche de aseo para viajes.

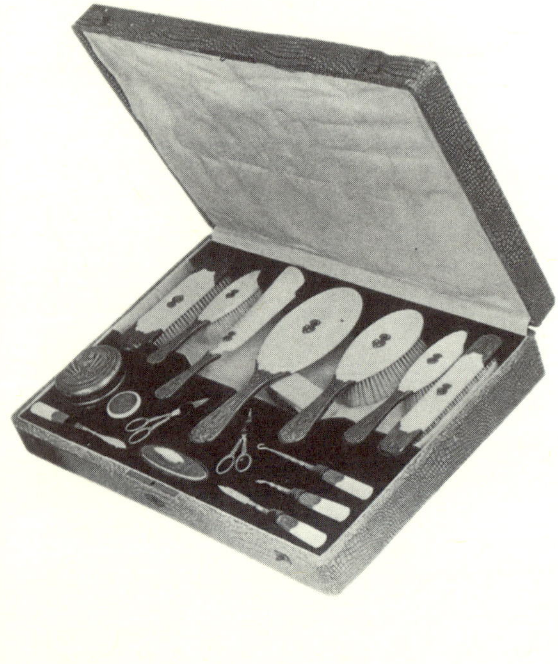

Un turista que visite un país extranjero está obligado a cumplir sus leyes, por extrañas que nos puedan parecer. En Estados Unidos, no está permitido tomar alcohol en determinados lugares, en días precisos o a ciertas horas. Porque lo prohíben reglamentaciones muy antiguas, que tienen su fundamento en las tradiciones puritanas. Recuerdo el asombro del dueño de un restaurante cercano a la Catedral de San Patricio, en Nueva York, cuando recién llegados a esa ciudad le pedimos un vino español para acompañar el almuerzo. «En este restaurante no puede servirse alcohol, por dos razones: porque es domingo y porque estamos a menos de setenta yardas –creo que fueron setenta las que dijo– de una iglesia». Luego vimos que ni siquiera las tiendas podían vender cerveza, los domingos y festivos, antes de la una de la tarde, porque se supone que a esas horas debemos estar ocupados en seguir los servicios religiosos, sin que el consumo de alcohol pueda perturbarlos.

No se trata de costumbres más o menos raras: es la ley. Y no sucede en un lugar remoto de la Polinesia, sino en el corazón de nuestro moderno y avanzado mundo occidental.

4.– Algunos consejos prácticos.

Hay ciertas exigencias que hemos de observar, por respeto al país que nos acoge, como las que se citan a continuación.

- Inglaterra está llena de tradiciones centenarias, que conviene respetar. Son legión. Por ejemplo: al revés de lo que ocurre en los restantes países europeos, no se puede cazar en domingo, para que los disparos no perturben la tranquilidad de los que asisten a los servicios religiosos.
- En muchos países occidentales, hay que descubrirse y ponerse de pie cuando suena el himno nacional. Debemos hacerlo así por cortesía, aunque seamos extranjeros.
- En algunos recintos cerrados está prohibido tomar fotos, y lo tienes que acatar. Pero hay más: algunas religiones prohíben fotografiar a las personas, porque piensan que se les roban sus espíritus. A un amigo mío pudo costarle caro empeñarse en hacer fotos de un grupo de nómadas en el Sáhara.
- Con o sin prohibiciones religiosas, jamás fotografíes a las personas sin su consentimiento. Ni en España ni, mucho menos, en el extranjero.

Bolsos fin de semana.

- La práctica del saludo la realiza cada cual a su manera. Un japonés o un chino pueden preferir la inclinación. Ciertos árabes siguen la tradición de tocarse el pecho, la boca y la frente con los dedos. Un indio unirá sus manos; y no te esfuerces en estrechárselas, porque a lo mejor se lo prohibe su religión.
- Sobre el uso del tabaco, España acaba de unirse a los que fijan severas restricciones, en restaurantes, locales cerrados y oficinas. En países extranjeros, respetaremos esas y otras exigencias similares, incluso si se trata de zonas de la vía pública –las hay en Canadá– en las que esté prohibido fumar.

Sólo me resta referirme a un punto concreto: las propinas. Ya hemos visto cómo manejarlas durante un crucero de placer o a bordo de un yate privado. Y no lo he mencionado en los aviones porque todo el mundo sabe que, si una azafata te sirve una copa, se la ofendería gravemente en el caso de que alguien le ofreciese una propina. Porque no es una camarera, sino una auxiliar de vuelo.

Pero sí hay algo que merece tomarse seriamente: cómo actuar sobre este punto en un restaurante, si estás en un país extranjero. De no hacerlo, quedarías muy mal. En Francia o en Italia, a pesar de que la nota establezca claramente un «servicio incluido», dejarás una propina en torno al diez por ciento de la cantidad total. Pero en Estados Unidos y otros países, la propina es obligatoria, no está incluida en la nota y debe rebasar, como mínimo, el quince por ciento de la adición final. Porque constituye una parte –sucede en Suecia y otros países nórdicos– del salario de los camareros, si no su totalidad. Esto es así en las contrataciones temporales, en terrazas y locales veraniegos, donde te la pueden reclamar. En todo caso, si sales a cenar en San Francisco o Los Ángeles –por citar sólo dos ciudades america-

Recorrido y avión utilizado por los «Archiduques voladores», en sus vuelos sobre Barcelona.

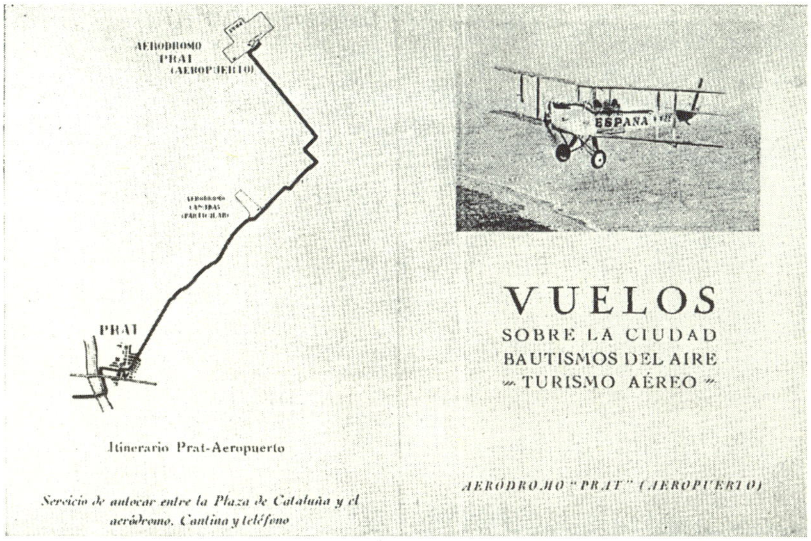

nas– y no dejas la propina adecuada, es posible que, cuando vuelvas al lugar que tanto te gustó, te digan que no hay sitio. Por más que veas diez mesas vacías delante de ti.

Como complemento a todo lo antedicho, y a la vista de la frecuencia con que se te van a presentar, voy a dedicar una atención particular a un tipo de viajes: los que obedecen a una invitación para pasar un fin de semana (con independencia de las cacerías, que trataremos en el capítulo siguiente) en la propiedad de unos amigos. En tales casos, no olvides estas tres reglas: llevar un detalle para la dueña de la casa, dejar a la salida una propina para el servicio y tratar el mobiliario y los enseres con la mayor consideración. Y añadir un punto más: cuidar muy especialmente de tu atuendo. Si la estancia lleva aparejada una excursión, como es lo más frecuente, vale todo lo dicho sobre a la forma de vestir en el campo. Pero al regresar a casa, y a la hora de cambiarse para la cena, se impone el «blazer» con corbata para los caballeros y un vestido de cierta formalidad –el pantalón y un top elegante van muy bien– en las señoras.

Respecto al proceder de los anfitriones, mis años de

Anuncio de la primera compañía de turismo creada en Barcelona: la de los «Archiduques voladores».

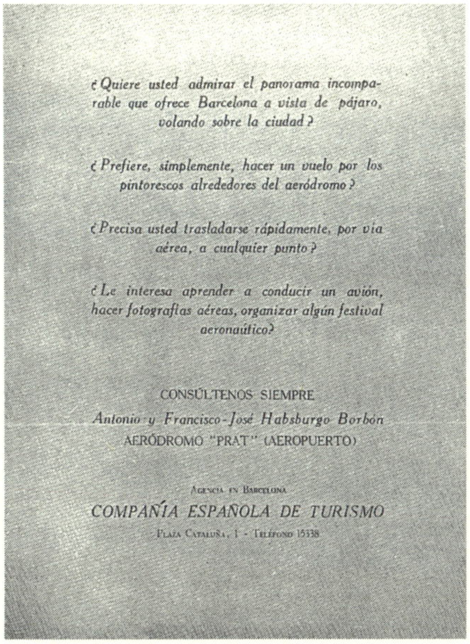
¿Quiere usted admirar el panorama incomparable que ofrece Barcelona a vista de pájaro, volando sobre la ciudad?

¿Prefiere, simplemente, hacer un vuelo por los pintorescos alrededores del aeródromo?

¿Precisa usted trasladarse rápidamente, por vía aérea, a cualquier punto?

¿Le interesa aprender a conducir un avión, hacer fotografías aéreas, organizar algún festival aeronaútico?

CONSÚLTENOS SIEMPRE
Antonio y Francisco-José Habsburgo Borbón
AERÓDROMO "PRAT" (AEROPUERTO)

AGENCIA EN BARCELONA
COMPAÑÍA ESPAÑOLA DE TURISMO
PLAZA CATALUÑA, 1 - TELÉFONO 15338

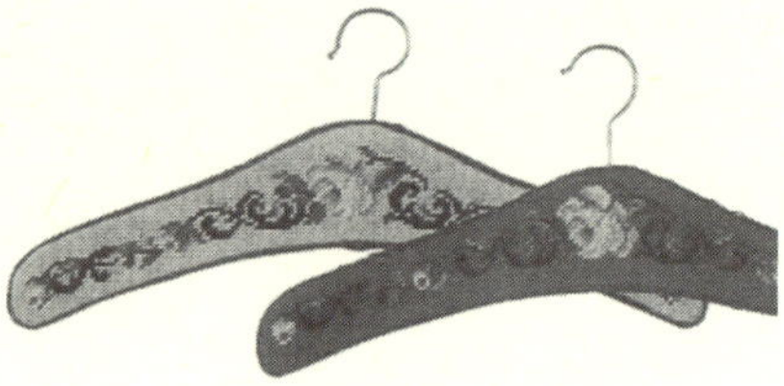

Perchas de *petit point* .Os quedarán muy elegantes en cuartos de invitados.

Manta escocesa para poner a los pies de la cama.

Los invitados agradecen un soporte donde se colocan las maletas.

asistir a esas reuniones me aconsejan adoptar las siguientes medidas:

- Fijar las fechas con tiempo, para ordenar nuestras actividades de forma que dejemos libres los días que nos proponemos disfrutar en el campo o en la playa.
- Si los invitados visitan tu casa por primera vez, hacerles llegar un plano claro y detallado. Lo que a nosotros nos parece fácil, puede ser muy complicado para quien se adentre por carriles o caminos locales.
- Cuando lleguen los viajeros, procura que los coches queden en un lugar seguro, a cubierto de una posible –y, a veces, previsible– gamberrada.
- Deberás ocuparte personalmente de tus invitados y prepararles un programa sugerente y detallado. Si incluyera la comida en un restaurante de la zona, habrás de pagar tú.
- Los programas que suelo hacer yo consisten en llegar la tarde del viernes, con cena en casa. Recorrer la zona el sábado, con almuerzo en un restaurante y cena en casa. El domingo, levantarse no temprano y preparar un «brunch», en la forma que se dijo.
- No olvides colocar bebidas en los dormitorios –que incluyan el agua mineral–, una cajita con caramelos o bombones y un par de libros en las mesitas de noche, para ayudar a conciliar el sueño de tus huéspedes.
- Personalmente, me gusta preparar hasta el menor detalle en las habitaciones. Y que el servicio abra las camas, como en los buenos hoteles. Siempre me lo han agradecido.

Las invitaciones para fines de semanas son muy agradables, si cumples puntualmente con las formalidades apropiadas. Pero también pueden acarrear algún quebradero de cabeza. Tres días juntos es mucho tiempo, y se notarían los fallos y defectos que, a toda costa, tienes que evitar.

Con esta acuarela se me agradeció una invitación para un fin de semana en nuestra casa de la Sierra.

Dos recomendaciones adicionales. La primera: en esas ocasiones no se invita «de cumplido». Se trata de traer a casa amigos de confianza, lo que siempre significa una alegría. La segunda: procura mezclar invitados interesantes, en cuyo trato todos encuentren recíproca satisfacción. Si sientas la persona equivocada a tu mesa, te puede dar la cena; pero si la traes a casa un fin de semana, lo habrás echado todo por tierra.

Y vamos con nuestro «decálogo» habitual, porque siempre quedan flecos sueltos que conviene precisar.

1.– Los hombres son proclives a llevar menos equipaje que las mujeres. Unos y otros tienen su parte de razón. Es engorroso poner en la maleta demasiadas cosas, pero más vale que te sobre algo que no echar de menos aquel traje de vestir que necesitabas para ir a una cena formal, que te surgió de forma inesperada.

2.– Para estancias breves –uno o dos días– y si viajas por avión, es muy conveniente sustituir la maleta por una bolsa portátil con los trajes y un maletín de ruedas para todo lo demás. Ganarás tiempo en los aeropuertos y evitarás el riesgo de perder el equipaje cuando hayas de cambiar de vuelo y terminal.

3.– En las prendas de viaje y deportivas, los bolsillos son tan útiles como los armarios en las casas. Si sales al campo, entenderás muy bien lo que digo.

4.– En las excursiones, no olvides el agua. Incluso en días fríos. Después de un picnic abundante, la vas a echar de menos. Puedes pasarte sin comer, pero la falta de bebida, especialmente en verano, es insoportable.

5.– En los hoteles evita los ruidos, a partir de ciertas horas. No sólo has de bajar el volumen del televisor, sino hacer los comentarios en voz baja, sin sonoras risas ni alborotos, al volver de madrugada.

La belle Simone atracó muchos veranos en Puerto Banús, donde pude admirar su bellísima linea.

6.– Los desayunos del hotel son eso: un desayuno. No te dediques a servirte de todo, en cantidad, como para aguantar hasta la noche sin hacer otra comida.

7.– Cuando abandones la habitación, sobre todo en las invitaciones de los fines de semana, déjala como te la encontraste, incluyendo el baño y los aseos.

8.– Al hacer las maletas, pon mucha atención en no incluir algún objeto de la casa donde te has alojado. Y eso vale también para los libros que te hayan dejado en la mesilla, aunque vayas por la mitad del capítulo más apasionante y te apetezca mucho ver cómo acaba.

9.– Los anfitriones no deben hacer ostentación de lo que tienen, ni «enseñar la casa» –o el palacio, o el castillo–, salvo que los invitados lo pidan. Tampoco éstos deben escudriñar hasta los últimos rincones, ni hacer fotos sin permiso de los dueños.

10.– Jamás lleves en tu coche fundas de paja, tela o arpillera en los asientos, para evitar el calor. Ni cortinillas para resguardarte del sol. Van cayendo en el olvido, pero todavía se ven algunas.

Con esto cerramos el mundo de los viajes, cada día más importante. Para abrir el del deporte, donde estamos asistiendo a una verdadera revolución.

XII

El deporte: cortesía, comportamiento y buen hacer

«Soy rey de mi voluntad,
no me la ocupan negocios,
y ser muy rico de ocios
es plena felicidad.»

(Lope de Vega)

La cultura del ocio ha entrado hasta en los más recónditos rincones de nuestra sociedad. Y, además de los viajes de placer, a los que nos hemos referido en el capítulo anterior, contempla el apasionante mundo del deporte, entendido no sólo como competición o esfuerzo, sino como fenómeno social y como manera de emplear el tiempo libre. Es decir, como actividad felicitaria, según la acertada definición de Ortega. Ahora somos todos quienes, en mayor o menor medida, nos vemos influidos por el mundo del deporte: ese universo colorista, distendido y juvenil, que afecta a las actividades cotidianas y a la forma de vestir. Actualmente, los grandes modistos se han propuesto, por encima de cualquier otra finalidad, que la mujer parezca joven. Y, para ello, nada mejor que darle a su ropa de diario un toque deportivo.

Porque en la sociedad moderna, ya no existe una edad para el deporte: se practica desde niños, y lo viven, con mayor o menor intensidad, incluso los ancianos. De ahí la importancia que tiene en nuestras vidas.

Ya sabemos que Fernando Alonso o Dani Pedrosa, dos flamantes campeones, aprendieron a pilotar un coche o una moto apenas lograron enderezar los pasos. Y que Tiger Woods tomó un palo de golf nada más cumplir tres años. Hasta en el fútbol, que requiere un esfuerzo duro y sostenido, existe la categoría de alevines, que incluye chiquillos que acaban de entrar en el colegio.

Lo mismo sucede, en el polo opuesto, con la llamada «tercera edad». Hoy contamos con múltiples actividades que no exigen ejercicios violentos y que parecen diseñadas para los jubilados. Si te das una vuelta por la Costa del Sol en pleno invierno, podrás comprobar que muchos de los que nadan en las piscinas, ocupan los gimnasios o juegan al golf rebasan cumplidamente los setenta años. Y es que hay modalidades deportivas –ciertas formas de caza, la pesca, el golf o el senderismo– que son muy indicadas para ellos. Y así lo recomiendan hasta sus médicos.

Y me estoy refiriendo a los que practican los deportes; no a quienes los viven como espectadores, bien directamente, bien a través de la televisión. Porque ahí nos encontramos todos: chicos y grandes, gordos y flacos, hombres y mujeres de cualquier edad o condición.

Para el deporte urbano, un complemento que no puede faltar: unos buenos zapatos de marcha.

La retransmisiones de los Juegos Olímpicos, o las de algunas de las grandes finales deportivas, pueden ser seguidas a través de la televisión por audiencias que superar los mil millones de personas. Por una razón bien sencilla: porque el deporte se ha convertido en un fenómeno a escala universal, con un impacto mediático que supera al de cualquier otro aspecto de la vida. Hace ya muchos años que la publicidad mejor pagada –por algo será, pienso yo– es la que se proyecta en los descansos de las retransmisiones de los grandes eventos deportivos. Recuerdo mi incredulidad al enterarme

Grabado inglés de perdiz roja (siglo XIX).

de que en el combate entre Joe Frazier y Cassius Clay, por la corona mundial de los pesos pesados, una marca de refrescos pagó doscientos mil dólares por un espacio publicitario de treinta segundos. Este año, otras casas comerciales han pagado cuarenta veces más por un anuncio similar.

Mi propósito no será indicar la forma de comportarnos en aquellos deportes que, como la caza mayor o la equitación, cuentan con un auténtico protocolo, muy tradicional y elaborado. Lo que yo busco es dar información, ofrecer reglas concretas y aconsejar la conducta correcta para una actividad que nos afecta cada día, y a casi todos. Y añadir unos consejos para aquellos que vayan a participar en tales actos –por ejemplo, una cacería–, con vistas a lograr el fin que nos hemos propuesto. Porque el deporte, y no sólo el golf o las grandes cacerías, proporciona excelentes oportunidades para desplegar nuestras relaciones públicas, a todos los niveles.

A ello le añadiré unas breves notas y determinadas consideraciones sobre los grandes acontecimientos internacionales que, en el campo social, deportivo o musical, se celebran cada año, particularmente en Europa. Aunque sólo sea para que mis lectores estén en condiciones de manejar esos datos cuando se presente la ocasión.

1.– La caza es uno de los más antiguos quehaceres de los hombres. Desde que el mundo es mundo, los habitantes de las cavernas –algunas, decoradas con bellísimas escenas de caza– se echaron al campo para hacerse con las piezas, que les proporcionaban grasas, alimentos y vestidos. Hoy –debo adelantar que no soy cazadora–, la caza es un deporte que ocupa a dos millones de españoles, crea miles de puestos de trabajo, moviliza enormes recursos económicos y atrae un turismo de alta calidad que se deja en nuestro país muchos millones de euros.

TRATADO

DE LA CAZA

DEL BVELO.

CON LICENCIA,

En Madrid: por Diego Diaz, Año de 1654.

Tratado de Fernando Tamariz de la Escalera, un clásico de la literatura venatoria.

La caza y la pesca tienen su protocolo y están reglamentadas desde antiguo por normas que es preciso respetar.

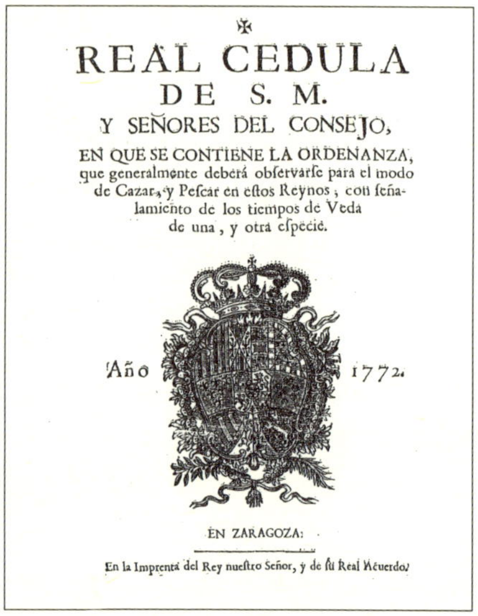

REAL CEDULA

DE S. M.

Y SEÑORES DEL CONSEJO,

EN QUE SE CONTIENE LA ORDENANZA,
que generalmente deberá obſervarſe para el modo
de Cazar, y Peſcar en eſtos Reynos; con ſeña-
lamiento de los tiempos de Veda
de una, y otra eſpecie.

Año 1772.

EN ZARAGOZA:

En la Imprenta del Rey nueſtro Señor, y de ſu Real Acuerdo.

Me abstendré de entrar en la vieja polémica que rodea el mundo de la caza, pero sí deseo tomar en cuenta que estamos ante un fenómeno que interesa a muchos. Por tanto, tenemos que saber cómo comportarnos cuando somos invitados a una cacería. Porque se trata, además de un ejercicio físico, de una actividad social de antiguo y estricto protocolo. Es decir: de un quehacer gobernado por viejas liturgias ancestrales, que se impone conocer.

«La caza mayor ya no es lo que era», dicen mi marido y sus amigos. Es posible que sea así. Pero las normas que la rigen están ahí, y no te las puedes saltar. Yo voy a reseñar algunas de ellas, para ayudar a que quienes no sean expertos venadores puedan manejarse con soltura por este mundo de viejos pergaminos. Tan viejos, que los tratados españoles más antiguos sobre el arte de la montería tienen casi mil años; y que en los autores clásicos, griegos y romanos, se encuentran ya referencias precisas a técnicas que siguen vigentes todavía.

No me propongo, claro está, convertir este capítulo en un manual sobre las artes cinegéticas. Contamos con abundantes libros, y muy buenos, que informan sobre todo lo que debe saber un cazador. Pero sí deseo ofrecer unas cuantas orientaciones, que te ayudarán a quedar bien. Están basadas, como siempre, en mi experiencia personal. Porque me siento incapaz de disparar un tiro, pero he tenido que asistir, dentro y fuera de España, a no pocas jornadas de caza, mayor y menor, y a las veladas, fiestas y reuniones que llevan consigo.

- La invitación será el primer dato a retener. En la información gráfica que acompaña a este libro, se reproduce una de ellas, donde figura todo lo necesario: hora de llegada, el plano pertinente y las formalidades con que empieza la mañana. Primera recomendación: no te hagas esperar.

Ropa de señora para campo y caza.

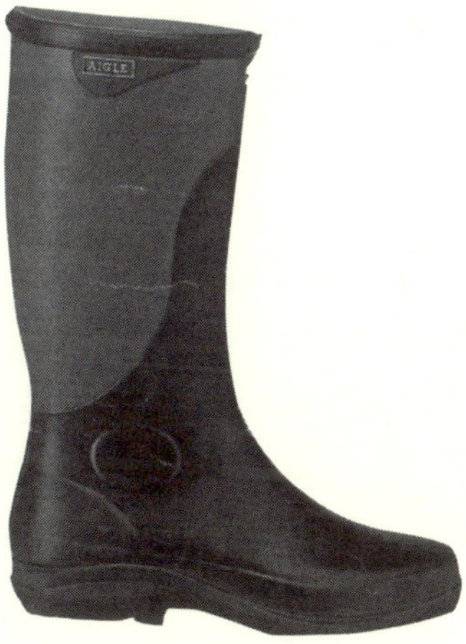

- Al cortijo se lleva siempre un regalo para la dueña de la casa. No olvides ese detalle.
- La jornada comienza con un acto religioso (una salve o una misa), seguido por las tradicionales migas. Ahí te darás cuenta que una montería es, además de un ejercicio cinegético, un acto social. Segundo consejo: muévete con soltura, y participa en las conversaciones, pero dejando hablar a los que conocen este arte mejor que tú.
- Los monteros tienen su especial forma de vestir. Si eres novato, busca más bien la discreción: no te presentes con unos zahones que huelen a cuero nuevo. De ahí mi tercer consejo: evita los flamantes equipos recién salidos de los grandes almacenes, que incluyen un sombrero tirolés con su pluma de faisán.
- En cuanto a las señoras que no vayan a cubrir puesto en una armada (las monteras saben bien cómo vestir), las botas y faldas–pantalón, una prenda de abrigo y un sombrero sencillo y elegante constituyen el atuendo más indicado. Mi cuarto consejo: que no sea todo verde, por favor.
- En la caza mayor no hay cargadores ni secretarios a quienes dejar una propina. Pero existe la costumbre de «pasar el sombrero» tras la comida, para recoger una aportación –todos los monteros dejan la misma– con destino al servicio de la casa.
- Si paseas con otra amiga mientras cazan los demás, procura no estorbar ni acercarte por los puestos. De ahí mi quinto y último consejo: no olvides que una bala es una bala.

La caza menor es menos formal, si se practica en la modalidad de «guerra galana» o de caza en mano, quizá la más limpia y deportiva. No vale la pena insistir en ella, salvo aconsejar tres puntos: que se usen ropas resistentes y ligeras, que se observe la necesaria cortesía con los compañe-

Caza y cetrería en un tapiz flamenco de 1520.

ros de cuadrilla (no alterar la mano, no disputar una pieza dudosa) y, sobre todo, ser muy cuidadoso con la seguridad de los compañeros y con la de los perros. Jamás se dispara cuando exista el menor peligro para ellos.

Dentro de estas artes menores, tenemos una forma de cazar, muy frecuente en España, que llega a convertirse en una fiesta social: el ojeo de perdices. Es una modalidad venatoria exclusiva de esta tierra. De ahí el turismo de altísimo nivel al que me acabo de referir, donde miles de extranjeros vienen a practicarla cada año. Porque nuestra perdiz roja es única en el mundo.

Para el viaje y el alojamiento vale todo lo antedicho sobre fines de semana, ya que lo habitual es cenar y dormir en la misma casa de la finca en la que, al día siguiente, va a tener lugar la cacería. En cuanto a la forma de actuar, añadiremos algunas notas de interés, sobre todo para aquellos que asisten a una de ellas por primera vez:

- La invitación irá acompañada de un plano que fije, claramente y con detalle, el itinerario hasta la propiedad. Insisto en el «con detalle». Al dueño de la finca le parece todo claro, pero la realidad suele ser muy diferente. Ya hemos indicado que esto vale para cacerías, actos sociales en el campo y fines de semana.
- A la casa se llega con la suficiente antelación como para arreglarse sin agobios, una vez que el servicio te haya conducido hasta tu habitación, antes de pasar al comedor.
- Para la cena, los caballeros vestirán de «blazer», corbata de motivos cinegéticos y pantalón oscuro. Las señoras, de manera un tanto formal, pero añadiendo algún toque deportivo. Un pantalón o una bonita falda, con un top elegante, cumplen bien ese objetivo.
- Tras la cena, hay diversas formas de organizar la velada. Unos amigos nuestros suelen dar una fiesta flamen-

ca (a los extranjeros les encanta), en la que los más valientes se arrancan a bailar por sevillanas.

- Durante la batida, los tiradores seguirán las pautas de comportamiento impuestas por esta forma de cazar: mantenerse en los puestos, señalarse con sus dos compañeros de línea, salvaguardar la seguridad de los batidores y no discutir jamás quién logró abatir una perdiz dudosa.
- Respecto a los acompañantes, lo principal es no estorbar, ni a los tiradores ni a los secretarios que ocupen los puestos. Por mi parte, paseo con las amigas, lejos del lugar donde se está dando el ojeo.
- Al final de la jornada, los cazadores darán una propina al secretario y al cargador. Normalmente, las escopetas se ponen de acuerdo con el dueño de la finca para dejar todos una misma cantidad. Si es así, respeta lo acordado.

Y una consideración final, que sirve para cualquier forma de caza. Es ésta: al campo no se sale nunca sin las licencias y permisos obligatorios, y sin conocer perfectamente el manejo de las armas. Lo que llevas en la mano merece las máximas cautelas. Aquí sí es verdad que todas las precauciones son pocas, porque –sólo hay que leer las páginas de sucesos– las imprudencias se pagan caras.

2.– Los deportes al aire libre son la gran novedad de nuestro tiempo. Combinan el ejercicio físico con el disfrute de la naturaleza, lo que les da un gran atractivo. Por otra parte, la sociedad del ocio ha traído una enorme proliferación de estas modalidades deportivas, del senderismo a las variantes de riesgo y aventura. Basta con darse una vuelta por los grandes almacenes para ver que las antiguas y modestas secciones dedicadas al deporte, que contemplaban caza, pesca, bicicleta y poco más, se han con-

El Masters de Augusta, quizá la más prestigiosa competición de golf del mundo, donde se pone en juego la «chaqueta verde».

vertido en plantas enteras que te agobian con infinidad de materiales, ropas, equipos y calzados para todos los gustos y bolsillos.

La pesca es tan antigua como la caza y, al igual que ella, es muy practicada entre nosotros. Me refiero, claro está, a la pesca deportiva, en los bravos y hermosísimos ríos españoles. A ella hay que añadir el senderismo y los deportes de riesgo, tanto los modernos (rafting, barranquismo) como los más tradicionales, entre los que se incluyen el montañismo o la espeleología. Se trata de muy variadas modalidades, unas populares y masivas –como la pesca fluvial, que hace las delicias de miles y miles de aficionados a nuestras truchas– y otras seguidas por minorías muy preparadas, que conocen bien el terreno que pisan, como son el montañismo o el parapente.

Todas ellas requieren un código de conducta y el estricto cumplimiento de unas cuantas normas a las que me quiero referir. Entre otras muchas, podríamos citar las siguientes reglas de oro:

- La primera: siempre se ayuda al compañero en peligro. Es una ley no escrita, pero de obligado cumplimiento, que conocen bien los valientes montañeros, los audaces espeleólogos y quienes pelean con aguas bravas o trajinan por el río.
- La segunda regla de oro: nunca practiques uno de estos deporte sin llevar los equipos adecuados. No sólo porque te juegas la vida, sino porque, si te pierdes, obligas a los grupos de búsqueda y rastreo a que arriesguen las suyas. Tiene poca gracia que un helicóptero se estrelle tratando de salvar al imprudente que se adentró por donde no debía.
- La tercera sería no correr riesgos inútiles. Es decir, no traspasar la línea que separa la audacia, necesaria a

Cambian las modas. Pero el golf se juega con el traje adecuado.

todo deportista de riesgo, con la temeridad, que sólo es patrimonio de los insensatos.

A ello tendríamos que adjuntar algo que ya hemos señalado en páginas anteriores: el respeto por la naturaleza. Quien practique un deporte al aire libre tiene que saber, más que ningún otro, que lo hace en un medio que pertenece a todos. En consecuencia, debes recoger los restos de tu comida, guardando esos despojos en tu mochila, hasta que puedas depositarlos en un contenedor o una papelera; no arrojar al campo latas, bolsas o botellas, como ya se dijo más atrás; preservar la limpieza de las aguas –hay quien se lava con jabón en los charcones, para quitarse el olor de las truchas capturadas–, tan frágiles y propensas a la contaminación. Y no cortar plantas o arrancar hierbas protegidas –el té de roca o la violeta de Cazorla, por ejemplo–, por el sólo placer de traer a casa algo que probablemente tú, al día siguiente, vas a tirar a la basura. Aunque abunden, y no estén oficialmente protegidas, las plantas hermosean el monte, y están muy bien allí donde las puso la madre naturaleza.

3.– Los llamados deportes sociales, que fueron patrimonio de unos cuantos, se han masificado; y me parece muy bien que haya sido así. Unos, como el tenis, lo hicieron hace años. Hasta tal punto que, de los antiguos y selectos clubs, pasó a las urbanizaciones y, más tarde, a los colegios, polideportivos y chalets particulares. Ahora contamos con miles de canchas de tenis en España, en las que uno puede distraerse, ponerse en buena forma física o competir.

Algo aún más espectacular sucede con el golf, que antes se jugaba en unos cuantos muy selectos y exclusivos clubs sociales. Como ya hemos dicho más atrás, hoy pasan de trescientos los terrenos –algunos de bellísimo diseño– para practicarlo. Y son miles los aficionados, amaters o fe-

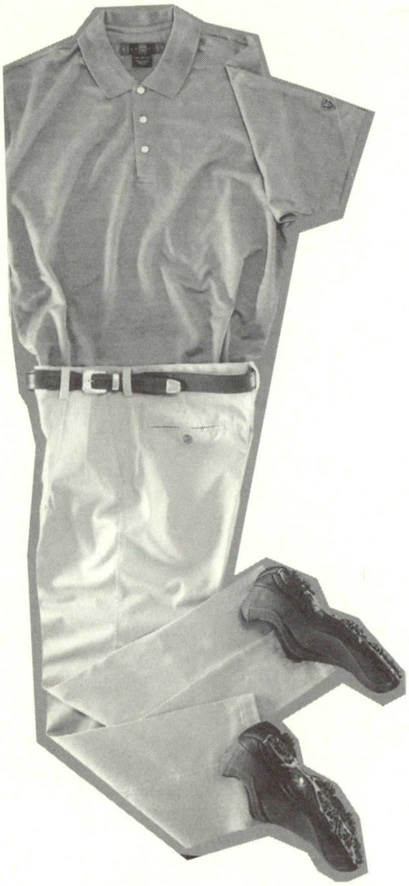

Con buen tiempo, manga corta, pantalón cómodo de algodón y zapatos sin clavos.

derados, que lo hacen a diario, a lo ancho y largo de nuestra geografía. Es deporte para todos: hombres y mujeres, jóvenes y mayores. Y base de una modalidad de turismo que, en la mayoría de las zonas de España, donde los campos tienen garantía de estar abiertos todo el año, significa una verdadera invasión de pudientes jubilados que llegan del resto de Europa, de América del Norte y de países en que cierran sus instalaciones en invierno.

Como todos los deportes que tienen ese «origen social» ya mencionado, tenis y golf reclaman unas estrictas reglas de conducta, tanto si los practicamos como si somos simples espectadores. Que se hayan masificado no quiere decir que se pierdan las formas, las costumbres tradicionales y la buena educación.

En lo que se refiere al tenis, tanto para los partidos de puro entretenimiento –en tu urbanización o en la pista de unos amigos–, como si asistes a un torneo en calidad de espectador, me parece oportuno recalcar cuanto sigue.

- Cuando juegues con amigos, no discutas nunca si una bola fue buena o mala. Si las rayas del campo no están bien marcadas –en urbanizaciones y pistas privadas suele suceder–, es frecuente que algún golpe ofrezca dudas. No porfíes.
- Si una bola toca en la red y cae en el campo contrario, descolocando a tu oponente (siempre que no sea en el saque, claro está), pídele excusas. Y si eres tú el perjudicado, no maldigas de tu suerte.
- Si estás entre los espectadores, guarda silencio absoluto en el momento en que un jugador se dispone a servir. El juez de silla lo reclamará, pero el público educado no debe dar lugar a que le llamen la atención.
- Hasta los profesionales visten ya de cualquier forma. Yo me permito aconsejar la faldita en las damas, tan fa-

vorecedora, y la ropa deportiva blanca en los caballeros. Hoy no se juega en pantalón largo, como antaño; pero los hombres deberían conservar el color blanco, para guardar las viejas tradiciones.

Si amenaza lluvia, no vienen mal el chaleco impermeable (o el chubasquero) y el paraguas.

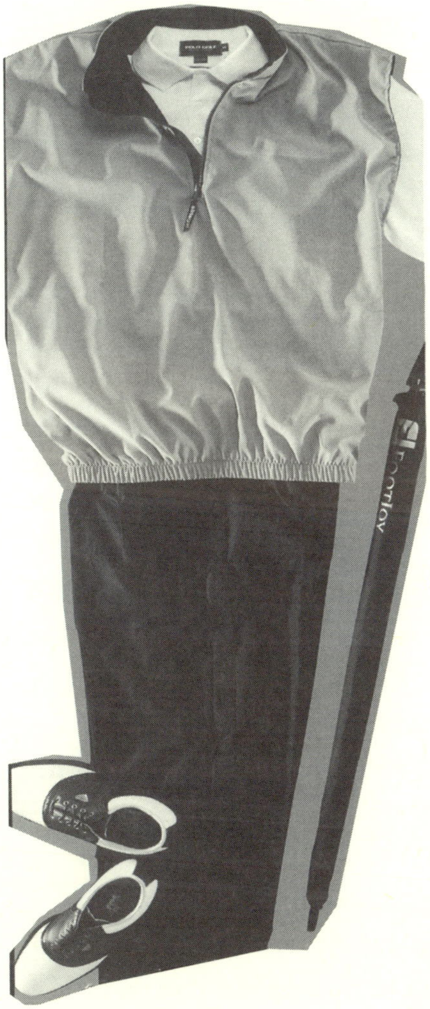

El golf es muy exigente en lo que a formas se refiere, aunque no seas un profesional. Sin necesidad de recurrir a la opinión de los veteranos escoceses del «Consejo de Saint Andrews», depositarios de las esencias de este juego centenario, lo cierto es que nos encontramos ante un deporte regido por reglas rigurosas. Y te sacarían los colores si no las respetaras.

Lejos de mí pretender agotar este apartado. Simplemente, me voy a permitir hacer tres advertencias, dirigidas a los jugadores de ocasión, que van al campo poco menos que a pasar el rato:

- Aunque te lo permitan en el club o en tu urbanización, jamás se sale sin unos mínimos conocimientos. Es posible que no te importe hacer el ridículo, pero si no estás en posesión de un cierto nivel, vas a molestar –y mucho– a los demás, que tendrán que esperar pacientemente en el punto de salida mientras tú recorres el campo dando bastonazos en la hierba y buscando bolas perdidas.
- La salida –siempre un golpe largo– sólo puede efectuarse cuando los que van delante de ti han terminado el recorrido y reinstalado la bandera en ese hoyo. De otra forma, sobre todo en un «par tres», podrías golpear con la bola a otro jugador.
- Las bolas han de identificarse fácilmente, por la marca, el número o incluso una seña personal, para evitar confusiones. Así, cuando caigan entre yerba, una cerca de otra, podrás saber cuál es la tuya.

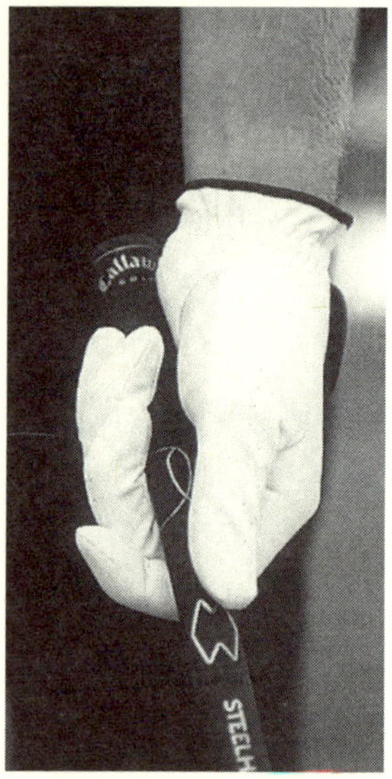

Guante para golf, de cabritilla.

No voy a insistir en el equipo básico para practicar este deporte. Los jugadores eligen los palos, bolsas, bolas y demás utensilios –la industria del golf ocupa en todo el mundo a millones de personas–, de acuerdo con sus preferencias personales. Abundan, en los departamentos especializados, para todos los gustos. Pero sí deseo decir algo sobre cómo vestirse para salir al campo.

Las ropas requieren comodidad y holgura, con dos complementos obligados: zapatos (con o sin clavos) que te sujeten bien al suelo, y un guante de cabritilla para la mano izquierda (la derecha, si eres zurdo), que introducirás en el bolsillo trasero del pantalón al llegar al «green». En tiempo fresco o lluvioso, usa un chubasquero o un cortavientos. Las gorras de color y las viseras son otros detalles.

En cuanto a la mujer, sólo mencionar que existe una moda muy variada, con una amplia selección de prendas elegantes y deportivas. No se juega con una ropa cualquiera (un pantalón largo y una blusa, por ejemplo), sino con la vestimenta pertinente. Consiste en un pantalón, normalmente a la rodilla, con tres bolsillos, y un top de algodón sin mangas o de manga muy corta, que combine los colores del cuerpo con la vuelta del cuello y el remate de los brazos. Los zapatos, guantes, gorras, viseras y cortavientos –ya mencionados– componen el resto del equipo femenino.

En muchos países, como Estados Unidos, el golf proporciona una excelente ocasión para las relaciones públicas y los contactos empresariales. Por eso hay compañías que aconsejan a sus jóvenes ejecutivos que se adiestren en este deporte, como forma de relacionarse en sociedad y entrar en un mundo relajado y distendido que te ofrece provechosas perspectivas. El recorrido por un campo de golf supone andar varios kilómetros, durante horas, en compañía de otros jugadores, con lo que tendrás tiempo –piensan ellos– de hablar sobre los pormenores de un negocio o cerrar una ventajosa operación.

Zapato de golf.

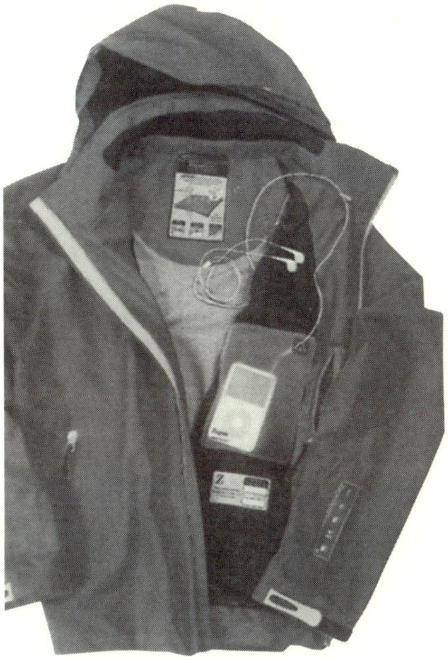

Anorak musical creado por Zegna. Lleva un bolsillo interior con el sistema de música incorporado.

Algo así como lo que sucedía en España, hace cincuenta años, con ocasión de las monterías y tiradas de perdices.

Imposible referirse, ni siquiera de pasada, a otros deportes. Sólo en el ámbito local, existen en España centenares de ellos, con arraigo de siglos y muy estrictas normas de obligado cumplimiento. Pero sí quiero mencionar la vela, también gobernada por un rígido protocolo, que en los últimos años ha salido del reducto minoritario y elitista en que se mantenía para captar de lleno la atención del gran público, sobre todo a partir de la celebración de las pruebas de la Copa América, en aguas de Valencia.

4.– El esquí es otro de los deportes en auge. Aunque se conoció desde la antigüedad, como forma de deslizarse sobre el hielo y la nieve con fines funcionales y, a veces, militares –las primeras compañías de montaña se armaron en el siglo XVIII–, su expansión como deporte es más moderna. En España, comenzó a principios del siglo XX, al crearse los primeros clubs alpinos en los Pirineos, Sierra Nevada y las montañas cercanas a Madrid. Hoy está de moda, y es practicado por miles y miles de personas, de todas las edades, que buscan no sólo el ejercicio o la competición, sino el espectáculo grandioso de la sierra blanca, el misterio de la montaña, el gusto por la aventura (estoy pensando en el llamado «esquí fuera de pista») y la fascinación de la nieve.

En el esquí caben diversas modalidades: desde los cómodos recorridos, para quienes practican el llamado «de fondo», hasta las pistas, bien marcadas, para las variantes alpinas, con sus instalaciones y remontes. Como simple curiosidad diré que el primero de esos remontes se instaló en Candanchú en 1914, cuando el esquí empezaba a tomar entre los españoles carta de naturaleza.

Las ropas y equipos ofrecen incontables materiales, diseños y colores. Siguiendo un orden, de la cabeza a los

pies, incluyen las siguientes piezas: un casco (obligatorio para niños y para competidores en saltos y descensos), con un gorro que puede ser de lana o forro polar; gafas con protección total contra los rayos ultravioleta, porque una jornada a pleno sol, sobre la nieve, dañaría seriamente tus ojos si no las llevases puestas; guantes impermeables, que suelen llevar unas cintas de sujeción; ropa interior térmica, ligera y transpirable; calcetines de lana, mezcla o microfibras, calientes y que también transpiren con facilidad; un forro polar, pantalones de tejidos resistentes y una chaqueta impermeable y funcional, que busque más asegurarte el necesario abrigo que darle a tu atuendo un toque llamativo. Aunque los grandes modistos preparan prendas deportivas que combinan ambas cosas: elegancia y protección para la nieve.

Los Alpes ofrecen excelentes posibilidades para el esquí, pero también en España tenemos magníficas instalaciones.

Ya sólo nos quedan los tres componentes imprescindibles en el equipo: las botas, los bastones y, claro está, los esquíes. Las botas son siempre especiales; es decir: sólo sirven para esquiar. Están hechas de materiales impermeables y resistentes, y llevan unas entalladuras para acoplarse con las llamadas «fijaciones»: unos mecanismos metálicos, adheridos a la parte central (la espátula) del esquí. Los bastones son ahora metálicos, y sirven para ayudar a deslizarnos y controlar el recorrido. Los de fondo son más altos y resistentes, para impulsar la marcha del deportista. En fin, los esquíes son de formas y diseños adaptados a la modalidad que practiquemos. Los de fondo son más largos y estrechos, con la parte delantera (el patín) más levantada. Hoy están proliferando, además, planchas y tablas para acrobacias y recorridos de fantasía, así como esquíes muy deslizantes para los saltos de trampolín: una apasionante modalidad que podemos contemplar, todos los días de Año Nuevo cuando, tras el concierto de Viena, se nos ofrece, desde Garmisch Partenkirchen, la competición entre esos admirables y esforzados deportistas, capaces de volar sobre la nieve.

Las gafas son imprescindibles para la práctica del esquí.

De niña, he practicado el esquí durante mi estancia en Friburgo, donde era disciplina obligatoria para las alumnas del internado en que cursé mis primeros estudios. Luego, en Canadá pude hacer esquí de fondo, sobre largos recorridos muy bien señalizados. Por tanto, cuento con una cierta experiencia –tanto en alta montaña como en fondo–, que me permite dar estos consejos:

- Jamás te lances a la nieve sin una previa enseñanza por parte de un buen monitor. Puedes tener una fractura, dislocarte un tobillo o atropellar a otro esquiador. Y eso, a muchos kilómetros por hora, tendrá muy lamentables consecuencias.
- No esquíes sin ir perfectamente pertrechado. En la estación de esquí, donde las veladas son tan agradables, podrás lucir ropas elegantes y atractivas. En la nieve, el equipo funcional es lo que importa. Más que el diseño o el color.
- La montaña es un peligro potencial, de ahí su tentación y su misterio. No te adentres en una pista difícil si no estás capacitado para hacerlo, porque te vas a arrepentir.

Maletín para petanca, un juego cada vez más popular entre nosotros, sobre todo en la llamada tercera edad.

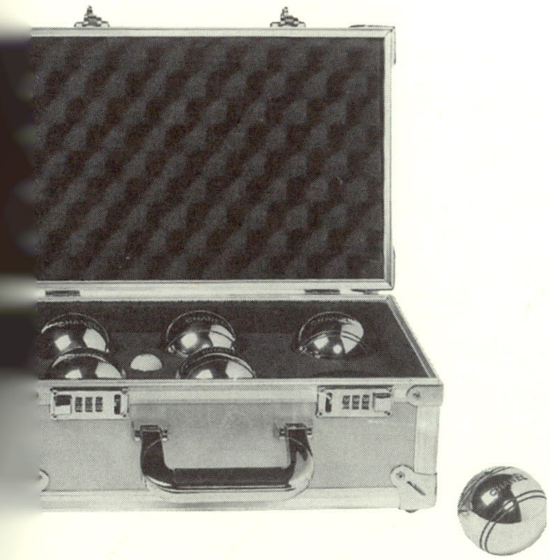

Algo hay que decir sobre el deporte y la salud, mencionando un hecho que actualmente hace furor: la existencia de entrenadores personales, y de monitores que te ayudarán a que el deporte y el gimnasio contribuyan a ponerte en forma. Y hacerlo de manera natural y divertida. No se trata de los grandes profesionales que ayudan a que un corredor, con esfuerzos y sacrificios incontables, dedique años de su vida a rebajar en tres décimas de segundo su marca personal en los cien metros lisos. El tema es diferente, y afecta a un número de personas cada vez mayor: los que requieren los servicios de ayudas para hacer un tipo de ejercicio que les facilite perder peso, relajar su mente o realzar su figura. En una palabra: a disfrutar de una mejor calidad de vida. Porque el ejercicio mal elegido o deficientemente practicado suele degenerar en lesiones musculares, lumbalgias (incluso hernias de disco) o patologías cardiacas de diversa gravedad.

De esta forma, el deporte «practicado a la medida», bajo la atenta y experta dirección de un entrenador personal, es capaz de desplegar todas sus virtudes, para que logres los fines que te propongas alcanzar. Con dos exigencias que me parecen relevantes:

El Liceo de Barcelona: cultura y tradición.

- Que el monitor conozca perfectamente no sólo tu condición física, sino tus hábitos alimentarios, tus formas de vida y tu estado de salud. Sólo te podrá dirigir si está familiarizado con tus cualidades personales y, además, sabe exactamente lo que quieres.
- Que cumplas de manera natural y sin forzar la máquina, pero con perseverancia y disciplina, el plan de acción que te propongan. Y que lo hagas de manera relajada. La sobrecarga en el esfuerzo jamás te ayudará. Ni el aburrimiento o la rutina.

Palco real del teatro «Mariiski» de San Petersburgo: más de cien años de ópera y ballet.

Para terminar, quiero hacer una breve mención a esos grandes acontecimientos internacionales, de carácter social, artístico o deportivo, a los que me he referido más atrás. En algunos de ellos sólo participan unos cuantos privilegiados –pensemos en la entrega de los Oscars, o en las fiestas que se siguen dando en Versalles– mientras que, en otros, como el Carnaval de Río o la Feria de Sevilla, destaca su carácter masivo y popular. En Río intervienen miles de figurantes en los desfiles, al igual que en Sevilla lo hacen los jinetes, los coches de caballos o los profesionales del cante o del baile flamenco; pero los que contribuyen a la grandiosidad del espectáculo son millones.

Sombrero en forma de servilleta, en una tarde de Ascot.

Extravagante sombrero con Pabellón deportivo, fotografiado en Ascot.

Ante esta variedad de esplendorosos acontecimientos, tan dispares, sólo pretendo ofrecer a mis lectores unas pinceladas, para que cuenten con información sobre algo que conocen bien las llamadas «gentes de mundo». Aunque sólo sea para no quedar fuera de juego si surgen en una conversación.

Un buen número de estos eventos son de naturaleza deportiva, por lo que he seleccionado este capítulo para tratar de ellos.

El tenis es un deporte popular, pero el torneo de Wimbledon es único y constituye un encuentro singular, que es bueno conocer. Tiene lugar en las afueras de Londres, se celebra a mediados de junio y está regido por costumbres y tradiciones a las que los ingleses atribuyen un carácter casi religioso. El aperitivo y la merienda se atienen a un menú obligado: las fresas y los canapés de salmón. El verde de los céspedes –el torneo se juega sobre hierba– combina perfectamente con los trajes (con corbata) de los niños recogepelotas, las maderas del club y las gorras de los asistentes. Hace casi cuarenta años lo pude comprobar, cuando los mejores jugadores del mundo –Rod Laver, Fred Stolle, Manolo Santana– competían vestidos de blanco, como mandan los cánones y exige el Old England Club.

La Copa la entregaba una persona de la Familia Real, en una breve y solemne ceremonia, con los niños que habían actuado como recogepelotas alineados en dos filas, y la pista central abarrotada.

Entre estos acontecimientos sociales y deportivos, y ahora que acaba de abrir sus puertas el Hipódromo de Madrid, no se pueden olvidar las grandes carreras de caballos. En mis años de Nueva York vi ganar la «Triple Crown» –Kentucky, Belmont y Aqueduct– a «Secretariat», un precioso alazán por el que un sindicato de criadores pagó seis millones de dólares. Una cantidad que se multiplicó por siete, años más tarde, en la subasta de otro campeón.

Algunos de los sombreros vistos en Ascot: Princesa Ana de Inglaterra, Condesa de Wessex.

En Londres asistí a las carreras de Ascot, donde se daba cita el Cuerpo Diplomático con lo más lucido de la sociedad británica, amén de un selecto grupo de invitados extranjeros. La Reina y la Familia Real asistían puntualmente, todos los días, desplazándose desde el castillo de Windsor en coche descubierto, a través de campos y bosques de su propiedad. Al llegar a la tribuna –el «Royal Enclosure»–, los caballeros agitaban sus chisteras en señal de bienvenida. Aquí, los atuendos obligados eran el chaqué –con chistera gris– para los hombres, y los vestidos ligeros, con vistosas pamelas, para las señoras. La tradición –casi trescientos años–, que era preciso respetar, imponía el almuerzo sobre el césped, antes de empezar la carrera, en el que había que incluir, al igual que en Wimbledon, los canapés de salmón, las fresas –es la temporada– y el champán. A tal fin, se alquilaban impresionantes Rolls, en cuyo maletero iban las viandas antedichas, que un mayordomo desplegaba sobre una manta de viaje. En alguna ocasión, le añadía candelabros de plata como adorno. Parece exagerado, pero lo he visto con mis ojos.

Sobre el turf vi ganar la copa de oro, tres años seguidos, a «Sagaró». Igual que hizo «Red Rum», otro caballo soberbio, en el «Grand National»: una prueba hípica que se corre el primer sábado de abril en Liverpool, y es retransmitida al mundo entero. Los ingleses le dan una enorme importancia. Se cuenta que, una de las veces que el Aga Khan asistió a este hipódromo –la carrera, durísima, es de obstáculos– para ver correr a sus caballos, la ciudad le recibió con una pancarta que decía: «Liverpool da la bienvenida al Aga Khan: Señor de señores, Rey de reyes, Dios de dioses y tres veces ganador del Grand National». Para aquellos aficionados, este último título se colocaba por encima de los muchos que adornaban al Monarca.

No quiero dejar de mencionar otra prueba europea: el «Arco del Triunfo» que, para los expertos, es la más pres-

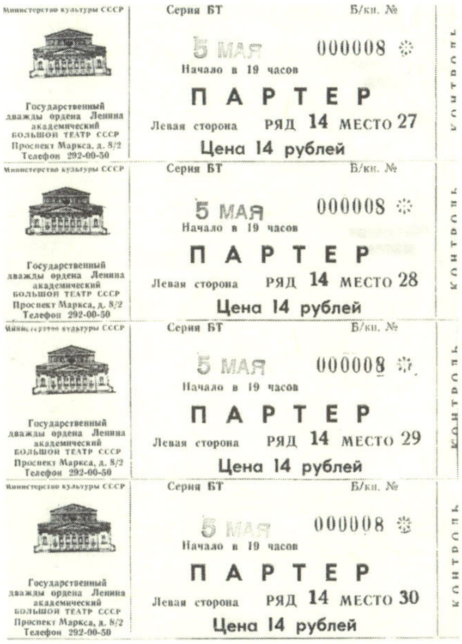

Invitaciones para el «Bolshoi» de Moscú, junto al programa del ballet *Romeo y Julieta.*

tigiosa carrera del viejo continente. Se trata de otra clásica, que se disputa, sobre 2400 metros, en el hipódromo de Lonchamp, en las cercanías de París. Inútil decir que constituye una ocasión social que ha sido, y sigue siendo, el privilegiado escaparate de la moda de otoño.

Respecto a los festivales de música, habría que mencionar el de Bayreuth, que reúne cada año a los amantes de las óperas de Wagner. El programa del verano de 2005 incluía «El Holandés Errante», junto con tres de las llamadas «óperas heroicas»: «Tannhäuser», «El Anillo de los Nibelungos» y «Lohengrin». De corte diferente es el de Salzburgo, que se celebra a finales de julio. Allí no hay más rey que Mozart. Austriacos y alemanes –medio Munich se desplaza hasta la hermosa capital en la que nació el genio, hace doscientos cincuenta años–, disfrutan de espléndidos programas musicales, junto a otras atracciones. El «baile de las antorchas», frente al palacio del Príncipe–Obispo, es la más espectacular de ellas. Cuentan que en ese palacio, antes del baile, se ofrecía una gran cena de gala, en la que no podía faltar el urogallo con manzanas en compota, que era manjar de emperadores.

Dentro de estas celebraciones musicales, merecen mencionarse las reaperturas de los teatros más famosos, tras años de forzado cierre por obras de rehabilitación o por estragos causados por las llamas. Así sucedió con el Teatro Real de Madrid y con el Liceo de Barcelona; o con la Scala de Milán y La Fenice de Venecia que, por cierto, ha ardido en más de una ocasión. Son siempre acontecimientos gozosos, a los que concurren, además de los aficionados al «bel canto», gobernantes, artistas y relevantes personalidades.

Entre las fiestas sociales, junto al Baile de las Debutantes de Viena y al del Hotel Crillon de París, creo que vale la pena decir una palabra sobre el Baile de la Rosa, que se celebra en el Principado de Mónaco, para recaudar fondos

Con mi esposo, en una tarde de Ascot. Pamelas y chisteras grises completan los atuendos adecuados.

Acreditaciones para acceder a la Tribuna Real de Ascot.

con destino a la Fundación Princesa Grace. El que tuvo lugar el 21 de marzo de 2005 estuvo dedicado al Brasil, y contó con la asistencia del Ministro de Cultura de ese país. Más de setecientos invitados asistieron a la cena.

Es imposible agotar estas materias en un solo capítulo que, por su propia naturaleza, ha de ser necesariamente breve. El mundo del deporte es eso: un mundo. Y para los acontecimientos sociales no cabe establecer una clasificación, porque hay docenas de importancia parecida. He mencionado algunos de ellos; pero, claro, existen muchos más. De ahí que tratemos de complementar todo lo antedicho con unas notas que pueden ser de utilidad.

El festival de Salzburgo atrae, cada mes de Julio, a miles de amantes de la música de Mozart.

1.– En el campo, se impone el respeto por la naturaleza. Todos tenemos que contribuir a que esta «cultura del medio ambiente» sea una realidad. Porque depende de nosotros, y del ejemplo que demos a los demás.

2.– Los espacios publicitarios en las retransmisiones por televisión de acontecimientos deportivos, para este año 2006, han llegado ya a cantidades astronómicas. Un ejemplo: la NBC ha cobrado sus «spots», durante la final de fútbol americano, a cinco millones de pesetas por segundo.

3.– El carnaval de Río es único. Pero no podemos olvidar el de Venecia, de tanta elegancia y tradición; el de Tenerife, cada año más fastuoso; y el de Cádiz: ese prodigio de gracia y de ingenio, siempre repetido y nunca igual.

4.– En la cena que precede a una tirada de perdices, hay que vestir con una cierta formalidad. Como ya hemos señalado, los caballeros deben llevar pantalón gris y «blazer». El dueño de la casa irá vestido así, y le gustará que sus invitados también lo hagan.

5.– Hay aperos de caza que se heredan de padres a hijos, y llevan en su entraña los aromas del monte. Tal es el caso de zahones, morrales, polainas y zurrones. Son los más elegantes.

6.– Si en una cacería de jabalíes –de cochinos, dicen los monteros– te piden que lleves escopeta y balas, no vayas con un rifle. Al anfitrión no le hará gracia, y al año siguiente puede no invitarte.

7.– En la caza menor jamás pongas en peligro la vida de un perro, arriesgando un disparo de fortuna. La seguridad total con que has de conducirte se refiere también a los animales que te ayudan a cazar.

8.– No grites en el tenis. Ni siquiera cuando se disputa la Copa Davis, en que los jugadores defienden los colores de tu país.

9.– Los deportes de riesgo son para expertos. No te lances a ellos si no estás seguro de tus fuerzas, de tu equipo y de tu destreza. Porque te meterás en una aventura que suele acabar muy mal.

10.– Los Bailes de las Debutantes, de tan larga tradición, vuelven a estar de moda. Se organizan con fines benéficos, recaudándose muy elevadas cantidades. En el último Baile de la Rosa, los invitados pagaron 700 euros por cubierto, más la tómbola, donativos y otras generosas aportaciones.

Con esto concluimos nuestra obra. Mi objetivo no ha sido reproducir las disposiciones del Boletín Oficial, las normas que se encuentran publicadas en diversas libros técnicos –los hay excelentes–, ni las recomendaciones dirigidas a sectores minoritarios, de muy escasa utilidad para las necesidades cotidianas de la inmensa mayoría. He querido hacer un libro práctico y moderno, que ayude a todos mis lectores. Un libro que aconseje, para una sociedad en continuo movimiento, los comportamientos adecuados frente a fenómenos nuevos: las comunicaciones digitales, los teléfonos móviles, los correos electrónicos, los deportes. Un libro, en fin, que ofrezca información concreta, basada en mi experiencia personal. Para, de esta forma, ayudar a conseguir ese saber estar y ese buen hacer que son la base de lo que constituye la meta que nos hemos propuesto: el éxito social.

Índice temático

C

Ch

D

E

F

G

N

O

P

Q

R

S

T

U

V

X, Y, Z